DGUS智能屏应用基础与项目实践

主　编　余　磊　王　洪　陈春妮
副主编　方　霆　莫　炎　陈　柱
张　帆　彭建坤

電子工業出版社
Publishing House of Electronics Industry
北京 · BEIJING

内 容 简 介

本书共 5 章，主要介绍了 DGUS 智能屏的开发入门及进阶应用，其中涉及 DGUS 软件人机交互界面开发与 51 单片机开发基础知识。迪文科技与高校教学一线教师合作，精心设计实践案例，让学生使用 T5L ASIC（专用集成电路）、DGUS 开发平台进行案例化的项目开发、调试，营造问题导向的学习氛围、真实场景和沉浸式的实践环境，激发学生的学习兴趣，提高问题意识，使学生在多维度的实践应用中掌握 T5L ASIC、DGUS 开发平台的使用，锻炼学生应用理论和技能解决实际问题的能力，塑造学生的工程思维，启发学生的创造力。

图书在版编目（CIP）数据

DGUS 智能屏应用基础与项目实践 / 余磊，王洪，陈春妮主编. -- 北京 : 电子工业出版社，2024. 9.
ISBN 978-7-121-48779-8

Ⅰ. TP311.1

中国国家版本馆 CIP 数据核字第 2024TJ0464 号

责任编辑：李晓彤
印　　刷：涿州市般润文化传播有限公司
装　　订：涿州市般润文化传播有限公司
出版发行：电子工业出版社
　　　　　北京市海淀区万寿路 173 信箱　邮编　100036
开　　本：787×1 092　1/16　印张：13.75　字数：352 千字
版　　次：2024 年 9 月第 1 版
印　　次：2024 年 9 月第 1 次印刷
定　　价：55.00 元

凡所购买电子工业出版社图书有缺损问题，请向购买书店调换。若书店售缺，请与本社发行部联系，联系及邮购电话：（010）88254888，88258888。

质量投诉请发邮件至 zlts@phei.com.cn，盗版侵权举报请发邮件至 dbqq@phei.com.cn。

本书咨询联系方式：（010）88254177，lixt@phei.com.cn。

前　言

为配合《江西省“2+6+N”产业高质量跨越式发展行动计划》和《江西省制造业重点产业链现代化建设“1269”行动计划（2023—2026 年）》，南昌航空大学与湖南迪文科技有限公司（以下简称迪文科技）合作，成立电子信息现代产业学院。

迪文科技是一家专注于人机交互产品和解决方案的高科技企业，公司依托深厚的 IC 设计基础，聚焦智能屏应用的创新研发，现已成功实现了全产业链整合。为进一步关注行业创新链条的动态发展，推动课程内容与行业标准、生产流程、项目开发等产业需求科学对接，我们开设了校企合作课程“DGUS 人机界面设计”，并为之编写配套教材——《DGUS 智能屏应用基础与项目实践》。

全书共 5 章，其中，第 1 章作为全书论述的基础和前提，主要阐释 DGUS 智能屏的分类、结构、开发原理和应用领域；第 2 章内容包括 DGUS 软件显示、触控和工程快速替换等功能的介绍；第 3 章关注人机交互界面开发，包括开发入门和开发进阶两部分；第 4 章讲述了 5 个 T5L ASIC 应用开发案例；第 5 章介绍了温控器、电子桌牌、智能柜管理系统等 3 个物联网应用案例。

全书结构科学、论述清晰，以应用开发为主线，以项目实践为重点，全面讲解了 DGUS 智能屏开发中的相关技术原理；每个案例都提供源工程和源代码，力求做到理论与实践相结合，让读者在学习基本方法和理论的同时，能够对工程实践开发应用有较全面的理解和掌握。此外，本书特别融入了思政要点，着重强调勇于探索、敢于创造的精神，科学思维与求真务实的态度，团队协作的精神，以及科技报国的责任感。这些思政要点旨在培养学生的综合素质和爱国情怀，具体内容可通过扫描下方二维码查看。

本书旨在积极推进教育教学制度、培养模式、教学内容、教学方法和手段等诸方面的改革，推动专业人才培养与岗位需求衔接，人才培养链和产业链相融合；推行教学、学习、实训相融合的各种教育教学活动，深化产教融合、工学结合、校企合作，充分发挥校企双方的优势，将学校的教学与企业的生产紧密结合。

本书编写过程中得到了许多专家学者的帮助和指导，在此表示诚挚的感谢。由于编者水平有限，书中所涉及的内容难免有疏漏之处，希望各位读者多提宝贵意见，以便进一步修改，使之更加完善。

编者

2024 年 8 月

思政要点

目　录

第 1 章　认识 DGUS 智能屏

1.1　DGUS 智能屏的分类

DGUS 智能屏采用迪文科技自主研发的 T5L 系列芯片，搭载高度适配的 DGUS 软件，人机交互界面开发非常简单。在实际应用中，DGUS 智能屏可以通过串口与单片机通信，显示诸如温度之类的外设参数或对其进行控制；在简单的应用中，也可以利用 T5L 芯片的第二个 8051 内核来直接控制外设。

1．按应用场景分类

DGUS 智能屏的种类丰富，应用场景十分广泛，不仅可以用于医疗仪器设备等，还可以在阳光长时间照射、强电磁干扰、高纬度/高海拔/热带地区等严苛环境下使用，其应用等级见表 1-1-1。

表 1-1-1　应用等级

S 系列	K 系列	T 系列	C 系列	F 系列	L 系列	Y 系列
严苛环境应用	医疗级产品	工业级产品	商业级产品	IoT（物联网）应用	消费级产品	美保级产品

2．按核心模块分类

迪文科技针对典型人机交互应用设计了 T5L 系列芯片，如图 1-1-1 所示。芯片性能贴合应用实际，通过定向的性能增强、裁剪，实现了整体方案的高性价比。T5L ASIC 是 GUI（图形用户界面）开发和应用高度整合的高性价比双核芯片，采用工业中应用最广泛、量产时间最久、久经考验的 8051 内核。在保留 8051 实时性好、I/O 速度快、稳定可靠优点的基础上，通过优化代码处理、扩展 SFR 总线、增加硬件数学处理器，大幅提升了存储器访问和计算能力。部分已量产芯片介绍见表 1-1-2。

图 1-1-1　T5L 系列芯片

表 1-1-2　部分已量产芯片介绍

型号	量产年份	工艺	特点
T5L1	2019	HLMC 55nm	适用于中小尺寸显示方案，最高分辨率为 1366×768 像素

续表

型号	量产年份	工艺	特点
T5L2	2019	SMIC 40nm	适用于大尺寸显示方案，最高分辨率为 1920×1080 像素
T5L0	2020	HLMC 40nm	适用于中小尺寸显示方案，最高分辨率为 1024×768 像素
T5L0_Q88	2023	HLMC 40nm	QFN88 封装，适用于中小尺寸显示方案，最高分辨率为 1024×768 像素
T5F0	2023	HLMC 40nm	适用于低分辨率的小尺寸智能终端，最大分辨率为 480×480 像素

注：HLMC，上海华力；SMIC，中芯国际。

3. 按产品结构分类

DGUS 智能屏具有极强的可塑性，可以根据需求定制不同尺寸、不同结构外形的产品，如 COB（Chip on Board，板上芯片）结构、卡扣面板结构、86 盒结构、COF（Chip on Film，覆晶薄膜）结构、圆形旋钮结构等，如图 1-1-2～1-1-6 所示。

图 1-1-2　COB 结构

图 1-1-3　卡扣面板结构

图 1-1-4　86 盒结构

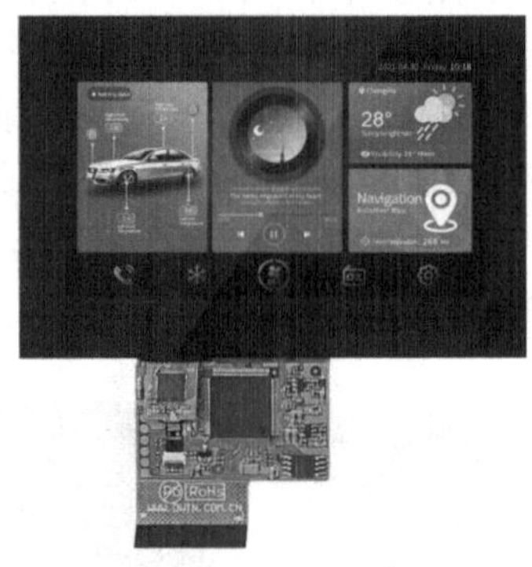

图 1-1-5　COF 结构

图 1-1-6　圆形旋钮结构

1.2　DGUS 智能屏的结构

以典型的 COB 结构智能屏来讲，其正面和背面分别如图 1-2-1 和图 1-2-2 所示。它的特点是安装方便，因为 PCBA 有一定强度，其四个角上的定位孔方便将智能屏固定在开发板或机箱模具孔位上。该智能屏广泛应用于工业自动化、电力、医疗、交通、能源、智能家电、交通轨道、数据机房、充电桩、共享设备等行业和领域。其拆分结构如图 1-2-3 所示。

图 1-2-1　DGUS 智能屏正面

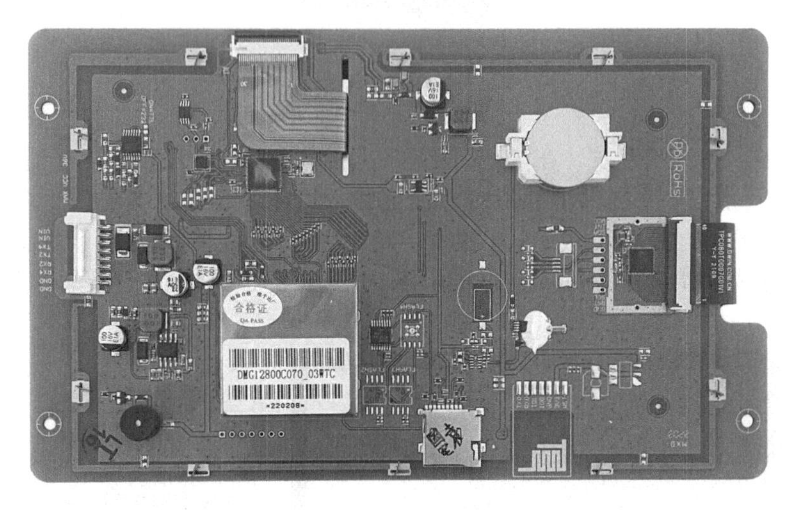

图 1-2-2　DGUS 智能屏背面

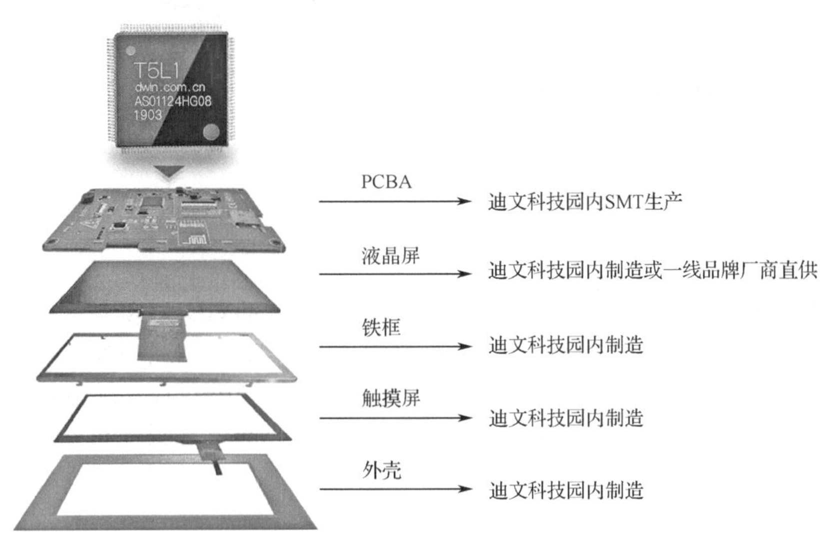

图 1-2-3　DGUS 智能屏拆分结构

1.3 DGUS 智能屏的开发原理

DGUS 智能屏的主控芯片 T5L 为单芯双核结构，其开发主要分为两个部分：GUI 核开发与 OS 核开发。

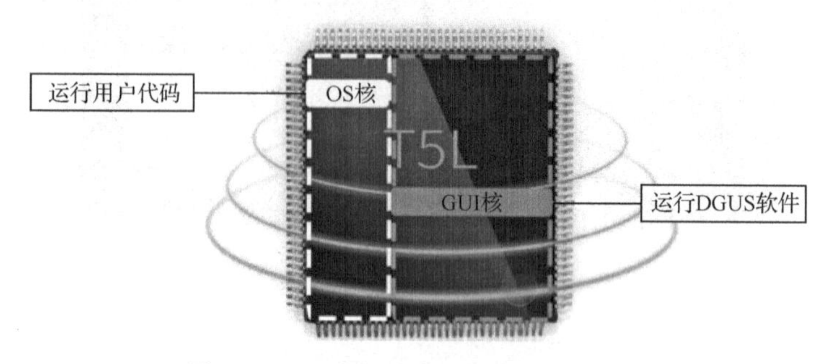

图 1-3-1　T5L 芯片单芯双核结构示意图

1. GUI 核开发

GUI 核开发又称一次开发，在 8051 的基础上强化了 JPEG 图形解码性能，真实还原 UI（用户界面）设计效果。它提供了 DGUS 系统运行环境，运行 DGUS 开发平台实现零代码完成用户图形界面开发，处理人机交互（触摸、显示功能）。如图 1-3-2 所示，DGUS 软件实现了显示功能和触摸功能直接联动，所见即所得，是真正的零代码 UI 设计与开发平台。

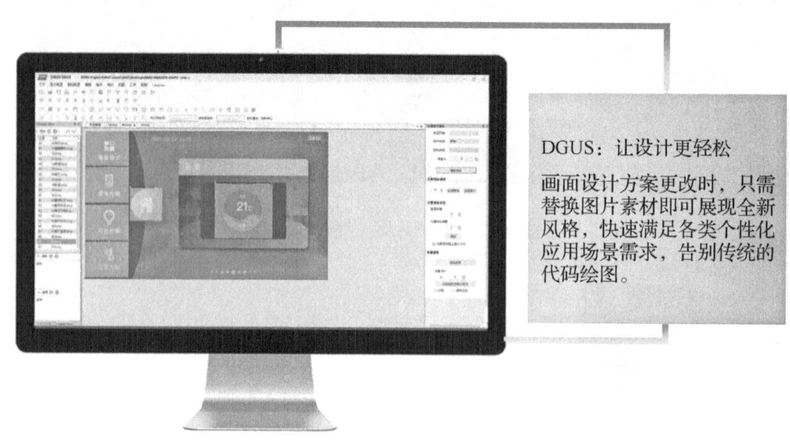

图 1-3-2　DGUS 软件

2. OS 核开发

OS 核开发又称二次开发，可基于标准 8051 开发，辅助 GUI 核实现更炫酷的功能，如图 1-3-3 所示，硬件能够引出 28 个 I/O 接口、4 个 UART 接口、7 个 12bit ADC 接口、1 个 CAN 接口、2 个 PWM 接口、1 个 FSK 接口，丰富的硬件资源可以实现单芯片控制常见的工业外设，省掉一个用户 MCU（多点控制器），单芯片即可实现显控和主控功能，极大地节约开发成本。

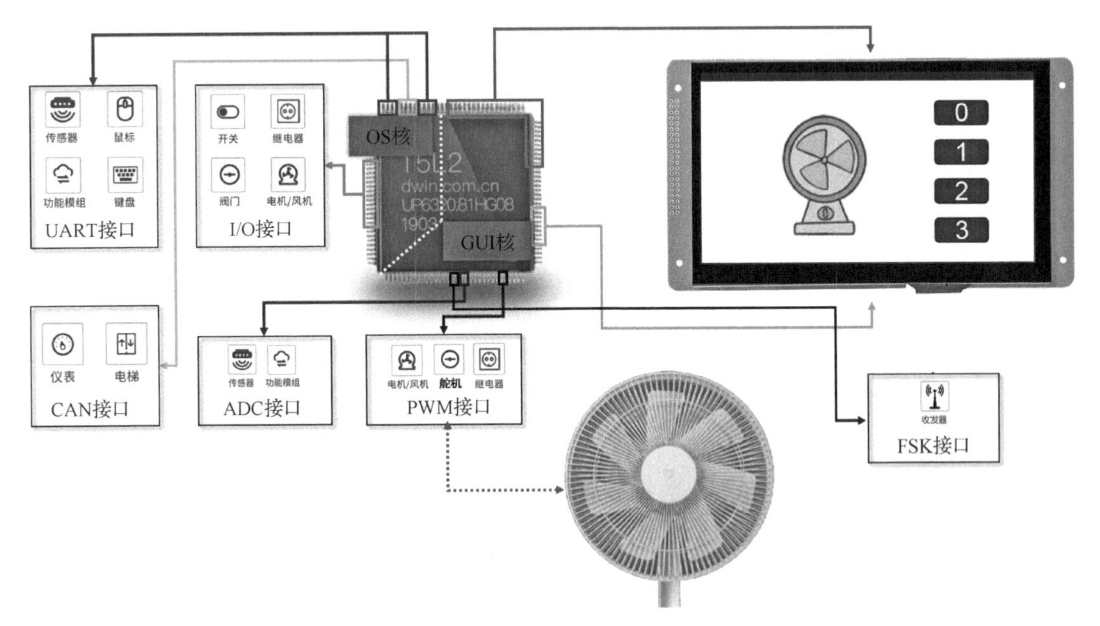

图 1-3-3　OS 核开发原理

1.4　DGUS 智能屏的应用领域

DGUS 智能屏广泛应用于工业自动化、医疗器械、美容保健、智慧家居及家电、新能源等 200 多个行业领域，国内市场份额高达 70%，国际市场份额可达 30%。其部分应用领域如图 1-4-1 所示。

图 1-4-1　部分应用领域

第 2 章　DGUS 软件功能介绍

2.1　显示功能

2.1.1　变量图标显示（0x00）

1．功能简介

变量图标显示的功能是将一个数据变量的变化范围线性对应一组图标进行显示，当变量变化时，图标也自动进行相应切换。该显示功能多用于精细的仪表盘、进度条显示，通常搭配增量调节、按键返回、拖动调节来使用，支持背景图片叠加和透明度设置及背景色滤除强度设置。

在描述指针 SP 地址为默认值 0xFFFF 的情况下，变量图标显示控件的预设配置内容存放在 14showfile.bin 文件中，遵循表 2-1-1 中地址+定义+数据长度+说明的格式。当 SP 地址被赋予其他变量值时，参考 SP 偏移量，可以通过串口指令或触控控件来改变对应 SP 地址的变量值，从而改变变量图标显示控件的配置内容。

表 2-1-1　变量图标显示配置内容存储格式

地址	SP 偏移量	定义	数据长度（字节）	说明
0x00		0x5A00	2	
0x02		*SP	2	变量描述指针，0xFFFF 表示由配置文件加载
0x04		0x000A	2	
0x06	0x00	*VP	2	变量指针，变量为整数格式
0x08	0x01	（X,Y）	4	变量图标显示位置，图标左上角坐标位置
0x0C	0x03	V_Min	2	变量下限，越界不显示
0x0E	0x04	V_Max	2	变量上限，越界不显示
0x10	0x05	ICON_Min	2	V_Min 对应的图标 ID
0x12	0x06	ICON_Max	2	V_Max 对应的图标 ID
0x14	0x07:H	ICON_Lib	1	图标库存储位置
0x15	0x07:L	Mode	1	图标显示模式，0x00=透明（不显示背景）； 其他=显示图标背景
0x16	0x08:H	Layer_Mode	1	0x00：覆盖背景图片。 0x01：背景图片叠加模式 1。 0x02：背景图片叠加模式 2
0x17	0x08:L	ICON_Gamma	1	背景图片叠加模式 2 下，图标显示亮度，范围为 0x00～0xFF，单位量为 1/256

续表

地址	SP 偏移量	定义	数据长度（字节）	说明
0x18	0x09:H	PIC_Gamma	1	背景图片叠加模式 2 下，叠加背景的显示亮度，范围为 0x00～0xFF，单位量为 1/256
0x19	0x09:L	Filter_Set	1	图标透明显示时，背景色滤除的强度。范围为 0x01～0x3F

例：SP 地址配置为 0x1000，通过串口指令改变变量图标显示位置。

5A A5　07　82　1001　0064　0064

帧头　数据长度　写指令　变量地址（SP 地址+偏移量）　X 坐标 100　Y 坐标 100

在 DGUS 软件中，选择显示控件→变量图标显示，之后框选显示区域并完成该功能的配置。DGUS 软件中变量图标显示配置说明如图 2-1-1 所示。

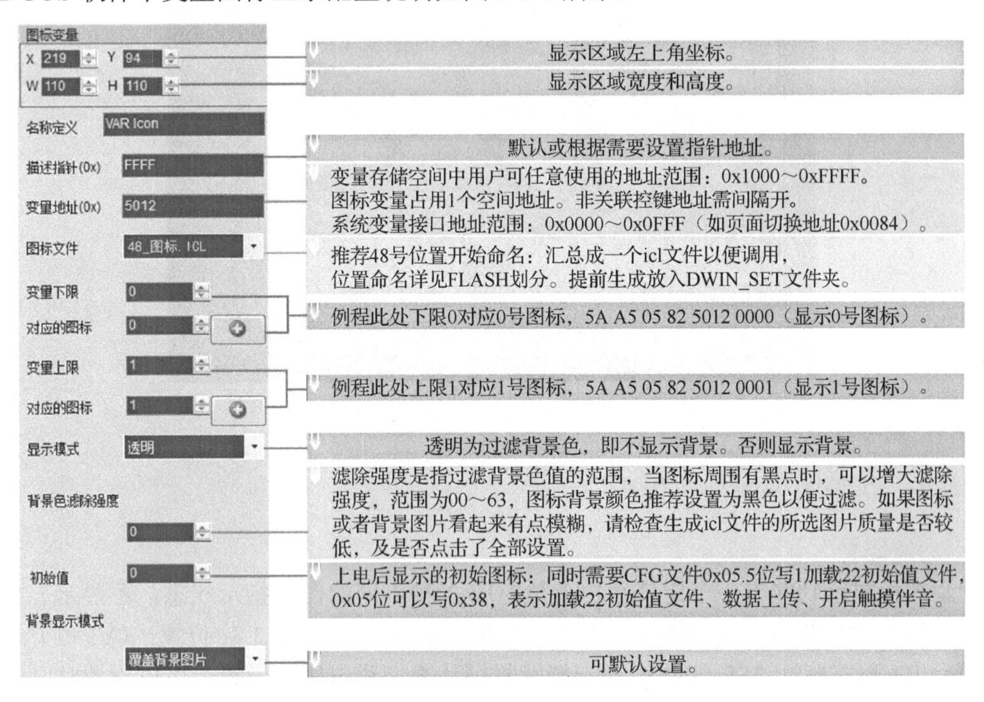

图 2-1-1　变量图标显示配置说明

2．变量图标显示应用指令举例

① 显示下限 0 对应图标

5A A5 05 82 5012 0000

含义：0x5AA5：帧头；0x05：数据长度；0x82：写指令；0x5012：变量地址；0x0000：显示变量下限 0 所对应图标。

② 显示上限 1 对应图标

5A A5 05 82 5012 0001

含义：0x5AA5：帧头；0x05：数据长度；0x82：写指令；0x5012：变量地址；0x0001：显示变量上限 1 所对应图标。

③ 超上限、下限不显示

5A A5 05 82 5012 0002

含义：该条指令给出了超限的变量，图标不显示，0x0002 为超限变量。

变量图标显示效果如图 2-1-2 所示。

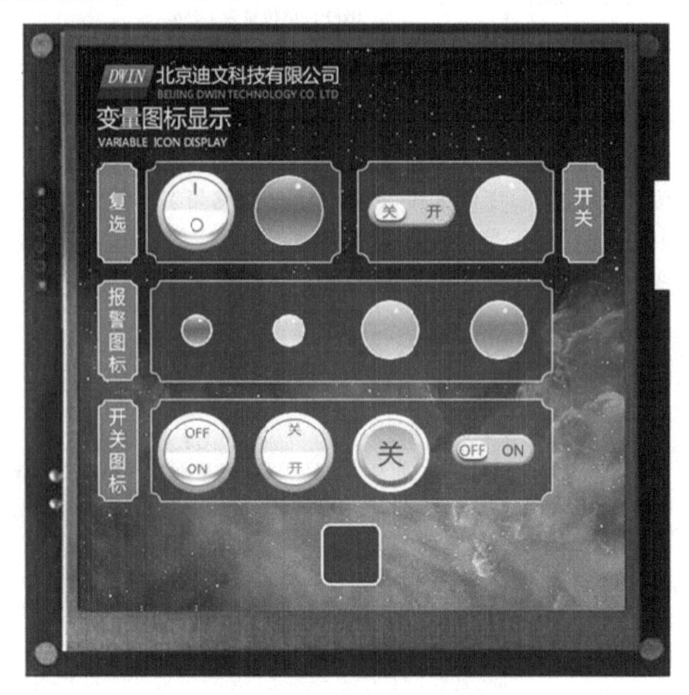

图 2-1-2　变量图标显示效果

2.1.2　动画图标显示（0x01）

1．功能简介

动画图标显示功能将一个定值数据变量对应 3 种不同的图标指示状态：不显示、显示固定图标、显示动画图标。该功能多用于变量的报警提示。变量占 2 字位置，（VP+1）位置保留；图标 ID 不能超过 255（0xFF）。支持背景图片叠加和透明度设置，可以设置动画速度。支持单次播放模式，可以设置背景色滤除强度。

在 SP 地址为默认值 0xFFFF 的情况下，动画图标显示控件的预设配置内容存放在 14showfile.bin 文件中，遵循表 2-1-1 中地址+定义+数据长度+说明的格式。当 SP 地址被赋予其他变量值时，参考 SP 偏移量，可以通过串口指令或按键返回/数据返回控件来改变对应 SP 地址的变量值，从而改变动画图标显示控件的配置内容。

表 2-1-2　动画图标显示配置内容存储格式

地址	SP 偏移量	定义	数据长度（字节）	说明
0x00		0x5A01	2	
0x02		*SP	2	变量描述指针，0xFFFF 表示由配置文件加载

续表

地址	SP 偏移量	定义	数据长度（字节）	说明
0x04		0x000D	2	
0x06	0x00	*VP	2	初始图标变量指针，变量为双字，低位字保留，高位字为无符号数（0x0000～0xFFFF）用户数据，控制动画图标显示
0x08	0x01	（X,Y）	4	变量显示位置，图标左上角坐标位置
0x0C	0x03	Reset_ICON_En	2	0x0000：停止时，不复位动画图标起始值（动画图标显示从 ICON_Start 到 ICON_End 间的一个任意值开始）。 0x0001：停止时，复位动画图标起始值（动画图标显示将固定从 ICON_Start 开始）。 0x0002：停止时，停留在当前显示图标
0x0E	0x04	V_Stop	2	变量为该值时显示固定图标
0x10	0x05	V_Start	2	变量为该值时自动显示动画图标
0x12	0x06	ICON_Stop	2	变量为 V_Stop 时固定显示的图标。范围为 0x0000～0x00FF
0x14	0x07	ICON_Start	2	变量为 V_Start 时，自动从 ICON_Start 到 ICON_End 显示图标，形成动画效果。范围为 0x0000～0x00FF
0x16	0x08	ICON_End	2	
0x18	0x09:H	ICON_Lib	1	图标库存储位置，0x00 表示使用背景图标库
0x19	0x09:L	Mode	1	图标显示模式，0x00=透明；其他=不透明
0x1A	0x0A:H	Layer_Mode	1	0x00：覆盖背景图片； 0x01：背景图片叠加模式 1； 0x02：背景图片叠加模式 2
0x1B	0x0A:L	ICON_Gamma	1	背景图片叠加模式 2 下，图标显示亮度，范围为 0x00～0xFF，单位量为 1/256
0x1C	0x0B:H	PIC_Gamma	1	背景图片叠加模式 2 下，叠加背景的显示亮度，范围为 0x00～0xFF，单位量为 1/256
0x1D	0x0B:L	Time	1	每个变量的显示时间，单位量为 DGUS 周期，0x01～0xFF
0x1E	0x0C:H	动画显示模式	1	0x00：普通循环播放模式。 0x01：单次播放模式。 变量为 VP_Stop 时，从 ICON_End 到 ICON_Start 逆序播放一次动画。 变量为 VP_Start 时，从 ICON_Start 到 ICON_End 顺序播放一次动画。 变量为其他值时，显示 ICON_Stop 图标
0x1F	0x0C:L	Filter_Set	1	图标透明显示时，背景色滤除的强度，0x01～0x3F

例：SP 地址配置为 0x1000，通过串口指令改变动画图标显示位置。

5A A5	07	82	1001	0064	0064
帧头	数据长度	写指令	SP 地址+偏移量	X 坐标 100	Y 坐标 100

在 DGUS 软件中，选择显示控件→动画图标显示，再框选显示区域，之后完成该功能的配置（如图 2-1-3 说明）。

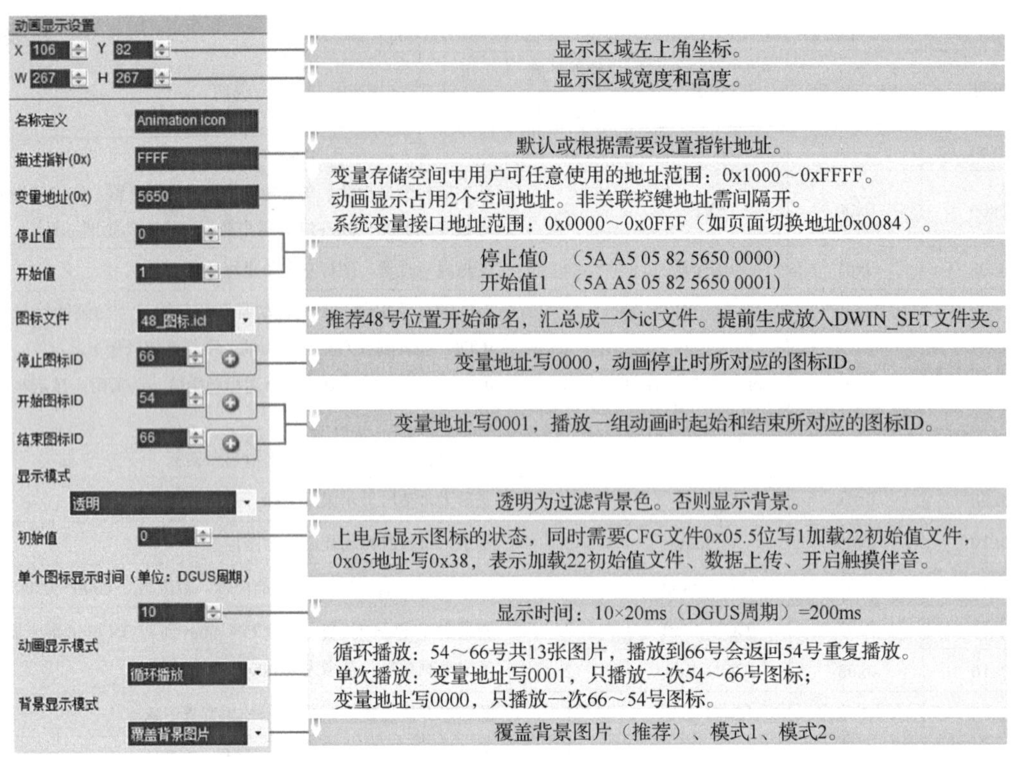

图 2-1-3 动画图标显示配置说明

2．动画图标显示应用指令举例

① 开启动画，循环播放模式

5A A5 05 82 5650 0001

含义：0x5AA5：帧头；0x05：数据长度；0x82：写指令；0x5650：变量地址；0x0001：写入开始动画的设置值 1。

② 停止动画，循环播放模式

5A A5 05 82 5650 0000

含义：0x5AA5：帧头；0x05：数据长度；0x82：写指令；0x5650：变量地址；0x0000：写入停止动画的设置值 0。

③ 顺序播放动画，单次播放模式，动画显示模式需设置为单次播放。

5A A5 05 82 5650 0001

含义：0x5AA5：帧头；0x05：数据长度；0x82：写指令；0x5650：变量地址；0x0001：顺序播放一次。

顺序播放后需要逆序播放，不是一直顺序播放。

④ 逆序播放动画，单次播放模式，动画显示模式需设置为单次播放。

5A A5 05 82 5650 0000

含义：0x5AA5：帧头；0x05：数据长度；0x82：写指令；0x5650：变量地址；0x0000：逆序播放一次。

动画图标显示效果如图 2-1-4 所示，各图依次显示。

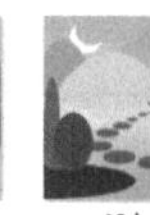

图 2-1-4　动画图标显示效果

2.1.3　滑动刻度指示（0x02）

1．功能简介

滑动刻度指示功能是将一个数据变量的变化范围对应一个图标（滑块）的显示位置变化。该显示功能多用于液位、刻度盘、进度表的指示，通常配合拖动调节来使用，支持背景图片叠加和透明度设置，支持背景色滤除强度设置。

在 SP 地址为默认值 0xFFFF 的情况下，滑块刻度指示控件的预设配置内容存放在 14showfile.bin 文件中，遵循表 2-1-3 中地址+定义+数据长度+说明的格式。当 SP 地址被赋予其他变量值时，参考 SP 偏移量，可以通过串口指令或触控控件来改变对应 SP 地址的变量值，从而改变滑动刻度指示控件的配置内容。

表 2-1-3　滑动刻度指示配置内容存储格式

地址	SP 偏移量	定义	数据长度（字节）	说明
0x00		0x5A02	2	
0x02		*SP	2	变量描述指针，0xFFFF 表示由配置文件加载
0x04		0x000C	2	
0x06	0x00	*VP	2	变量指针，变量格式由 VP_Data_Mode 决定
0x08	0x01	V_Begin	2	对应起始刻度的变量值
0x0A	0x02	V_End	2	对应终止刻度的变量值
0x0C	0x03	X_Begin	2	起始刻度坐标（纵向为 Y 坐标）
0x0E	0x04	X_End	2	终止刻度坐标（纵向为 Y 坐标）
0x10	0x05	ICON_ID	2	滑块的图标 ID
0x12	0x06	Y	2	刻度指示图标显示的 Y 坐标位置（纵向为 X 坐标）
0x14	0x07:H	X_adj	1	刻度指示图标显示的 X 坐标前移偏移量(纵向为 Y 坐标)，0x00～0xFF
0x15	0x07:L	Mode	1	刻度模式：0x00=横向刻度条；0x01=纵向刻度条
0x16	0x08:H	ICON_Lib	1	图标库存储位置
0x17	0x08:L	ICON_Mode	1	图标显示模式，0x00=透明（不显示背景），其他=显示图标背景
0x18	0x09:H	VP_Data_Mode	1	0x00：*VP 指向一个整型变量； 0x01：*VP 指向一个整型变量的高字节数据； 0x02：*VP 指向一个整型变量的低字节数据
0x19	0x09:L	Layer_Mode	1	0x00：覆盖背景图片； 0x01：背景图片叠加模式 1； 0x02：背景图片叠加模式 2

续表

地址	SP 偏移量	定义	数据长度（字节）	说明
0x1A	0x0A:H	ICON_Gamma	1	背景图片叠加模式 2 下，图标显示亮度，0x00～0xFF，单位量为 1/256
0x1B	0x0A:L	PIC_Gamma	1	背景图片叠加模式 2 下，叠加背景的显示亮度，0x00～0xFF，单位量为 1/256
0x1C	0x0B:H	Filter_Set	1	图标透明显示时，背景色滤除的强度，0x01～0x3F

例：SP 地址配置为 0x1000，通过串口指令改变滑动刻度指示起始刻度的变量值。

5A A5　05　82　1001　0032

帧头　数据长度　写指令　SP 地址+偏移量　起始刻度值为 50

在 DGUS 软件中，选择显示控件→滑动刻度指示，之后框选区域并完成该功能的配置（如图 2-1-5 说明）。滑动刻度指示是显示功能，拖动调节是控制功能，二者配合在一起能够实现拖动滑块改变变量数值的功能。

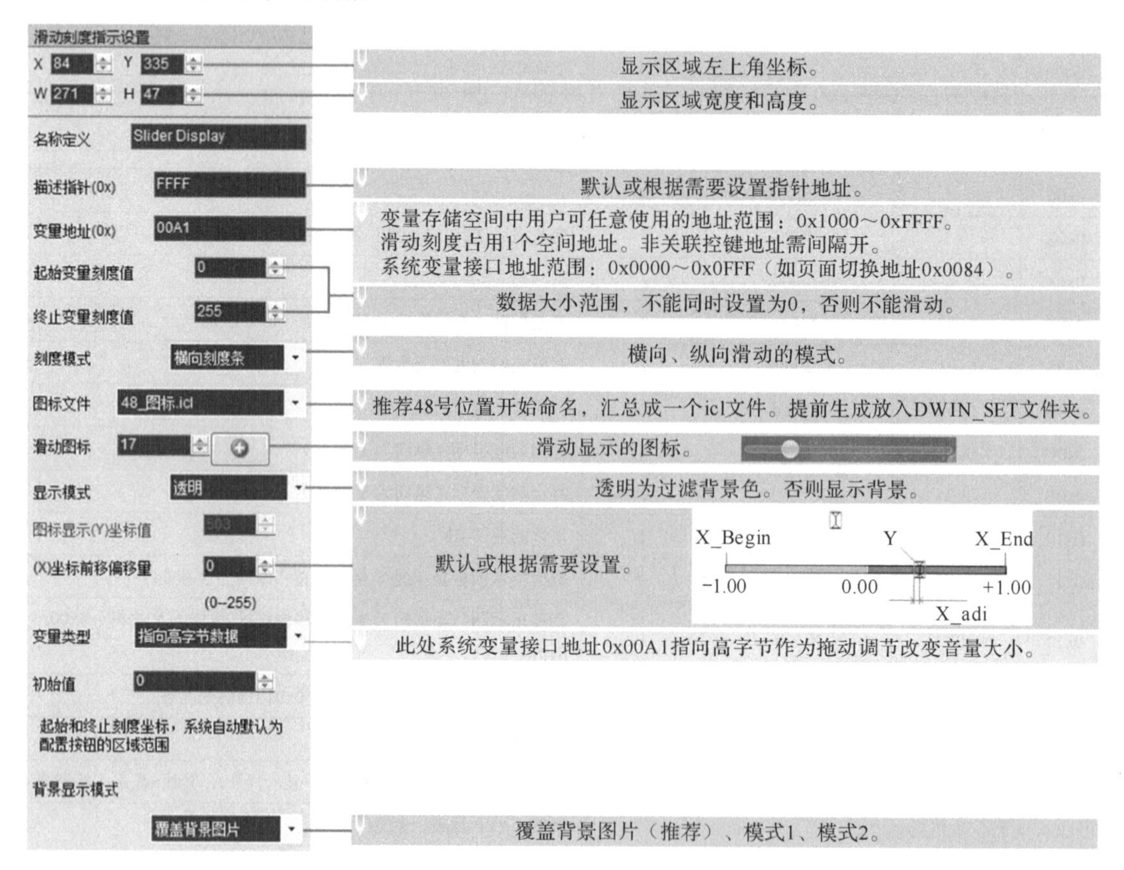

图 2-1-5　滑动刻度指示配置说明

2. 滑动刻度指示应用指令举例

调整音量为 10

5A A5 05 82 00A1 000A

含义：0x5AA5：帧头；0x05：数据长度；0x82：写指令；0x00A1：变量地址；0x000A：数据值。

滑动刻度指示显示效果如图 2-1-6 所示。

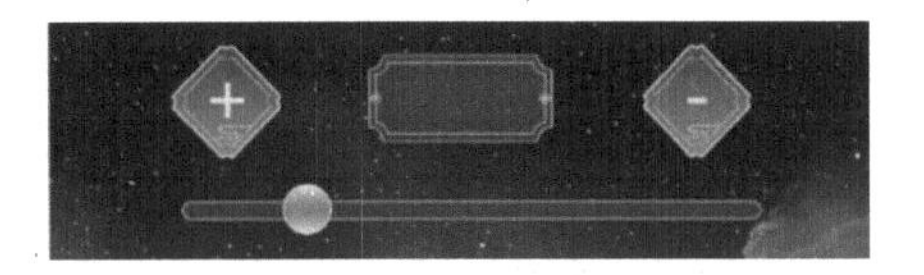
图 2-1-6 滑动刻度指示显示效果

2.1.4 艺术字变量显示（0x03）

1. 功能简介

艺术字变量显示功能是用图标取代字库来显示变量数据，功能与变量图标显示类似，支持背景图片叠加和透明度设置，支持背景色滤除强度设置。该显示功能通常搭配数据录入、增量调节、拖动调节来使用。

在 SP 地址为默认值 0xFFFF 的情况下，艺术字变量显示控件的预设配置内容存放在 14showfile.bin 文件中，遵循表 2-1-4 中地址+定义+数据长度+说明的格式。当 SP 地址被赋予其他变量值时，参考 SP 偏移量，可以通过串口指令或触控控件来改变对应 SP 地址的变量值，从而改变艺术字变量显示控件的配置内容。

表 2-1-4 艺术字变量显示配置内容存储格式

地址	SP 偏移量	定义	数据长度（字节）	说明
0x00		0x5A03	2	
0x02		*SP	2	变量描述指针，0xFFFF 表示由配置文件加载
0x04		0x0009	2	
0x00	0x00	*VP	2	变量指针
0x01	0x01	（X,Y）	4	起始显示位置： 左对齐模式，该坐标为显示字符串的左上角坐标； 右对齐模式，该坐标为显示字符串的右上角坐标
0x03	0x03	ICON0	2	0 对应的图标 ID，排列顺序为 0、1、2、3、4、5、6、7、8、9……
0x04:H	0x04:H	ICON_Lib	1	图标库位置
0x04:L	0x04:L	ICON_Mode	1	图标显示模式，0x00=透明，其他=显示背景
0x05:H	0x05:H	整数位数	1	显示的整数位数
0x05:L	0x05:L	小数位数	1	显示的小数位数
0x06:H	0x06:H	变量数据类型	1	0x00=整数（2 字节），-32768～32767； 0x01=长整数（4 字节），-2147483648～2147483647； 0x02=*VP 高字节，无符号数，0～255； 0x03=*VP 低字节，无符号数，0～255； 0x04=超长整数（8 字节），-9223372036854775808～9223372036854775807； 0x05=无符号整数（2 字节），0～65535； 0x06=无符号长整数（4 字节），0～4294967295
0x06:L	0x06:L	对齐模式	1	0x00=左对齐，0x01=右对齐

例：SP 地址配置为 0x1000，通过串口指令改变艺术字变量显示位置。

5AA5	07	82	1001	0064	0064
帧头	数据长度	写指令	SP 地址+偏移量	X 坐标 100	Y 坐标 100

在 DGUS 软件中，选择显示控件→艺术字变量显示，之后框选显示区域并完成该功能的配置（如图 2-1-7 说明）。

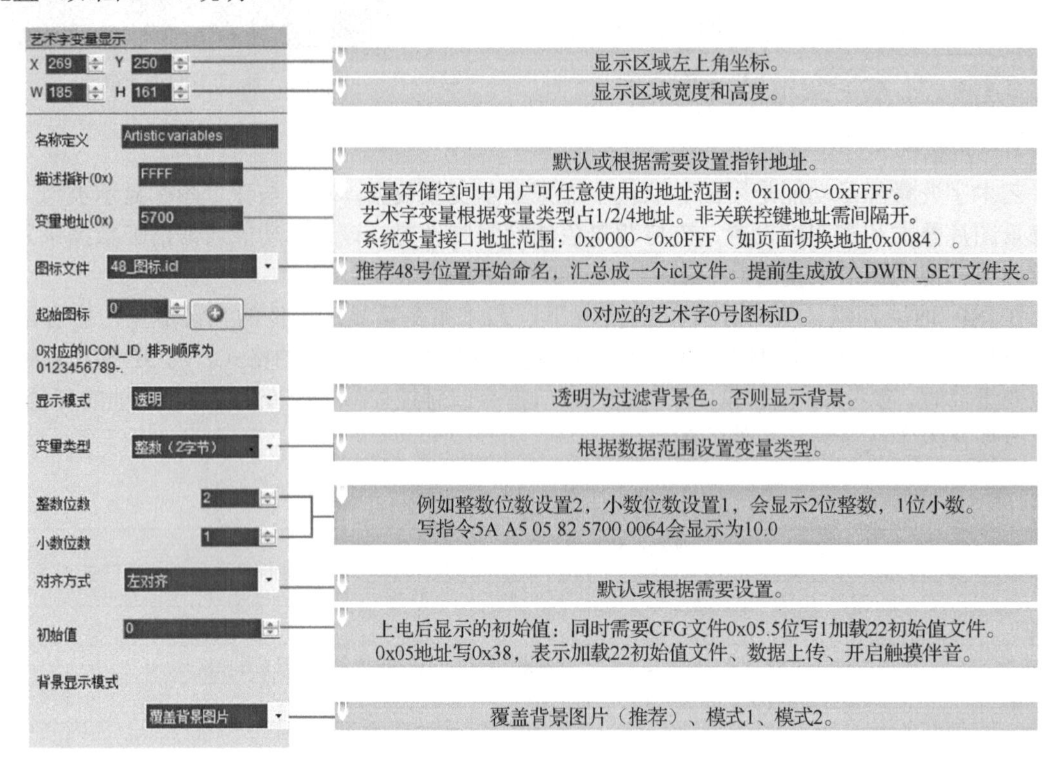

图 2-1-7　艺术字变量显示配置说明

2．艺术字变量显示应用指令举例

5A A5 05 82 5700 0002

含义：0x5AA5：帧头；0x05：数据长度；0x82：写指令；0x5700：变量地址；0x0002：显示数据 2。

艺术字变量显示效果如图 2-1-18 所示。

图 2-1-8　艺术字变量显示效果

2.1.5　图片动画显示（0x04）

1．功能简介

图片动画显示功能是将一组背景图片按照指定速度播放，多用于开机界面或屏保。

在 SP 地址为默认值 0xFFFF 的情况下，图片动画显示控件的预设配置内容存放在 14showfile.bin 文件中，遵循表 2-1-5 中地址+定义+数据长度+说明的格式。当 SP 地址被赋予其他变量值时，参考 SP 偏移量，可以通过串口指令或触控控件来改变对应 SP 地址的变量值，从而改变图片动画显示控件的配置内容。

表 2-1-5　图片动画显示配置内容存储格式

地址	SP 偏移量	定义	数据长度（字节）	说明
0x00		0x5A04	2	固定值 0x5A04
0x02		*SP	2	变量描述指针，0xFFFF 表示由配置文件加载
0x04		0x0004	2	固定值 0x0004
0x06	0x00	0x0000	2	固定值 0x0000
0x08	0x01	Pic_Begin	2	起始图片位置
0x0A	0x02	Pic_End	2	终止图片位置
0x0C	0x03:H	Frame_Time	1	一帧（一幅图片）显示的时间，单位为 8ms

例：SP 地址配置为 0x1000，通过串口指令改变图片播放起始位置。

5A A5　　05　　　82　　　　1001　　　　　　0002

帧头　数据长度　写指令　SP 地址+偏移量　起始图片位置为 02

在 DGUS 软件中，选择显示控件→图片动画显示，在指定页面框选显示区域并完成该功能的配置（如图 2-1-9 说明）。该功能无须按钮触发，显示区域可任意框选，保证在指定页面即可。

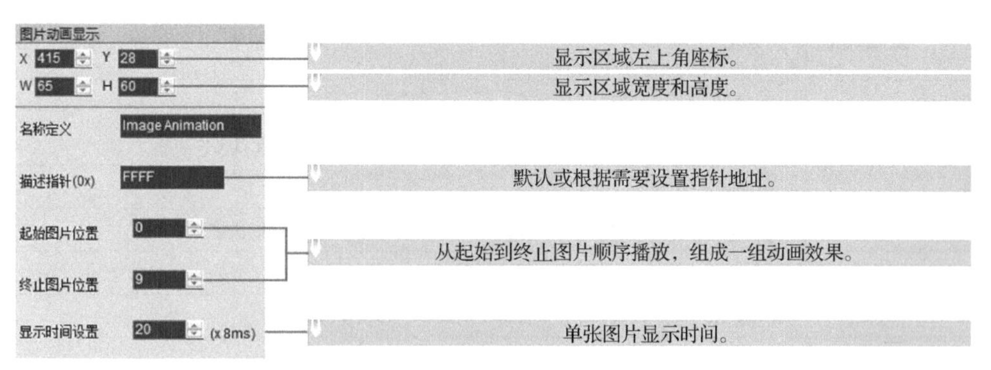

图 2-1-9　图片动画显示配置说明

2．图片动画应用指令举例

5A A5 07 82 0084 5A01 0000

含义：0x5AA5：帧头；0x07：数据长度；0x82：写指令；

0x0084：系统变量接口地址，为固定切换页面地址，具体可见系统变量接口一览表（读者可自行在迪文开发者论坛中下载）；

0x5A01：固定，高字节 0x5A 表示启动一次页面处理，CPU 处理完清零；低字节 0x01 表示页面切换，把图片存储区中的指定图片显示到当前背景页面，具体可见系统变量接口一览表；

0x0000：页面 ID，所要切换的页面号。

图片动画显示效果如图 2-1-10 所示。

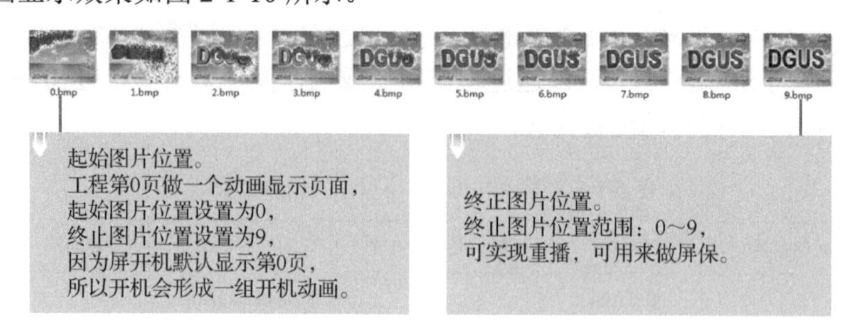

图 2-1-10　图片动画显示效果

2.1.6　图标旋转指示（0x05）

1．功能简介

图标旋转指示功能是把一个数据变量的变化范围线性对应角度数据，然后把一个图标按照对应的角度数据旋转后显示出来，通常搭配转动调节来使用，多用于指针仪表板显示，支持背景色滤除强度设置。

在 SP 地址为默认值 0xFFFF 的情况下，图标旋转指示控件的预设配置内容存放在 14showfile.bin 文件中，遵循表 2-1-6 中地址+定义+数据长度+说明的格式。当 SP 地址被赋予其他变量值时，参考 SP 偏移量，可以通过串口指令或触控控件来改变对应 SP 地址的变量值，从而改变图标旋转指示控件的配置内容。

表 2-1-6　图标旋转指示配置内容存储格式

地址	SP 偏移量	定义	数据长度（字节）	说明
0x00		0x5A05	2	
0x02		*SP	2	变量描述指针，0xFFFF 表示由配置文件加载
0x04		0x000C	2	
0x06	0x00	*VP	2	变量指针，变量模式由 VP_Mode 决定
0x08	0x01	ICON_ID	2	指定的图标 ID
0x0A	0x02	ICON_Xc	2	图标上的旋转中心位置：X 坐标
0x0C	0x03	ICON_Yc	2	图标上的旋转中心位置：Y 坐标
0x0E	0x04	Xc	2	图标显示到当前屏幕的旋转中心位置：X 坐标
0x10	0x05	Yc	2	图标显示到当前屏幕的旋转中心位置：Y 坐标
0x12	0x06	V_Begin	2	对应起始旋转角度的变量值，整型数，越界不显示
0x14	0x07	V_End	2	对应终止旋转角度的变量值，整型数，越界不显示
0x16	0x08	AL_Begin	2	起始旋转角度，0~720（0x000～0x2D0），单位为 0.5°
0x18	0x09	AL_End	2	终止旋转角度，0~720（0x000～0x2D0），单位为 0.5°

续表

SP 地址	SP 偏移量	定义	数据长度（字节）	说明
0x1A	0x0A:H	VP_Mode	1	0x00：*VP 指向一个整型变量； 0x01：*VP 指向一个整型变量的高字节数据； 0x02：*VP 指向一个整型变量的低字节数据
0x1B	0x0A:L	Lib_ID	1	图标库 ID
0x1C	0x0B	Mode	1	图标显示模式，0x00=透明（不显示图表背景），其他=显示图标背景

例：SP 地址配置为 0x1000，通过串口指令改变图标旋转指示的起始旋转角度。

5A A5	05	82	1008	0064
帧头	数据长度	写指令	SP 地址+偏移量	起始旋转角度 100

在 DGUS 软件中，选择显示控件→图标旋转指示，之后框选显示区域并完成该功能的配置（如图 2-1-11 说明）。

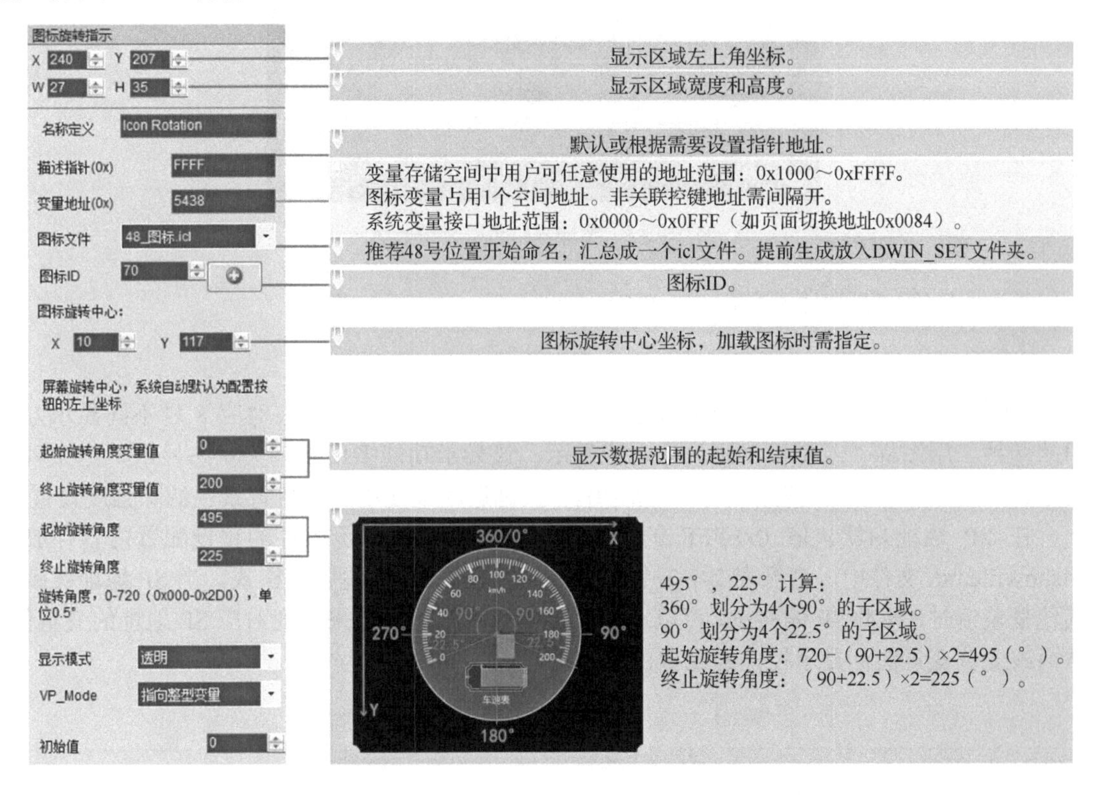

图 2-1-11　图标旋转指示配置说明

2. 图标旋转指示应用指令举例

① 5A A5 05 82 5438 0000

含义：0x5AA5：帧头；0x05：数据长度；0x82：写指令；0x5438：变量地址；0x0000：数据 0，指针图标指向表盘 0°。

② 5A A5 05 82 5438 0064

含义：0x5AA5：帧头；0x05：数据长度；0x82：写指令；0x5438：变量地址；0x0064：数据 100，指针图标指向 100°。

③ 5A A5 05 82 5438 00C8

含义：0x5AA5：帧头；0x05：数据长度；0x82：写指令；0x5438：变量地址；0x00C8：数据 200，指针图标指向 200°。

图标旋转指示显示效果如图 2-1-12 所示。

图 2-1-12　图标旋转指示显示效果

2.1.7　位变量图标显示（0x06）

1．功能简介

位变量图标显示功能是把一个数据变量每个位（bit）的 0/1 状态对应 8 种不同显示方案中的两种，用图标（或图标动画）来对应显示。该显示功能多用于开关状态显示，比如风机的运转（动画）、停止（静止图标），通常配合按键返回来使用，支持背景也滤除强度设置。

在 SP 地址为默认值 0xFFFF 的情况下，位变量图标显示控件的预设配置内容存放在 14showfile.bin 文件中，遵循表 2-1-7 中地址+定义+数据长度+说明的格式。当 SP 地址被赋予其他变量值时，参考 SP 偏移量，可以通过串口指令或触控控件来改变对应 SP 地址的变量值，从而改变位变量图标显示控件的配置内容。

表 2-1-7　位变量图标显示配置内容存储格式

地址	SP 偏移量	定义	数据长度（字节）	说明
0x00		0x5A05	2	
0x02		*SP	2	变量描述指针，0xFFFF 表示由配置文件加载
0x04		0x000C	2	
0x06	0x00	*VP	2	位变量指针，字变量
0x08	0x01	*VP_AUx	2	辅助变量指针，双字，用户软件不能访问
0x0A	0x02	Act_Bit_Set	2	值为 1 的位说明*VP 对应位置需要显示

续表

<table>
<tr><th>地址</th><th>SP 偏移量</th><th>定义</th><th>数据长度（字节）</th><th>说明</th></tr>
<tr><td>0x0C</td><td>0x03:H</td><td>Display_Mode</td><td>1</td><td>定义显示模式：
<table>
<tr><th rowspan="2">Display_Mode</th><th colspan="2">位变量（bit）值</th></tr>
<tr><th>0</th><th>1</th></tr>
<tr><td>0x00</td><td>ICON0S</td><td>ICON1S</td></tr>
<tr><td>0x01</td><td>ICON0S</td><td>不显示</td></tr>
<tr><td>0x02</td><td>ICON0S</td><td>ICON1S～ICON1E 动画</td></tr>
<tr><td>0x03</td><td>不显示</td><td>ICON1S</td></tr>
<tr><td>0x04</td><td>不显示</td><td>ICON1S～ICON1E 动画</td></tr>
<tr><td>0x05</td><td>ICON0S～ICON0E 动画</td><td>ICON1S</td></tr>
<tr><td>0x06</td><td>ICON0S～ICON0E 动画</td><td>不显示</td></tr>
<tr><td>0x07</td><td>ICON0S～ICON0E 动画</td><td>ICON1S～ICON1E 动画</td></tr>
</table>
比如设置 Display_Mode=2，那么：
*VP 对应的变量某个位为 0 时，显示 ICON0S 图标</td></tr>
<tr><td>0x0D</td><td>0x03:L</td><td>Move_Mode</td><td>1</td><td>位变量图标排列方式：
0x00=X++，Act_Bit_Set 指定的不显示 bit，不保留位置；
0x01=Y++，Act_Bit_Set 指定的不显示 bit，不保留位置；
0x02=X++，Act_Bit_Set 指定的不显示 bit，保留 DIS_MOV 位置；
0x03=Y++，Act_Bit_Set 指定的不显示 bit，保留 DIS_MOV 位置</td></tr>
<tr><td>0x0E</td><td>0x04:H</td><td>ICON_Mode</td><td>1</td><td>图标显示模式：0x00=透明，0x01=不透明</td></tr>
<tr><td>0x0F</td><td>0x04:L</td><td>ICON_Lib</td><td>1</td><td>图标库存储位置，0x00 表示使用背景图标库</td></tr>
<tr><td>0x10</td><td>0x05</td><td>ICON0S</td><td>2</td><td>不显示动画模式，bit_0 图标 ID
显示动画模式，bit_0 图标动画起始 ID</td></tr>
<tr><td>0x12</td><td>0x06</td><td>ICON0E</td><td>2</td><td>显示动画模式，bit_0 图标动画结束 ID</td></tr>
<tr><td>0x14</td><td>0x07</td><td>ICON1S</td><td>2</td><td>不显示动画模式，bit_1 图标 ID
显示动画模式，bit_1 图标动画起始 ID</td></tr>
<tr><td>0x16</td><td>0x08</td><td>ICON1E</td><td>2</td><td>显示动画模式，bit_1 图标动画结束 ID</td></tr>
<tr><td>0x18</td><td>0x09</td><td>（X,Y）</td><td>4</td><td>起始位变量图标显示位置，图标左上角坐标位置。</td></tr>
<tr><td>0x1C</td><td>0x0B</td><td>DIS_MOV</td><td>2</td><td>下一个图标移动的坐标间隔</td></tr>
<tr><td>0x1E</td><td>0x0C</td><td>保留</td><td>2</td><td>写 0x00</td></tr>
</table>

例：SP 地址配置为 0x1000，通过串口指令改变起始位变量图标显示位置。

5A A5	07	82	1009	0064	0064
帧头	数据长度	写指令	SP 地址+偏移量	X 坐标 100	Y 坐标 100

在 DGUS 软件中，选择显示控件→位变量图标显示，然后框选显示区域并完成对该功能的设置（如图 2-1-13 说明）。

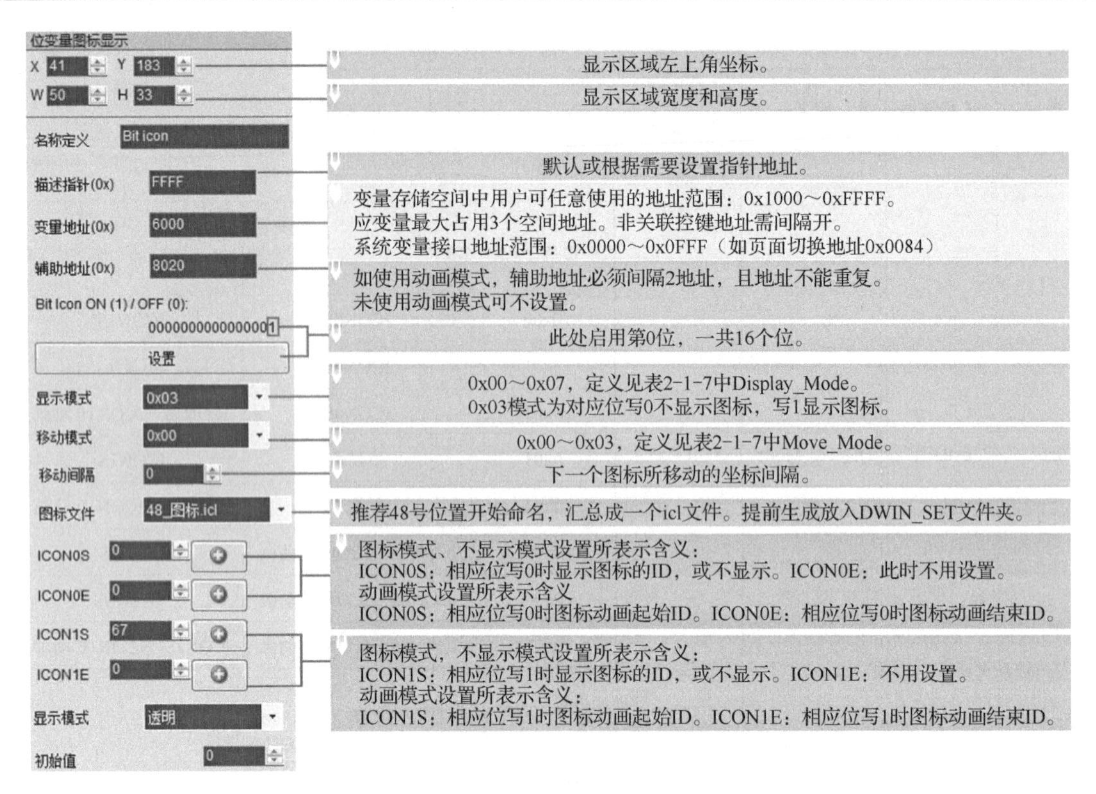

图 2-1-13　位变量图标显示配置说明

2．位变量图标显示应用指令举例

① 16 个位全开

5A A5 05 82 6000 FFFF

含义：0x5AA5：帧头；0x05：数据长度；0x82：写指令；0x6000：变量地址；0xFFFF：1111 1111 1111 1111，16 个位全部写 1。

② 16 个位全关

5A A5 05 82 6000 0000

含义：0x5AA5：帧头；0x05：数据长度；0x82：写指令；0x6000：变量地址；

0x0000：0000 0000 0000 0000，16 个位全部写 0。

③开启第 0 位和第 3 位

5A A5 05 82 6000 0009

含义：0x5AA5：帧头；0x05：数据长度；0x82：写指令；0x6000：变量地址；

0x0009：0000 0000 0000 1001，第 0 位和第 3 位写 1。

位变量图标显示效果如图 2-1-14 所示。

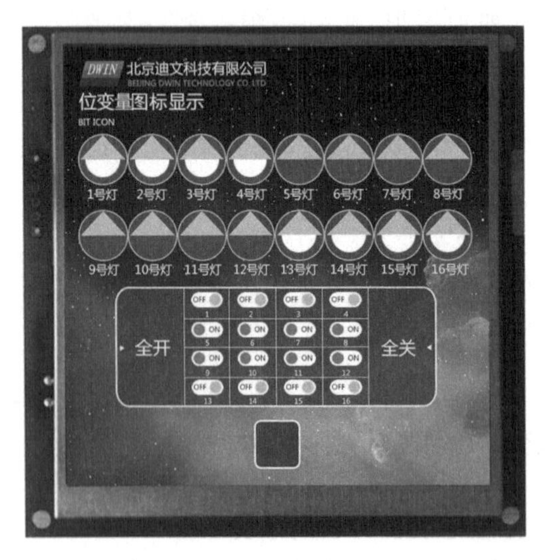

图 2-1-14　位变量图标显示效果

2.1.8　JPEG 图标平移显示（0x07）

1．功能简介

JPEG 图标平移显示功能可以把超过屏幕分辨率的 JPEG 图标页面以屏幕视窗上下或左右平移显示。配合滑动图标选择功能可以实现图标滑动选择，支持背景色滤除强度设置。

在 SP 地址为默认值 0xFFFF 的情况下，JPEG 图标平移显示控件的预设配置内容存放在 14showfile.bin 文件中，遵循表 2-1-8 中地址+定义+数据长度+说明的格式。当 SP 地址被赋予其他变量值时，参考 SP 偏移量，可以通过串口指令或触控控件来改变对应 SP 地址的变量值，从而改变 JPEG 图标平移显示控件的配置内容。

表 2-1-8　JPEG 图标平移显示配置内容存储格式

地址	SP 偏移量	定义	数据长度（字节）	说明
0x00		0x5A07	2	
0x02		*SP	2	变量描述指针，0xFFFF 表示由配置文件加载
0x04		0x0009	2	
0x06	0x00	*VP	2	变量指针，每个变量占 4 字。 VP=图标页面在当前显示窗口的显示起始位置，(X,Y)，占 2 字； VP+2=移动距离，16bit 带符号数； 负数右移（下移），正数左移（上移）； VP+3 保留
0x08	0x01:H	ICON_Lib	1	图标库 ID，0x00 表示使用背景图标库
0x09	0x01:L	Disp_Mode	1	图标显示模式：0x00=透明（不显示图标背景），其他＝显示背景
0x0A	0x02:H	Filter_Set	1	图标透明显示时，背景色滤除的强度，0x01～0x3F
0x0B	0x02:L	Move_Mode	1	移动模式： 0x00=横向移动，图标页面 X 坐标可以很大； 其他=纵向移动，图标页面 Y 坐标可以很大。 图标页面的 JPEG 文件大小不能超过硬件限制： T5L1 为 252KB，T5L2 为 764KB
0x0C	0x03	ICON_ID	2	图标（页面）ID
0x0E	0x04	(Xs,Ys) (Xe,Ye)	8	当前页面上，图标页面显示区域
0x16	0x08	保留	9	

例：SP 地址配置为 0x1000，通过串口指令改变 JPEG 图标平移显示的图标 ID。

5A A5	05	82	1003	0001
帧头	数据长度	写指令	SP 地址+偏移量	显示 ID 为 1 的图标

在 DGUS 软件中，选择显示控件→JPEG 图标平移显示，之后框选显示区域并完成该功能的配置（如图 2-1-15 说明）。

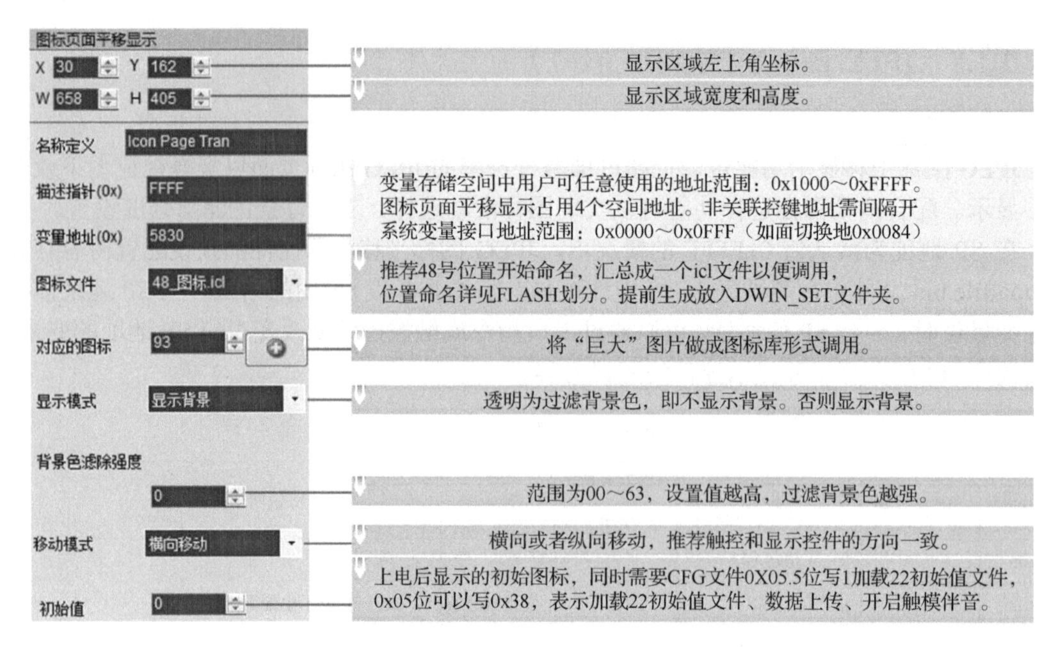

图 2-1-15 JPEG 图标平移显示配置说明

（1）长条形滑动图片可以做多个，如图 2-1-16 所示，ID 范围：1000～1023。例如，有 1000、1001、1002 三张长条形图标，三张图标可以生成一个 icl 文件，也可以三张单独生成。生成 icl 文件时，DGUS 软件压缩图标页面的 JPEG 文件大小不能超过硬件限制：T5L1 为 252KB，T5L2 为 764KB。

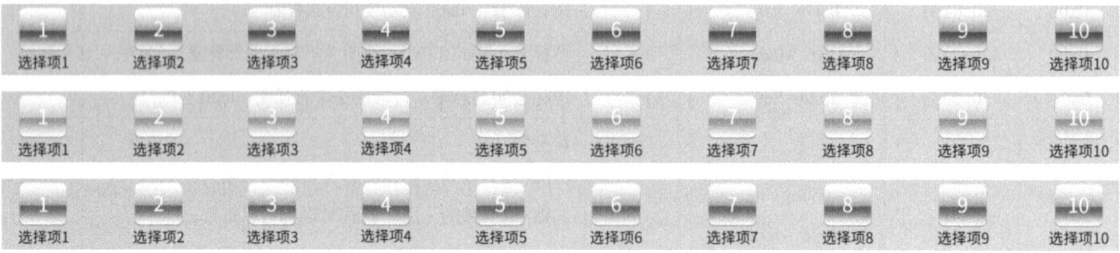

图 2-1-16 长条形滑动图片

（2）长条形图标最大为 4079×4079 像素，推荐 4000×4000 像素以内即可，面积越大体积越大。滑动只支持垂直或水平，不支持 45 度侧滑，做图时长条形图标高度可与滑动框的高度一致，高一点也可以，尽量不要太高。

（3）滑动图标选择触控控件不需要和滑动页面大小完全一致，即坐标点不需要完全重合对齐，如图 2-1-17 所示。

（4）长条形滑动页面上只支持触控控件，不支持显示控件和按钮效果，因为 32 号背景图片文件中不包含长条形图标。

（5）长条形滑动页面上通常使用按键值返回做菜单选择，键值可上传，结合变量图标应用在如菜单选择、功能选择等此类场景。也可以使用基础触控做滑动选择，只是初次使用时不可预测滑动选择项到底有多少，会在一定程度上影响选择，具体使用时自行选择。

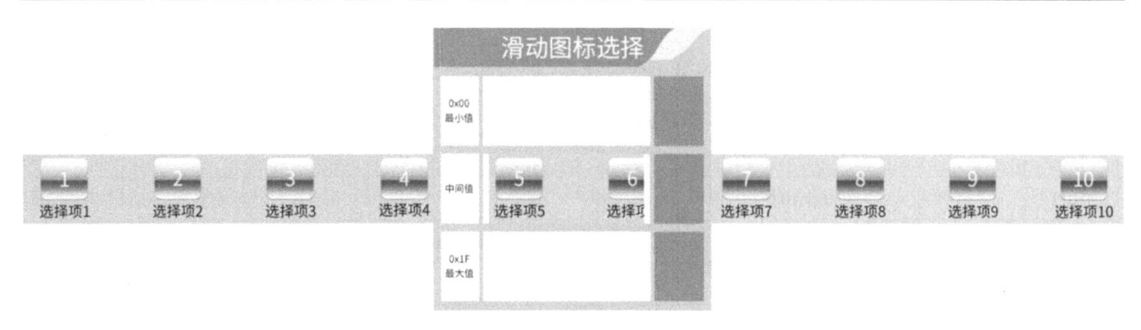

图 2-1-17　滑动图标选择

2．JPEG 图标平移显示应用指令举例

设变量地址为 0x5830，长条形图标上使用按键返回。

5A A5 06 83 5830 01 0001：返回键值 1。

5A A5 06 83 5830 01 0002：返回键值 2。

5A A5 06 83 5830 01 0003：返回键值 3。

JPEG 图标平移显示效果如图 2-1-18 所示。

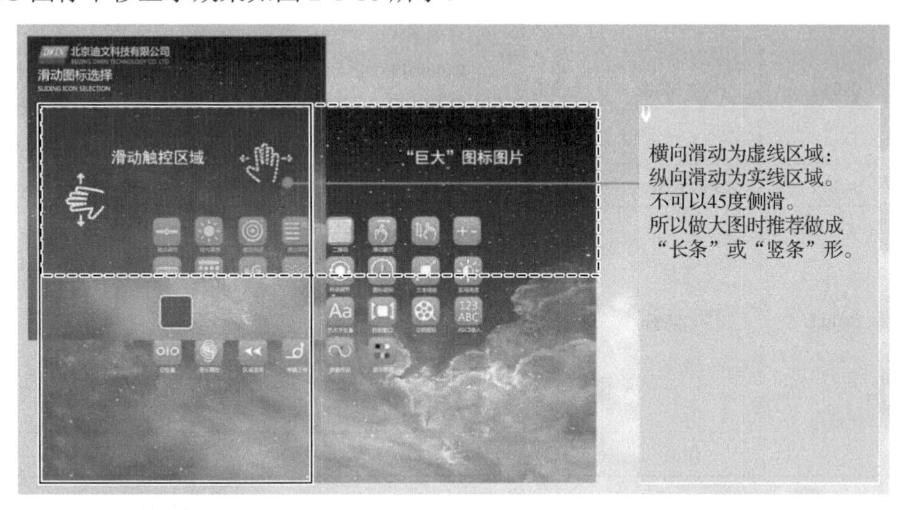

图 2-1-18　JPEG 图标平移显示效果

2.1.9　变量数据 JPEG 图标叠加显示（0x08）

1．功能简介

变量数据 JPEG 图标叠加显示的功能是把变量缓冲区的 JPEG 图标叠加显示到当前页面指定区域，显示亮度、透明度可以设置。VP（必须是偶数）=5AA5 时开启显示，VP+1=JPEG 数据缓冲区字长度（偶数），VP+2=JPEG 数据开始存储。背景色滤除强度可以设置。

在 SP 地址为默认值 0xFFFF 的情况下，图标叠加显示控件的预设配置内容存放在 14showfile.bin 文件中，遵循表 2-1-9 中地址+定义+数据长度+说明的格式。当 SP 地址被赋予其他变量值时，参考 SP 偏移量，可以通过串口指令或触控控件来改变对应 SP 地址的变量值，从而改变图标叠加显示控件的配置内容。

表 2-1-9　变量数据 JPEG 图标叠加显示配置内容存储格式

地址	SP 偏移量	定义	数据长度（字节）	说明
0x00		0x5A08	2	
0x02		*SP	2	变量描述指针，0xFFFF 表示由配置文件加载
0x04		0x0009	2	
0x06	0x00	*VP	2	变量数据指针，必须是偶数。 VP：写入 0x5AA5 表示 JPEG 数据有效，开启显示； VP+1：JPEG 数据缓冲区字长度，必须是偶数； VP+2：JPEG 数据开始存储
0x08	0x01	（X,Y）	4	JPEG 图标在当前页面的显示位置
0x0C	0x03	Wide_X	2	JPEG 图标在当前页面的显示窗口宽度
0x0E	0x04	Wide_Y	2	JPEG 图标在当前页面的显示窗口高度
0x10	0x05:H	Dim_Set	1	叠加显示的 JPEG 图标显示亮度，0x00（最暗）～0xFF（最亮）
0x11	0x05:L	Disp_Mode	1	显示模式： 0x00=JPEG 图标透明显示（图标背景不显示）； 其他＝显示 JPEG 图标背景。 FSK 总线摄像头显示配置为 0x01
0x12	0x06:H	Filter_Set	1	JPEG 图标透明显示时，背景色滤除强度，范围为 0x01～0x3F
0x13	0x06:L	*VP_Page	1	.7：JPEG 数据存储格式设置。 0=顺序（D3:D0=0xFFD8FFD0），1=逆序（D0:D3=0xFFD8FFE0）。 FSK 总线摄像头数据选择逆序。 .6～.4：保留，写 0。 .3～.0：变量存储器页地址，0x00～0x0F，和*VP 一起组成一个 20bit 的变量指针，对应 2MB 的变量存储器空间
0x14		保留	12	

例：SP 地址配置为 0x1000，通过串口指令改变图标叠加显示的位置。

5A A5　07　82　1001　0064　0064

帧头　数据长度　写指令　SP 地址+偏移量　X 坐标 100　Y 坐标 100

在 DGUS 软件中，选择显示控件→图标叠加显示，之后框选显示区域并完成该功能的配置（如图 2-1-19 说明）。

2．变量数据 JPEG 图标叠加显示应用指令举例

① 重新配置一次总线，开启信号传输

5A A5 06 82 0100 A5 04 50

含义：0x5AA5：帧头；0x06：数据长度；0x82：写指令；

0x0100：FSK 接口控制地址；

0xA5：重新配置一次总线（配置完成后会自动改成 0x5A）；

0x04：总线速度配置，速度越低，通信距离越远，0x04=1MB/s；

0x50：总线应答等待时间，0x01～0xFF，单位为 0.125ms。

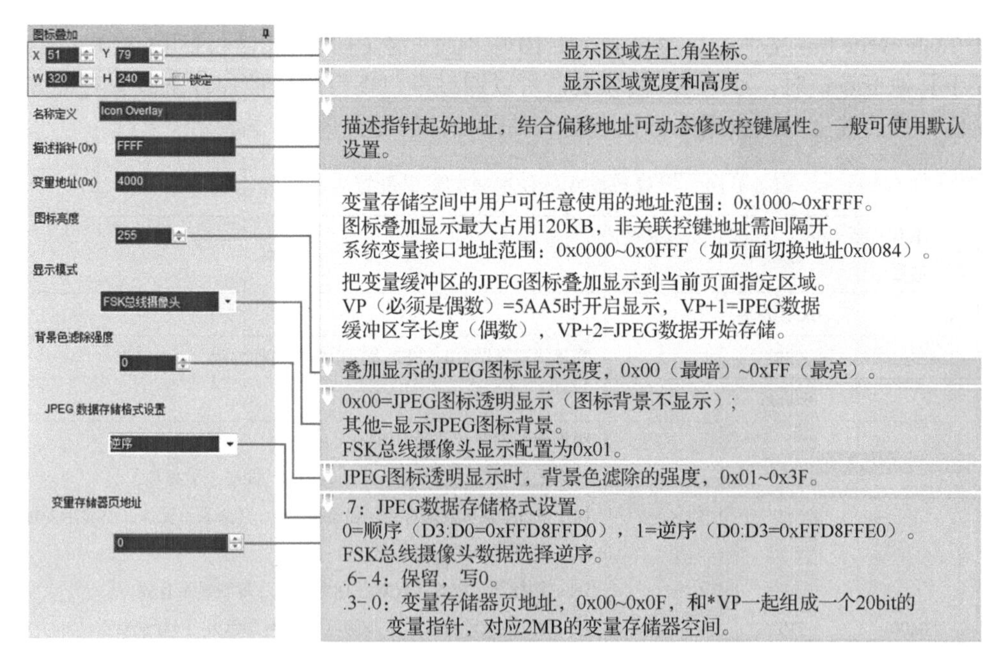

图 2-1-19　图标叠加显示配置说明

② 显示 0 号摄像头画面

5A A5 06 82 0120 80 4000

含义：0x5AA5：帧头；0x06：数据长度；0x82：写指令；

0x0120：第 2 个 FSK 接口控制地址；

0x80：开启 0 号摄像头；

0x4000：数据存储的双字地址。

图标叠加显示效果如图 2-1-20 所示。

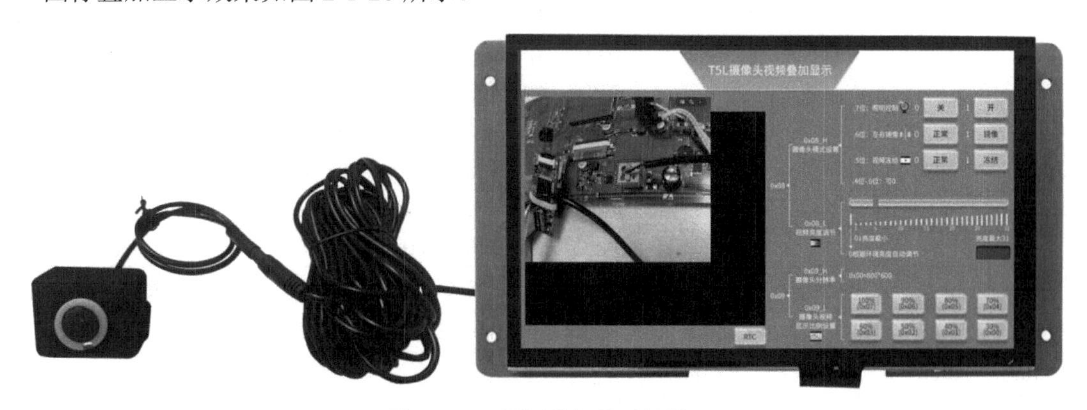

图 2-1-20　图标叠加显示效果

2.1.10　批量数据图标快速复制粘贴（0x09）

1．功能简介

批量数据图标快速复制粘贴可以根据变量缓冲区的定义，从背景或显存快速复制图标到指定位置。

在 SP 地址为默认值 0xFFFF 的情况下，批量数据图标快速复制粘贴控件的预设配置内容存放在 14showfile.bin 文件中，遵循表 2-1-10 中地址+定义+数据长度+说明的格式；当 SP 地址被赋予其他变量值时，参考 SP 偏移量，可以通过串口指令或触控控件来改变对应 SP 地址的变量值，从而改变批量数据图标快速复制粘贴控件的配置内容。

表 2-1-10　批量数据图标快速复制粘贴配置内容存储格式

地址	SP 偏移量	定义	数据长度（字节）	说明
0x00		0x5A09	2	
0x02		*SP	2	变量描述指针，0xFFFF 表示由配置文件加载
0x04		0x0006	2	
0x06	0x00	*VP	2	数据地址指针，必须为偶数。 1 个数据项目对应 2 地址，一共 Data_Num 个数据项： D3：0x5A 表示数据有效（显示图标），其余表示无效（不显示图标）。 D2：需要显示的图标编号，0～N。 D1：图标显示模式，仅对图标背景图片复制显示有效。 .7：背景色滤除控制，0=滤除（背景不显示），1=背景显示。 .6：保留，写 0. .5～.0：背景色滤除强度，0x01～0x3F。 D0：图标显示亮度（0x00～0xFF），仅对图标背景图片复制显示有效。 如果图标显示亮度设置不是 0xFF，那么图标将和背景合成显示， 显示速度会慢 30%左右
0x08	0x01	*VP1	2	数据对应图标显示位置描述指针，必须为偶数，每个图标 2 个地址。 D3:D0：图标显示位置左上角坐标（X,Y）； 数据按照数据源编号（0～（Data_Num-1））顺序描述
0x0A	0x02	*VP2	2	需复制的每个图标数据描述指针，必须为偶数，每个图标 4 个地址。 D7:D4：图标左上角坐标（X,Y）； D3:D2：图标宽度像素值； D1:D0：图标高度像素值； 数据按照图标编号（0～N）顺序描述
0x0C	0x03	Data_Num	2	*VP 对应的数据项目数量，0x0000～0x1000，最多 4096 个数据项目
0x0E	0x04:H	ICON_Source	1	0x00：当前显示页面（显存模式）； 其他：图标背景图片（Flash 读取）
0x0F	0x04:L	ICON_Lib	1	仅图标背景图片模式有效：图标背景图片的 icl 文件编号
0x10	0x05	ICON_ID	2	仅图标背景图片模式有效：图标背景图片在 icl 文件中的 ID 编号
0x12	0x06	保留	14	

例：SP 地址配置为 0x1000，通过串口指令改变图标快速复制粘贴的位置。

5A A5	07	82	1001	0064	0064
帧头	数据长度	写指令	SP 地址+偏移量	X 坐标 100	Y 坐标 100

图标背景图片模式处理时间估算（从保存在 Flash 的图标拼接背景图片上复制指定区域到当前页面）如下。

T=（有效数据项目数量+5）×图标背景图片像素点÷400+有效数据项目对应的图标像素点÷200μs。假设每个数据有 8 个不同图标可选，单个图标为 64×64 像素，拼接成一个 560×64 像素的背景图片，共有 100 个数据项目需要显示，那么处理时间为 105×560×64÷400+100×64×64÷200=11.456ms，显存模式则为 5.12ms。

显存模式处理时间估算（从当前显示页面上复制指定区域到当前页面）如下。

T=有效数据项目对应的图标像素点/80μs。假设每个数据有 8 个不同图标可选，单个图标为 32×32 像素，已经显示在当前页面，共有 1000 个数据项目需要显示，那么处理时间为 1000×32×32÷80 =12.80ms，图标背景图片模式为 30.848ms。

使用显存模式，处理速度快，需要占用一定区域显示需复制的 *N* 个图标，并在使用完后需要进行背景恢复；图标背景图片模式在数据项目不太多、图标背景图片分辨率不高的情况下则十分合适。

2.1.11　数据变量显示（0x10）

1. 功能简介

数据变量显示功能是把一个数据变量按照指定格式（整数、小数、是否带单位等），用指定字体和大小的阿拉伯数字显示出来。该显示功能通常搭配数据录入、增量调节、拖动调节使用。

在 SP 地址为默认值 0xFFFF 的情况下，数据变量显示控件的预设配置内容存放在 14showfile.bin 文件中，遵循表 2-1-11 中地址+定义+数据长度+说明的内容描述；当 SP 地址被赋予其他变量值时，参考 SP 偏移量，可以通过串口指令或触控控件改变对应 SP 地址的变量值，从而改变数据变量显示控件的配置内容。

表 2-1-11　数据变量显示指令存储格式

地址	SP 偏移量	定义	数据长度（字节）	说明
0x06	0x00	*VP	2	变量指针
0x08	0x01	（X,Y）	4	起始显示位置，显示字符串左上角坐标。
0x0C	0x03	Color	2	显示颜色
0x0E	0x04:H	Lib_ID	1	ASCII 字库位置
0x0F	0x04:L	字体大小	1	字符 X 方向点阵数
0x10	0x05:H	对齐方式	1	0x00=左对齐，0x01=右对齐，0x02=居中
0x11	0x05:L	整数位数	1	显示整数位。整数位数和小数位数之和不能超过 20
0x12	0x06:H	小数位数	1	显示整数位。整数位数和小数位数之和不能超过 20
0x13	0x06:L	变量数据类型	1	0x00=整数（2 字节），范围为-32768～32767 0x01=长整数（4 字节），范围为-2147483648～2147483647 0x02=*VP 高字节，无符号数，范围为 0～255 0x03=*VP 低字节，无符号数，范围为 0～255 0x04=超长整数（8 字节），范围为-9223372036854775808～9223372036854775807 0x05=无符号整数（2 字节），范围为 0～65535 0x06=无符号长整数（4 字节），范围为 0～4294967295

续表

地址	SP 偏移量	定义	数据长度（字节）	说明
0x14	0x07:H	Len_unit	1	变量单位（固定字符串）显示长度，0x00 表示没有单位显示
0x15	0x07:L	String_Unit	Max11	单位字符串，ASCII 编码

例：SP 地址配置为 0x1000，通过串口指令改变数据变量显示颜色。

5A A5　05　82　1003　F800

帧头　数据长度　写指令　SP 地址+偏移量　显示红色

在 DGUS 软件中，选择显示控件→数据变量显示，之后框选显示区域并完成该功能的配置（如图 2-1-21 说明）。

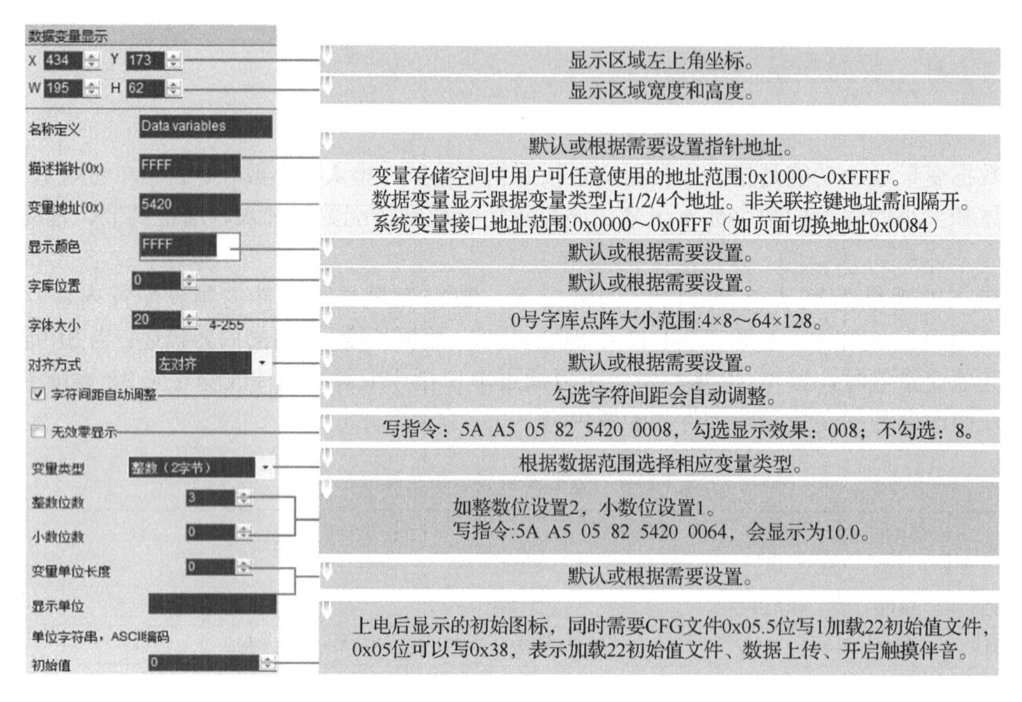

图 2-1-21　数据变量显示配置说明

2. 数据变量显示应用指令举例

① 显示整数数据 100

5AA5 05 82 5420 0064

含义：0x5AA5：帧头；

0x05：数据长度，为 82 54 20 00 64 这 5 个字节；

0x82：写指令；

0x5420：变量地址；

0x0064：数据 100，整数范围：−32768 到 32767，占 2 字节。

② 显示单精度浮点数数据 99

5AA5 07 82 5420 42C6 0000

含义：0x5AA5：帧头；0x07：数据长度；0x82：写指令；

0x5420：变量地址；

0x42C6 0000：单精度浮点数 99，可由浮点数转换工具转换。

数据类型要设置为单精度浮点数。

数据变量显示效果如图 2-1-22 所示。

图 2-1-22　数据变量显示效果

2.1.12　文本显示（0x11）

1．功能简介

文本显示功能是把字符串按照指定格式（选择字库决定），在指定的文本框显示区域显示。支持锯齿优化的 8bit 编码灰度字库。该显示功能通常搭配文本录入来使用。

在 SP 地址为默认值 0xFFFF 的情况下，文本显示控件的预设配置内容存放在 14showfile.bin 文件中，遵循表 2-1-12 中地址+定义+数据长度+说明的格式；当 SP 地址被赋予其他变量值时，参考 SP 偏移量，可以通过串口指令或触控控件来改变对应 SP 地址的变量值，从而改变文本显示控件的配置内容。

表 2-1-12　文本显示控件的配置存储格式

地址	SP 偏移量	定义	数据长度（字节）	说明
0x00		0x5A11		
0x02		*SP		变量描述指针，0xFFFF 表示由配置文件加载
0x04		0x000D		
0x06	0x00	*VP	2	文本指针
0x08	0x01	（X,Y）	4	起始显示位置，显示字符串左上角坐标
0x0C	0x03	Color	2	显示文本颜色
0x0E	0x04	（Xs,Ys） （Xe,Ye）	8	文本框区域
0x16	0x08	Text_Length	2	显示字节数量，当遇到 0xFFFF、0x0000 或者显示到文本框尾时将不再显示
0x18	0x09:H	Font0_ID	1	编码方式为 0x01～0x04 时的 ASCII 字符使用的字库位置
0x19	0x09:L	Font1_ID	1	编码方式为 0x00、0x05，以及 0x01～0x04 时的非 ASCII 字符使用的字库位置
0x1A	0x0A:H	Font_X_Dots	1	字体 X 方向点阵数（0x01～0x04 模式，ASCII 字符的 X 方向点阵数按照 X/2 计算）
0x1B	0x0A:L	Font_Y_Dots	1	字体 Y 方向点阵数。
0x01C	0x0B:H	Encode_Mode	1	.7：文本显示的字符间距是否自动调整； 0=字符间距自动调整； 1=字符间距不自动调整，字符宽度固定为设定的点阵数。 .6～.5：水平对齐模式选择； 00=左对齐，01=右对齐，10=居中，11=从右向左显示。 居中或右对齐仅当显示字符只有一行时有效。 .4：垂直对齐模式选择； 0=上对齐；1=居中。 .3～.0：文本编码方式； 0=8bit 编码，1=GB2312 内码，2=GBK 3=BIG5，4=SJIS，5=UNICODE

续表

地址	SP 偏移量	定义	数据长度（字节）	说明
0x1D	0x0B:L	HOR_Dis	1	字符水平间隔
0x1E	0x0C:H	VER_Dis	1	字符垂直间隔
0x1F	0x0C:L	未定义	1	写 0x00

例：SP 地址配置为 0x1000，通过串口指令改变文本显示的颜色。

5A A5　　05　　82　　1003　　F800

帧头　数据长度　写指令　SP 地址+偏移量　显示红色

在 DGUS 软件中，选择显示控件→文本显示，之后框选显示区域并完成该功能的配置（如图 2-1-23 说明）。

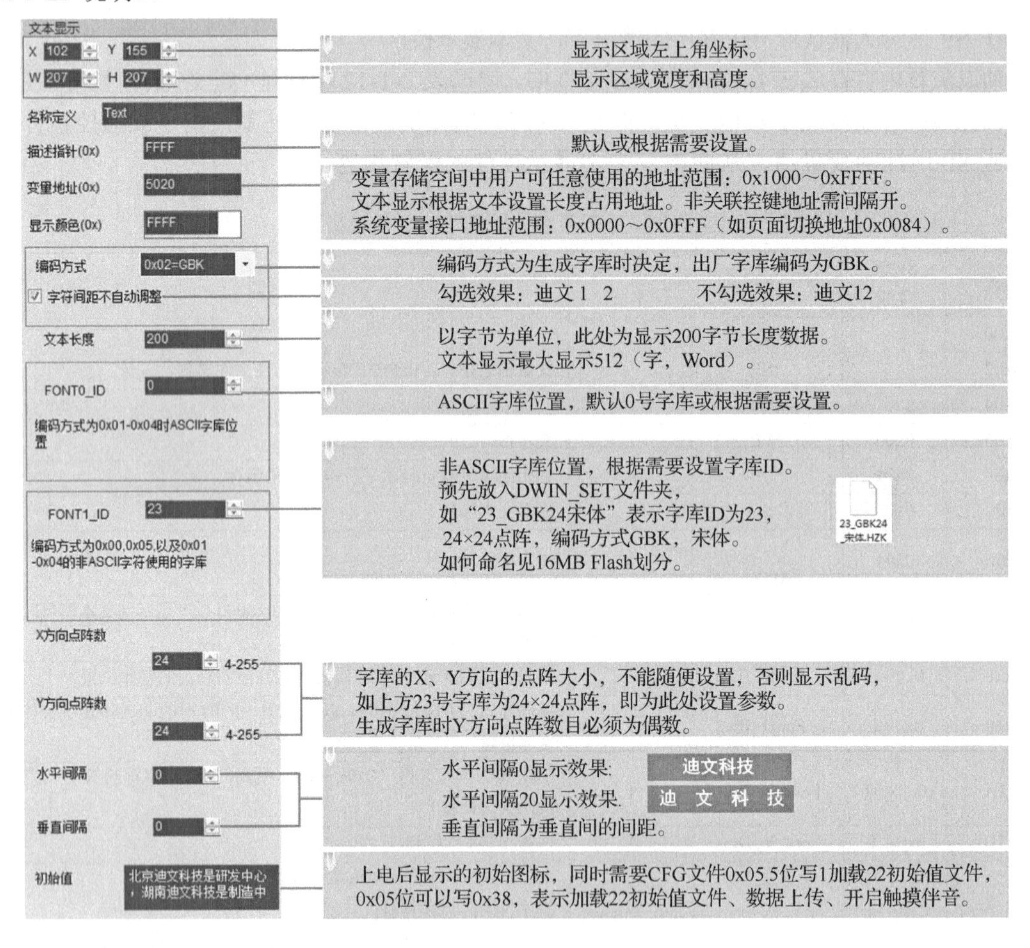

图 2-1-23　文本显示配置说明

2．文本显示应用指令举例

① 显示“北 12AB”

5A A5 09 82 5020 B1B1 3132 4142

含义：0x5AA5：帧头；0x09：数据长度；0x82：写指令；0x5020：变量地址；

0xB1B1：“北”字的 ASCII 码；0x3132：“12”的 ASCII 码；0x4142：“AB”的 ASCII 码。ASCII 码可由 ASCII 转换工具转换。

文本显示效果如图 2-1-24 所示。

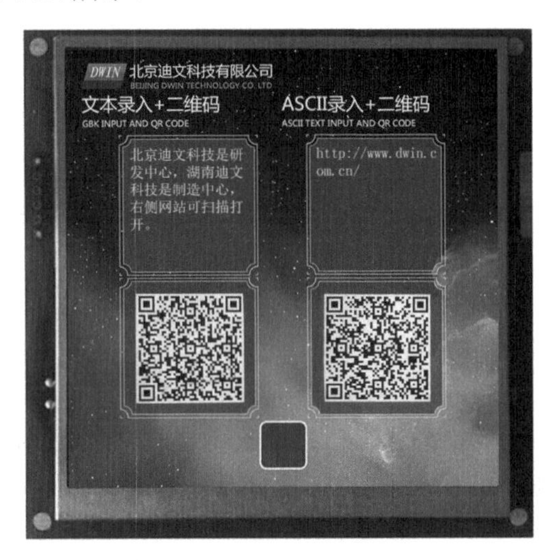

图 2-1-24　文本显示效果

2.1.13　文本 RTC 显示（0x12_00）

1．功能简介

文本 RTC 显示功能是按照用户编辑的格式把公历 RTC 用文本显示出来。

在 SP 地址为默认值 0xFFFF 的情况下，文本 RTC 显示控件的预设配置内容存放在 14showfile.bin 文件中，遵循表 2-1-13 中地址+定义+数据长度+说明的格式；当 SP 地址被赋予其他变量值时，参考 SP 偏移量，可以通过串口指令或触控控件来改变对应 SP 地址的变量值，从而改变文本 RTC 显示控件的配置内容。RTC 编码如表 2-1-14 所示。

表 2-1-13　文本 RTC 显示指令存储格式

地址	SP 偏移量	定义	数据长度（字节）	说明
0x06	0x00	0x0000	2	写 0x0000
0x08	0x01	(X,Y)	4	显示位置，显示字符串左上角坐标
0x0C	0x03	Color	2	字库颜色
0x0E	0x04:H	Lib_ID	1	字库位置
0x0F	0x04:L	字体大小	1	X 方向点阵数
0x10	0x05	String_Code	MAx16	编码字符串，使用 RTC 编码和 ASCII 字符构成。 假设当前时间是 2012-05-02，12:00:00，星期三，那么 Y-M-D H:Q:S 0x00 将显示为 2012-05-02 12:00:00; M-D W H:Q 0x00 将显示为 05-02 WED 12:00

表 2-1-14 RTC 编码

说明	编码	显示格式
公历_年	Y	2000-2099
公历_月	M	01-12
公历_日	D	01-31
公历_小时	H	00-23
公历_分钟	Q	00-59
公历_秒	S	00-59
公历_星期	W	SUN MON TUE WED THU FRI SAT
编码结束	0x00	

例：SP 地址配置为 0x1000，通过串口指令改变文本 RTC 显示的位置。

5A A5	07	82	1001	0064	0064
帧头	数据长度	写指令	SP 地址+偏移量	X 坐标 100	Y 坐标 100

在 DGUS 软件中，选择显示控件→文本 RTC 显示，之后用鼠标框选显示区域，并在右侧的设置菜单中进行字库、时间格式等配置后即可实现文本 RTC 显示，如图 2-1-25 所示。可以通过 RTC 设置功能或利用串口指令对时间进行修改。

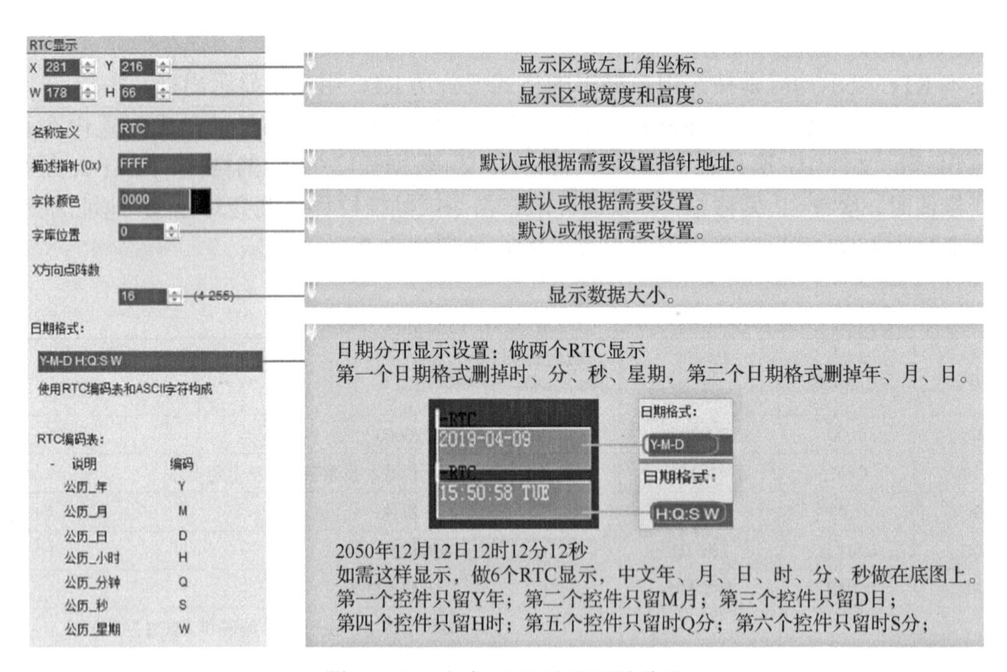

图 2-1-25 文本 RTC 显示配置说明

文本 RTC 显示效果如图 2-1-26 所示。

图 2-1-26　文本 RTC 显示效果（需要 RTC 硬件支持）

2.1.14　表盘格式 RTC 显示（0x12_01）

1．功能简介

表盘格式 RTC 显示功能采用图标旋转显示，用指针表盘的方式把公历 RTC 显示出来。

在 SP 地址为默认值 0xFFFF 的情况下，变量图标显示控件的预设配置内容存放在 14showfile.bin 文件中，遵循表 2-1-15 中地址+定义+数据长度+说明的格式；当 SP 地址被赋予其他变量值时，参考 SP 偏移量，可以通过串口指令或触控控件改变对应 SP 地址的变量值，从而改变表盘格式 RTC 显示控件的配置内容。

表 2-1-15　表盘格式 RTC 显示配置内容存储格式

地址	SP 偏移量	定义	数据长度（字节）	说明
0x06	0x00	0x0001	2	写 0x0001
0x08	0x01	（X,Y）	4	时钟表盘的指针中心
0x0C	0x03	ICON_Hour	2	指针图标的 ID，0xFFFF 表示时针不显示
0x0E	0x04	ICON_Hour_Central	4	时针图标的旋转中心位置
0x12	0x06	ICON_Minute	2	分针图标的 ID，0xFFFF 表示分针不显示
0x14	0x07	ICON_Minute_Central	4	分针图标的旋转中心位置
0x18	0x09	ICON_Second	2	秒针图标的 ID，0xFFFF 表示秒针不显示
0x1A	0x0A	ICON_Second_Central	4	秒针图标的旋转中心位置
0x1E	0x0C:H	ICON_Lib	1	指针图标所在的图标库文件 ID
0x1F	0x0C:L	未定义	1	写 0x00

例：SP 地址配置为 0x1000，通过串口指令改变时钟表盘的指针中心位置。

5A A5	07	82	1001	0064	0064
帧头	数据长度	写指令	SP 地址+偏移量	X 坐标 100	Y 坐标 100

在 DGUS 软件中，选择显示控件→表盘格式 RTC 显示，之后用鼠标框选显示区域，

并完成该功能的配置（如图 2-1-27 说明）。可以通过 RTC 设置功能或利用串口指令对时间进行修改。

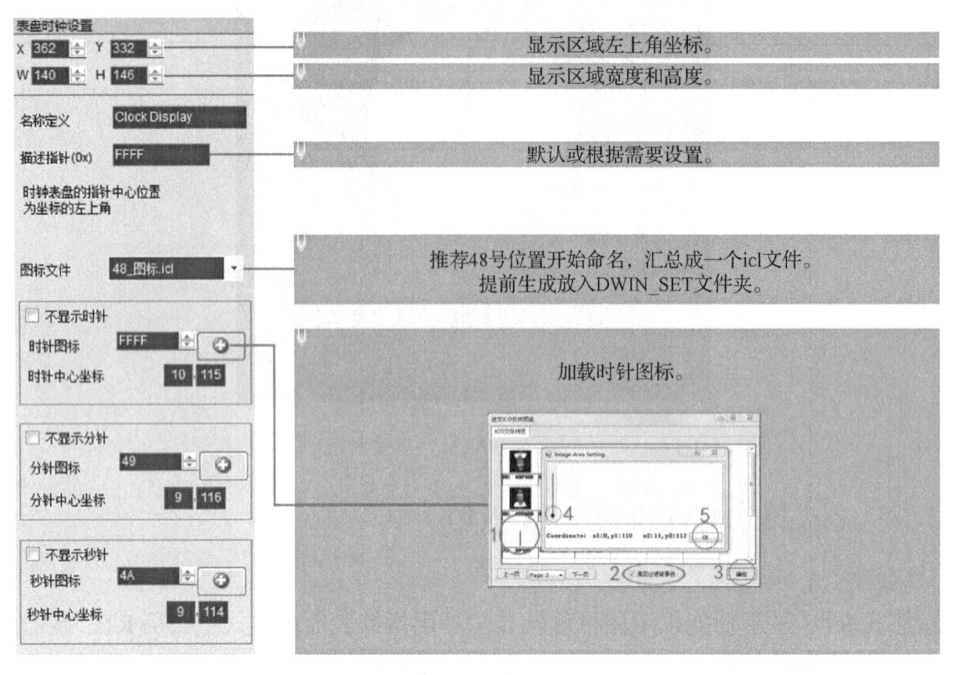

图 2-1-27 表盘格式 RTC 显示配置说明

2. 表盘格式 RTC 显示应用指令举例

显示时间 2050 年 10 月 1 日 11 时 12 分 13 秒

5A A5 0B 82 009C 5A A5 32 0A 01 0B 0C 0D

含义：0x5AA5：帧头；0x0B：数据长度；0x82：写指令；

0x009C：变量地址；该地址固定，不能自定义；

0x5AA5：启动一次 RTC 设置，详见系统变量接口一览表 0x9C 地址定义；

0x32：年；0x0A：月；0x01：日；0x0B：时；0x0C：分；0x0D：秒。

表盘格式 RTC 显示效果如图 2-1-28 所示。

图 2-1-28 表盘格式 RTC 显示效果

2.1.15　HEX 变量显示（0x13）

1. 功能简介

HEX 变量显示功能是把变量数据按照字节 HEX 方式间隔用户指定的 ASCII 字符显示出来。多用于计时显示，如把 1234 显示为 12:34。

在 SP 地址为默认值 0xFFFF 的情况下，HEX 变量显示控件的预设配置内容存放在 14showfile.bin 文件中，遵循表 2-1-16 中地址+定义+数据长度+说明的格式；当 SP 地址被赋予其他变量值时，参考 SP 偏移量，可以通过串口指令或触控控件来改变对应 SP 地址的变量值，从而改变 HEX 变量显示控件的配置内容。

表 2-1-16　HEX 变量显示配置内容存储格式

地址	SP 偏移量	定义	数据长度（字节）	说明
0x00		0x5A13	2	
0x02		*SP	2	变量描述指针，0xFFFF 表示由配置文件加载
0x04		0x000D	2	
0x06	0x00	*VP	2	变量数据串指针
0x08	0x01	（X,Y）	4	显示起始位置，显示字符串左上角坐标
0x0C	0x03	Color	2	字体颜色
0x0E	0x04:H	Mode	1	.7：数据 BCD 码调整使能，0=调整关闭，1=调整开启。 BCD 码调整使能开启时，0x0A 将调整为 0x10，显示为 10。 .6～.4：保留，写 0。 .3～.0：*VP 指针高字节开始显示的字节数目，0x01～0x0F
0x0F	0x04:L	Lib_ID	1	字库位置；字库必须是半角格式。 如果 Lib_ID 不为 0，字库必须使用 8bit 编码
0x10	0x05:H	Font_X	1	X 方向点阵数目
0x11	0x05:L	String_Code	MAX15	编码字符串，用来和时间变量组合出用户需要的显示格式。 每显示一个 BCD 时间码，会到编码字符串顺序取出一个 ASCII 字符来间隔显示。 编码字符串中，特殊字符定义如下： 0x00：无效，本字符不显示，两个 BCD 时间码将连在一起显示； 0x0D：换行显示，即 X=X，Y=Y+Font_X×2

例：SP 地址配置为 0x1000，通过串口指令改变 HEX 变量显示颜色。

5A A5	05	82	1003	F800
帧头	数据长度	写指令	SP 地址+偏移量	字体颜色为红色

在 DGUS 软件中，选择显示控件→HEX 变量显示，之后框选显示区域并完成该功能的配置（如图 2-1-29 说明）。

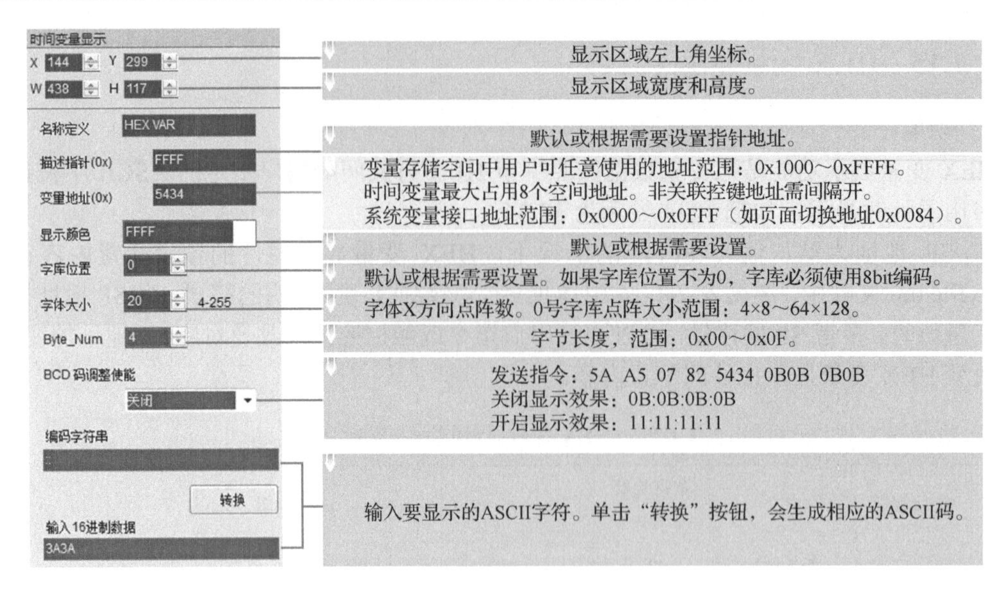

图 2-1-29　HEX 变量显示配置说明

2．HEX 变量显示应用指令举例

5A A5 07 82 5434 10 11 12 13

含义：0x5AA5：帧头；0x07：数据长度；0x82：写指令；0x5434：变量地址；0x10 11 12 13：BCD 码。

HEX 变量显示效果如图 2-1-30 所示。

图 2-1-30　HEX 变量显示效果

2.1.16　文本滚屏显示（0x14）

1．功能简介

文本滚屏显示功能是把存储在变量空间中的文本在屏幕指定区域内按指定方向滚动显示。

在 SP 地址为默认值 0xFFFF 的情况下，文本滚屏显示控件的预设配置内容存放在 14showfile.bin 文件中，遵循表 2-1-17 中地址+定义+数据长度+说明的格式；当 SP 地址被赋予其他变量值时，参考 SP 偏移量，可以通过串口指令或触控控件来改变对应 SP 地址的变量值，从而改变文本滚屏显示控件的配置内容。

表 2-1-17　文本滚屏显示配置内容存储格式

地址	SP 偏移量	定义	数据长度（字节）	说明
0x00		0x5A14	2	固定值 0x5A14
0x02		*SP	2	变量描述指针
0x04		0x000B	2	固定值 0x000B
0x06	0x00	*VP	2	文本指针。 文本指针前 3 个字必须保留，用户显示文本内容从（VP+3）开始存放。文本必须以 0xFF 或 0x00 结尾
0x08	0x01:H	Rolling_Mode	1	滚屏模式：0x00=从右向左滚屏
0x09	0x01:L	Rolling_Dis	1	滚屏间距，每个 DGUS 周期文本滚动的像素点阵数
0x0A	0x02:H	Adjust_Mode	1	0x00=左对齐　0x01=右对齐　0x02=居中。 文本显示内容不足文本框时滚屏停止，此时显示对齐模式方有效
0x0B	0x02:L	未定义	1	写 0x00
0x0C	0x03	Color	2	显示文本颜色
0x0E	0x04	（Xs,Ys） （Xe,Ye）	8	文本框区域
0x16	0x08:H	Font0_ID	1	编码方式为 0x01～0x04 时，ASCII 字符显示的字库位置。 编码方式为 0x00、0x05 时，该参数不要设置，写 0x00 即可
0x17	0x08:L	Font1_ID	1	编码方式为 0x01～0x04 时，非 ASCII 字符显示的字库位置。 编码方式为 0x00、0x05 时，显示字符使用的字库位置
0x18	0x09:H	Font_X_Dots	1	字体 X 方向点阵数（0x01～0x04 模式，ASCII 字符 X 将自动按照 X/2 计算）
0x19	0x09:L	Font_Y_Dots	1	字体 Y 方向点阵数
0x1A	0x0A:H	Encode_Mode	1	.7：定义了显示的字符间距是否自动调整； 0=字符间距自动调整； 1=字符间距不自动调整，字符宽度为设定的点阵数。 .0～.6：定义了文本编码方式； 0=8bit，编码；1=GB2312，内码；2=GBK；3=BIG5；4=SJIS； 5=UNICODE
0x1B	0x0A:L	Text_Dis	1	字符间距
0x1C	0x0B:H	未定义	4	写 0x00

例：SP 地址配置为 0x1000，通过串口指令改变文本滚屏显示颜色。

5AA5	05	82	1003	F800
帧头	数据长度	写指令	SP 地址+偏移量	显示红色

在 DGUS 软件中，选择显示控件→文本滚屏显示，之后框选显示区域并完成该功能的配置（如图 2-1-31 说明）。

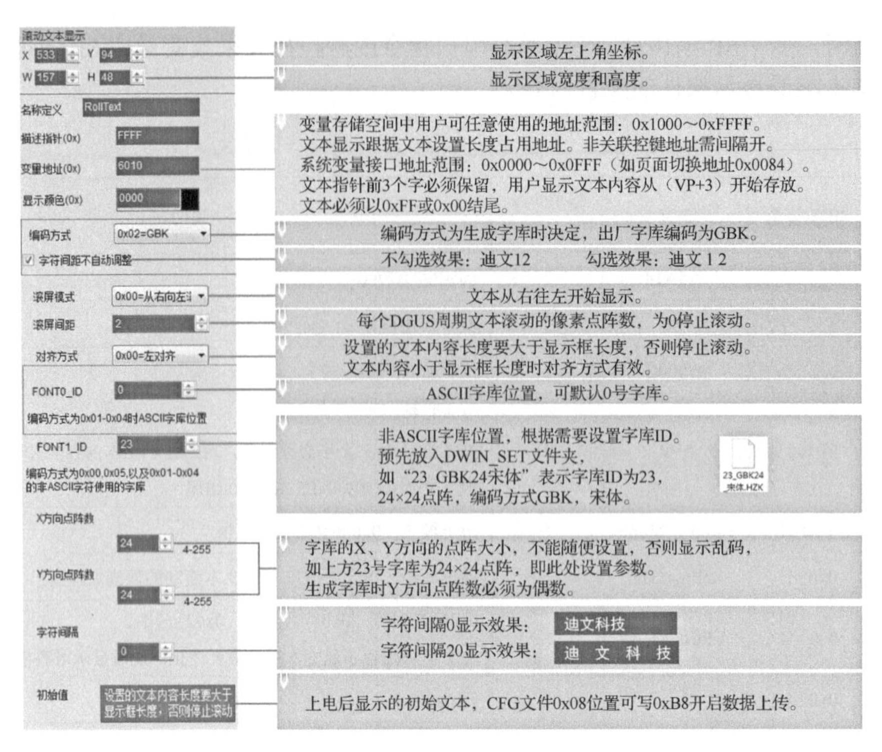

图 2-1-31　文本滚屏显示配置说明

2．文本滚屏显示应用指令举例

5AA5 13 82 6013 BBB6 D3AD C0B4 B5BD B5CF CEC4 BFC6 BCBC

含义：0x5AA5：帧头；

0x13：数据长度；

0x82：写指令；

0x6013：变量地址+3，不能直接用 0x6010 地址；

0xBBB6 D3AD C0B4 B5BD B5CF CEC4 BFC6 BCBC：“欢迎来到迪文科技”的 ASCII 码。

注意滚动文本滚屏显示框时，不要超过文本本身的长度，否则滚动无效。

文本滚屏显示效果如图 2-1-32 所示。

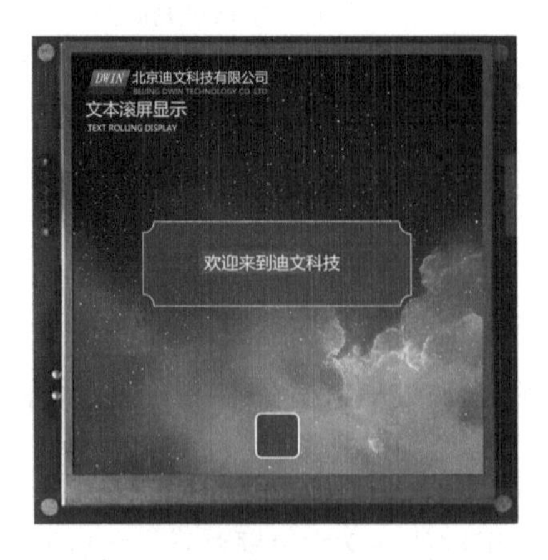

图 2-1-32　文本滚屏显示效果

2.1.17　数据窗口指示（0x15）

1．功能简介

数据窗口指示是把数据变量在一个指定的显示窗口中显示出来，并突出显示选中的值。结合触摸屏滑动或增量调节，可以让数据滚动显示。也可以通过 DWIN OS 控制调节速度。变量占 2 字位置，（VP+1）位置保留。

在 SP 地址为默认值 0xFFFF 的情况下，数据窗口指示控件的预设配置内容存放在 14showfile.bin 文件中，遵循表 2-1-18 中地址+定义+数据长度+说明的格式；当 SP 地址被赋予其他变量值时，参考 SP 偏移量，可以通过串口指令或触控控件来改变对应 SP 地址的变量值，从而改变数据窗口指示控件的配置内容。

表 2-1-18　数据窗口指示配置内容存储格式

地址	SP 偏移量	定义	数据长度（字节）	说明
0x00		0x5A15	2	
0x02		*SP	2	变量描述指针，0xFFFF 表示由配置文件加载
0x04		0x000D	2	
0x06	0x00	*VP	2	数据指针，每个数据占 2 字存储空间，定义如下： VP=被选中数据存储地址，存储数据为定点整数。 *（VP+1）保留，不要使用
0x08	0x01	V_Min	2	数据下限，定点整数
0x0A	0x02	V_Max	2	数据上限，定点整数
0x0C	0x03:H	NUM_I	1	显示整数位数，0x00～0x05
0x0D	0x03:L	NUM_F	1	显示小数位数，0x00～0x05
0x0E	0x04:H	NUM_Digit	1	数据窗口高度：显示的所有数据组数，必须是奇数，0x03～0x07
0x0F	0x04:L	Display_Mode	1	显示模式： .0：1=无效 0 显示；0=无效 0 不显示。 .1：1=正数的“+”显示，0=正数的“+”不显示。 .2：1=数据越界后掉头（循环），0=数据越界后停止。 .3：1=显示间距自动调整，0=显示间距不自动调整。 .4-.7：未定义，写 0
0x10	0x05	（X,Y）	4	显示选中值的中心坐标
0x14	0x07	Step_Adj	2	调节步长，正整数，0x0001～0x7FFF
0x16	0x08:H	Font0_X_Dots	1	未选中数据的字体大小：X 方向点阵数，0x04～0x40
0x17	0x08:L	Font0_Y_Dots	1	未选中数据的 Y 方向占用点阵数。 0x08～0xFF，不能小于 2×Font0_X_Dots
0x18	0x09	Font0_Color	2	未选中数据显示颜色
0x1A	0x0A:H	Font1_X_Dots	1	被选中数据的字体大小：X 方向点阵数，0x04～0x40
0x1B	0x0A:L	Font1_Y_Dots	1	被选中数据的 Y 方向占用点阵数 0x08～0xFF，不能小于 2×Font1_X_Dots
0x1C	0x0B	Font1_Color	2	被选中数据显示颜色

续表

地址	SP 偏移量	定义	数据长度（字节）	说明
0x1E	0x0C	Font_Lib	1	字库选择，默认是 0x00
0x1F	0x0D	未定义	1	写 0x00

例：SP 地址配置为 0x1000，通过串口指令改变数据显示颜色。

5A A5　　05　　　82　　　　100B　　　　　F800

帧头　数据长度　写指令　SP 地址+偏移量　字体颜色为红色

在 DGUS 软件中，选择显示控件→数据窗口指示，之后框选显示区域并完成该功能的配置（如图 2-1-33 说明）。

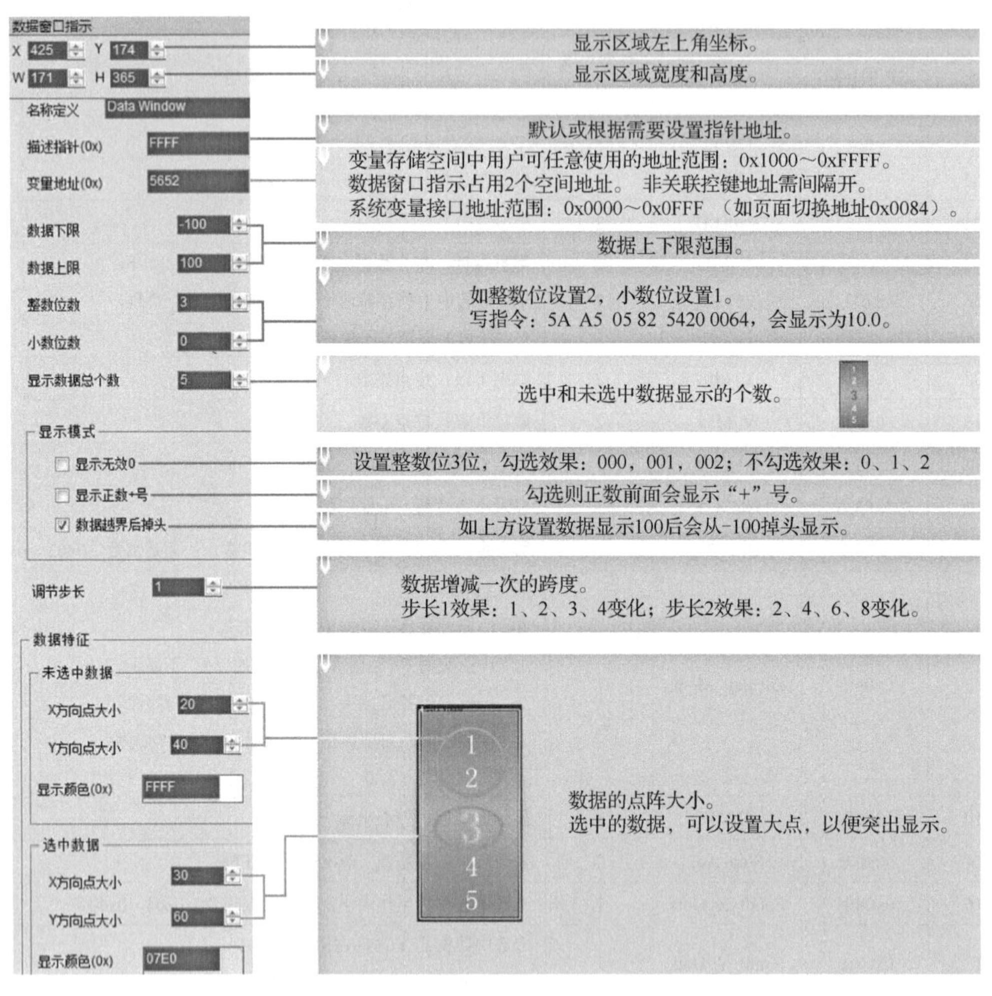

图 2-1-33　数据窗口指示配置说明

2．数据窗口指示应用指令举例

5A A5 05 82 5652 0064

说明：0x5AA5：帧头；

0x05：数据长度；

0x82：写指令；

0x5652：变量地址；

0x0064：往变量地址写数据 100。

数据窗口指示显示效果如图 2-1-34 所示。

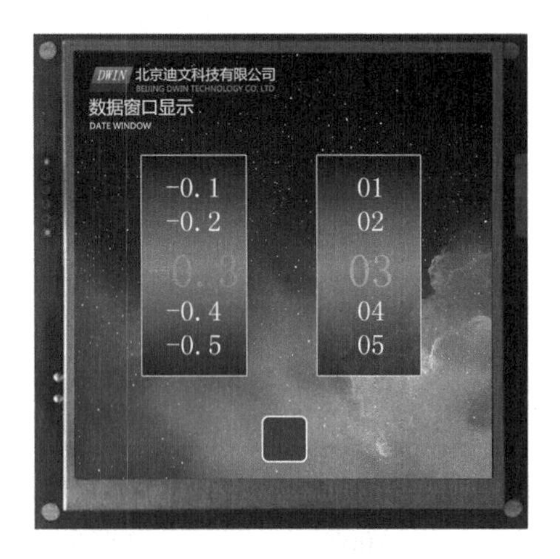

图 2-1-34　数据窗口指示显示效果

2.1.18　DGUS II 文本显示（无锯齿）（0x16）

1．功能简介

DGUS II 文本显示是基于 DGUS II 字库，把字符串在指定文本框显示区域显示，支持缩放。

在 SP 地址为默认值 0xFFFF 的情况下，DGUS II 文本显示控件的配置内容存放在 14showfile.bin 文件中，遵循表 2-1-19 中地址+定义+数据长度+说明的格式；当 SP 地址被赋予其他变量值时，参考 SP 偏移量，可以通过串口指令或触控控件来改变对应 SP 地址的变量值，从而改变 DGUS II 文本显示控件的配置内容。

表 2-1-19　DGUS II 文本显示配置内容存储格式

地址	SP 偏移量	定义	数据长度（字节）	说明
0x00		0x5A16	2	
0x02		*SP	2	变量描述指针，0xFFFF 表示由配置文件加载
0x04		0x000D	2	
0x06	0x00	*VP	2	文本指针，文本长度最大 4KB
0x08	0x01	（X,Y）	4	文本显示位置：左对齐模式，字符串左上角坐标
0x0C	0x03	Color	2	显示文本颜色
0x0F	0x04	未定义	2	写 0x00
0x10	0x05	（Xs,Ys） （Xe,Ye）	8	文本框区域
0x18	0x09	Text_length	2	显示字节数量，最大为 0x1000。 遇到 0xFFFF、0x0000 数据或者显示到文本框尾时将不再显示
0x1A	0x0A	LIB_ID	2	字库位置，必须是 DGUS II 使用的灰度字库

续表

地址	SP 偏移量	定义	数据长度（字节）	说明
0x1C	0x0B:H	Display_Mode	1	.7：定义了文本显示的字符间距是否自动调整； 0=字符间距自动调整； 1=字符间距不自动调整，字符宽度固定。 .6～.0：定义了字符显示的比例，0x00～0x7F，单位量为 1/16。 实际上位机软件将 0.25～8.0 按照 0.05 步进分成 155 档，然后换算成 1/16 的数据对应 0x04～0x7F 即可
0x1D	0x0B:L	HOR_Dis	1	字符显示水平间隔
0x1E	0x0C:H	VER_Dis	1	字符显示垂直间隔
0x1F	0x0C:L	Align_Mode	1	对齐模式：0x00=左对齐，0x01=右对齐，0x02=居中。 右对齐、居中模式仅在单行显示时有效

例：SP 地址配置为 0x1000，通过串口指令改变文本显示颜色。

5A A5	05	82	1003	F800
帧头	数据长度	写指令	SP 地址+偏移量	显示颜色为红色

在 DGUS 软件中，选择显示控件→DGUS II 文本显示，之后框选显示区域并完成该功能的配置（如图 2-1-35 说明）。

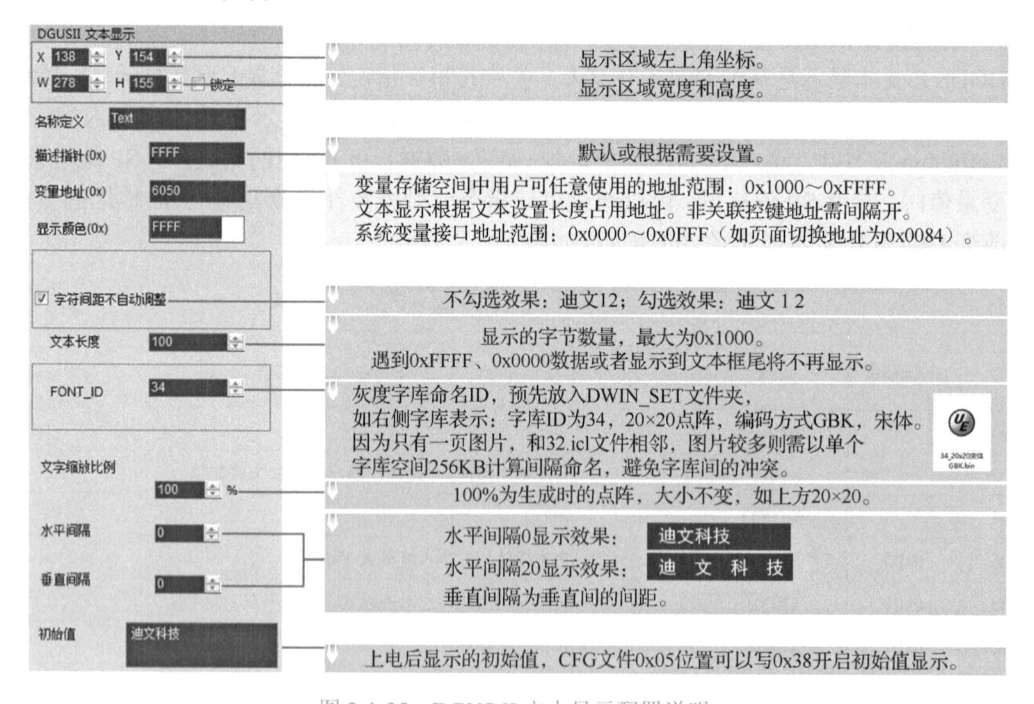

图 2-1-35　DGUS II 文本显示配置说明

2．DGUS II 文本显示应用指令举例

① 显示“北 12AB”

5A A5 0B 82 6050 B1B1 3132 4142 FFFF

含义：0x5AA5：帧头；

0x0B：数据长度；

0x82：写指令；

0x6050：变量地址；

0xB1B1："北"字的 ASCII 码；0x3132："12"的 ASCII 码；0x4142："AB"的 ASCII 码。ASCII 码可由 ASCII 转换工具转换，可向 400 技术支持获取。

0xFFFF：结束符，字符数据末尾加上 0xFFFF 将不显示之后的字符。

DGUS II 文本显示效果如图 2-1-36 所示。

图 2-1-36　DGUS II 文本显示效果

3．灰度字库生成软件使用说明

DGUS II 文本显示功能专用灰度字库生成软件获取路径：迪文开发者论坛搜索关键词"灰度字库"，下载软件和例程。

（1）可用于消除字符边缘锯齿，边缘平滑效果显示；

（2）T5L V45 及以上版本内核支持该显示功能；

（3）20×20 点阵字库大小为 4.49MB，使用时根据需要选择合适的点阵大小，合理使用存储空间；

（4）若使用大号字库如 24×24 点阵（12MB）以上，则需扩展 Flash 空间，否则标准的 16MB 空间不够用。

灰度字库生成软件如图 2-1-37 所示。

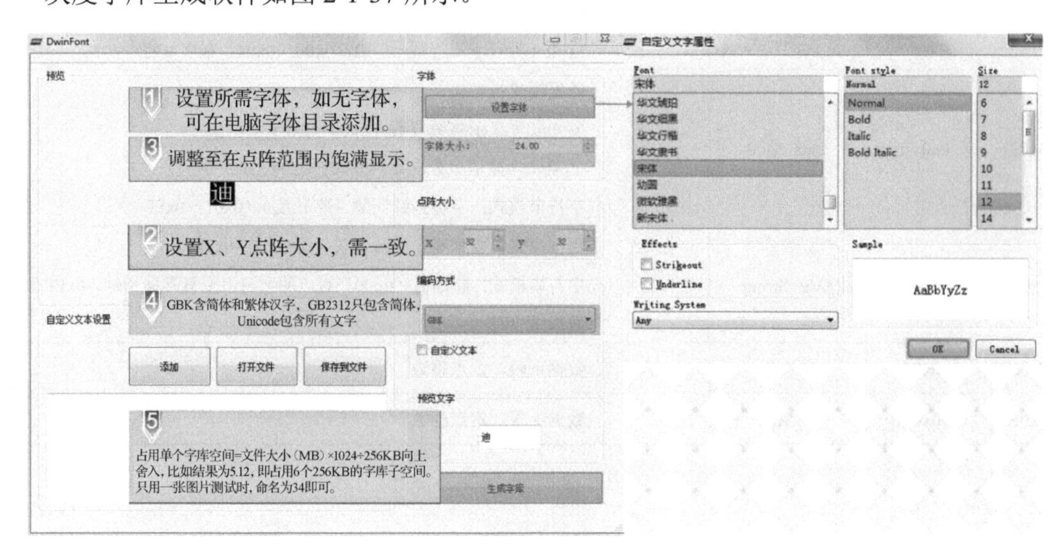

图 2-1-37　灰度字库生成软件

2.1.19 组态图标字库滚字轮显示（0x17）

1. 功能简介

组态图标字库滚字轮显示指图标、字符以滚轮方式显示，结合滑动调节使用。

在 SP 地址为默认值 0xFFFF 的情况下，组态图标字库滚字轮显示控件的预设配置内容存放在 14showfile.bin 文件中，遵循表 2-1-20 中地址+定义+数据长度+说明的格式；当 SP 地址被赋予其他变量值时，参考 SP 偏移量，可以通过串口指令或触控控件来改变对应 SP 地址的变量值，从而改变组态图标字库滚字轮显示控件的配置内容。

表 2-1-20 组态图标字库滚字轮显示配置内容存储格式

地址	SP 偏移量	定义	数据长度（字节）	说明
0x00		0x5A17	2	变量指针，变量为双字，低位字保留，高位字为整数型数据，-32768～+32767
0x02		*SP	2	数据下限
0x04		0x000D	2	数据上限
0x06	0x00	*VP	2	数据指针。每个数据占四字存储空间，定义如下： VP=被选中数据的存储地址。 VP+1=调节参数，对应手势调节的 VP+1 或增量调节的 VP。 VP+2=系统保留，显示偏移量，整数。 VP+3=系统保留
0x08	0x01:H	Adj_Mod	1	高 4bit 为数据类型： 0x00=整数（2 字节），-32768 到+32767 0x01=*VP 高字节，无符号数 0～255 0x02=*VP 低字节，无符号数 0～255 0x0E=*VP 数据直接对应字库 ID 0～255，适用于小屏录入键盘。 0x0F=*VP 数据是 ASCII 字符串指针，每行最多 256 个字符。 低 4bit 为（字符行数-1）/2，0x00～0x04，最多 9 行
0x09	0x01:L	Data_Mod	1	数据模式： 高 4bit 为显示整数位数，0x00～0x05。 低 4bit 为显示小数位数，0x00～0x05。 字符串模式：字符指针间隔（字长度），0x01～0xFF
0x0A	0x02	*VP_String	2	数据模式：数据变量间隔步长，0x0001～0x7FFF。 字符串模式：起始值（0x00）对应的字符串变量存储指针，0xFF 表示数据结束符
0x0C	0x03	V_Min	2	数据下限，定点整数
0x0E	0x04	V_Max	2	数据上限，定点整数

续表

地址	SP 偏移量	定义	数据长度（字节）	说明
0x10	0x05:H	Display_Mode	1	显示模式： .7：1=无效 0 显示，0=无效 0 不显示。 .6～.4：1=选中行显示字体 Font0；0x00～0x07。 .3：1=正数的“+”显示，0=正数的“+”不显示。 .2：1=字符背景不滤除，0=字符背景滤除。 .1～.0：对齐模式，00=居中，01=左对齐，02=右对齐
0x11	0x05:L	Speed_Set	1	.7～.6：数据变化速度，0x00～0x03，0x00 最慢。 .5～.0：滚动速度（每个 DGUS 周期滚动的像素点），0x01～0x3F。值越大，滚动得越快，推荐值为行间距 0 的 1/16
0x12	0x06	Font_ID	2	选择组态图标字库编号，0x0000～0xFFFF。
0x14	0x07	(X,Y)	4	选中行的显示坐标。 居中模式：选中行的中心坐标； 左对齐模式：选中行的第一个字符的左中点坐标； 右对齐模式：选中行的最后一个字符的右中点坐标
0x18	0x09:H	Line_Height0	1	行间距 0（选中行和上边 1 行的间距；选中行和下边 1 行的间距也是这个值，对称处理；下同）高度（Y 方向像素点）
0x19	0x09:L	Line_Height1	1	行间距 1（上边 1 行和上边 2 行的间距）高度（Y 方向像素点）
0x1A	0x0A:H	Line_Height2	1	行间距 2（上边 2 行和上边 3 行的间距）高度（Y 方向像素点）
0x1B	0x0A:L	Line_Height3	1	行间距 3（上边 3 行和上边 4 行的间距）高度（Y 方向像素点）
0x1C	0x0B:H	DIM_No_Select	1	未选中窗口亮度，0x00～0xFF。0x00 最暗，0xFF 最亮；和背景合成
0x1D	0x0B:L	Height_Sel	1	选中行显示区域的高度，必须比 Font0 的字符高度高
0x1E	0x0C:H	Font1:2	1	高 4bit，上边 1 行的字体，0x00～0x07； 低 4bit，上边 2 行的字体，0x00～0x07
0x1F	0x0C:L	Font3:4	1	高 4bit，上边 3 行的字体，0x00～0x07； 低 4bit，上边 4 行的字体，0x00～0x07

例：SP 地址配置为 0x1000，通过串口指令改变组态图标字库滚字轮显示选中行的显示坐标。

5AA5	07	82	1007	0064	0064
帧头	数据长度	写指令	SP 地址+偏移量	X 坐标 100	Y 坐标 100

在 DGUS 软件中，选择显示控件→组态图标字库滚字轮显示，之后框选显示区域并完成该功能的配置（如图 2-1-38 说明）。

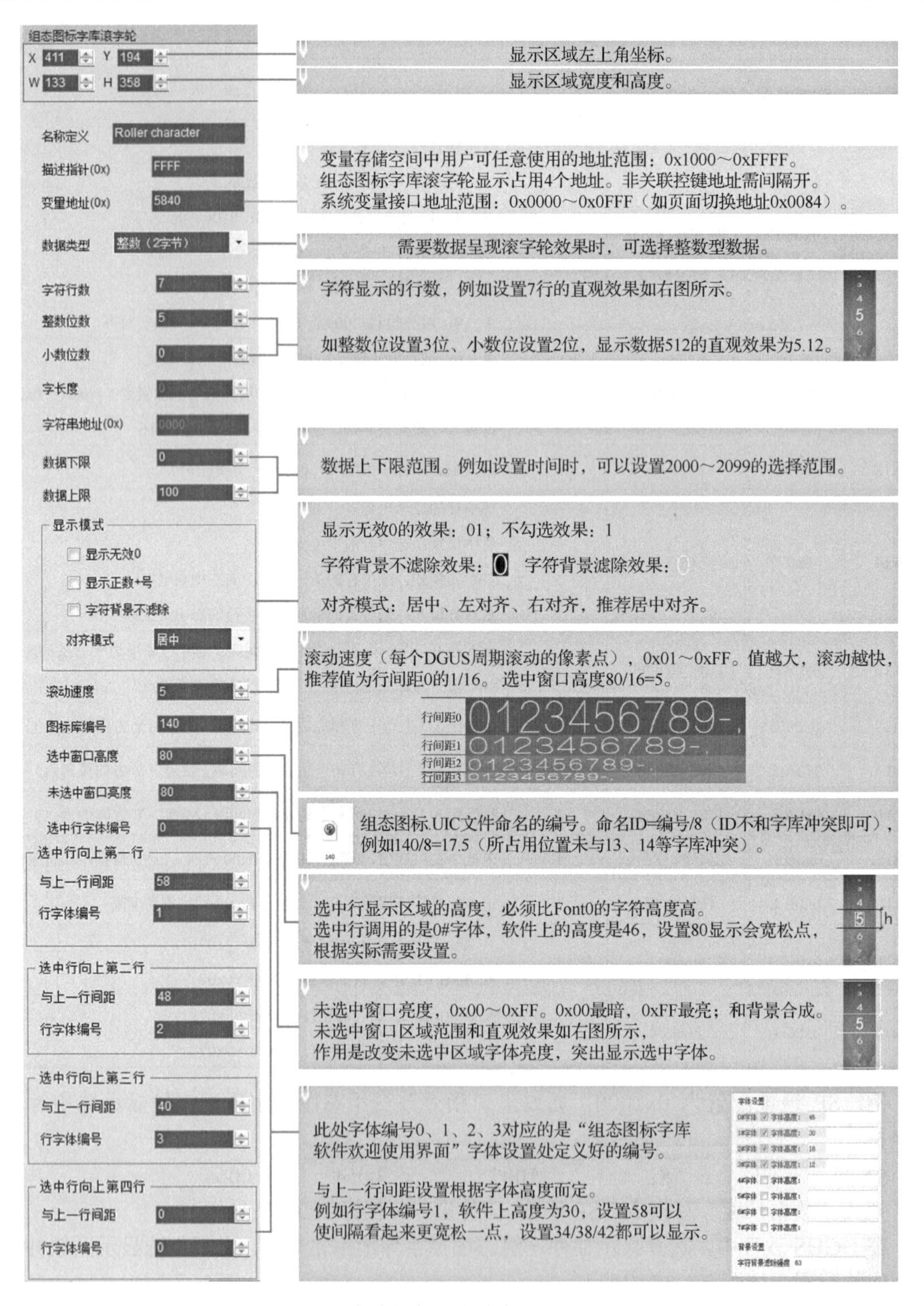

图 2-1-38　组态图标字库滚字轮显示配置说明

组态图标字库软件设置说明如图 2-1-39 所示。

第一步：新建一个477×124像素画布，将数字依次排列，画布尺寸根据实际需要设置。

第二步：打开组态图标字库软件，新建工程，分辨率修改为和画布一致，选择保存的文件路径，添加画布图片，进行字符图标定义，框选截取的图标范围，每行高度要一致，宽度可以不一致，同一行可使用阵列。组态完，保存，命名（如140），放到DWIN_SET文件夹下即可调用。

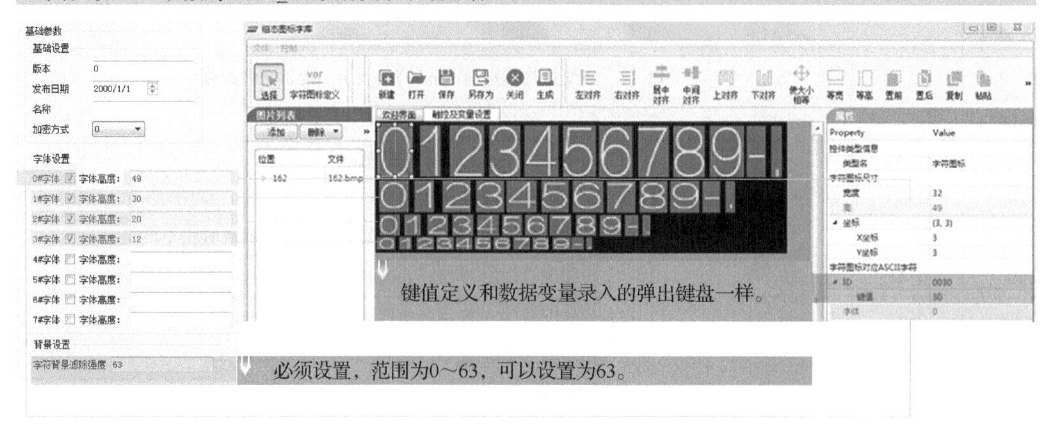

图 2-1-39　组态图标字库软件设置说明

2. 滚字轮显示应用指令举例

5A A5 04 82 5840 0001

含义：0x5AA5：帧头；0x04：数据长度；0x82：写指令；0x5840：变量地址；0x0001：数据值 1。

滚字轮显示效果如图 2-1-40 所示。

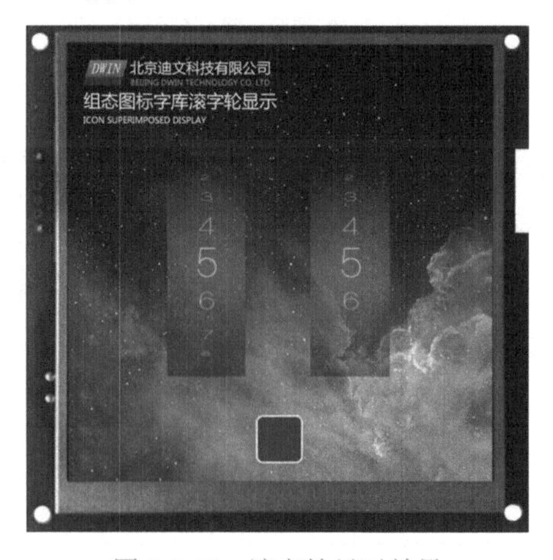

图 2-1-40　滚字轮显示效果

2.1.20　GTF 图标字库文本显示（0x18）

1. 功能简介

GTF 图标字库文本显示支持高效率显示图标字符。

在 SP 地址为默认值 0xFFFF 的情况下，GTF 图标字库文本显示控件的预设配置内容存放在 14showfile.bin 文件中，遵循表 2-1-21 中地址+定义+数据长度+说明的格式；当 SP 地址被赋予其他变量值时，参考 SP 偏移量，可以通过串口指令或触控控件来改变对应 SP 地址的变量值，从而改变 GTF 图标字库文本显示控件的配置内容。

表 2-1-21　GTF 图标字库文本显示配置内容存储格式

地址	SP 偏移量	定义	数据长度（字节）	说明
0x00		0x5A18	2	
0x02		*SP	2	变量描述指针，0xFFFF 表示由配置文件加载
0x04		0x000B	2	
0x06	0x00	*VP	2	文本指针，必须是偶数地址。 文本变量数据最大为 255 字节。 0xFFFF、0x0000 数据或者显示到文本框尾时将不再显示
0x08	0x01	GTF_ID	2	使用 GTF 字库编码，0x0000～0xFFFF
0x0A	0x02	Font_ID	2	使用 GTF 字库中的字体编码 ID，0x0000～0x03FB
0x0C	0x03	(X,Y)	4	起始显示位置。 左对齐模式：首行显示的左上角坐标； 右对齐模式：首行显示的右上角坐标； 居中模式：未定义，任意值即可
0x10	0x05	(Xs,Ys) (Xe,Ye)	8	文本框左上角、右下角坐标
0x18	0x09:H	HOR_Dis	1	图标横向间隔
0x19	0x09:L	VER_Dis	1	图标纵向间隔
0x1A	0x0A:H	Display_Mode	1	.7：背景透明选择； 0=透明，背景不显示； 1=不透明，背景显示。 .6：字库重新加载； 0=重新加载字库（页面的第一个 GTF 图标文本显示时必须加载）； 1=前一个 GTF 图标文本显示已加载字库，不重复加载，提高速度。 .5：图标叠加选择 0=不叠加，显示一个图标后坐标位置自动后移； 1=图标叠加在一起显示。 .4～.2：保留，写 0。 .1～.0：对齐模式； 0=左对齐，1=居中，2=右对齐
0x1B	0x0A:L	未定义	1	写 0x00

例：SP 地址配置为 0x1000，通过串口指令改变 GTF 图标字库文本显示位置。

5AA5	07	82	1003	0064	0064
帧头	数据长度	写指令	SP 地址+偏移量	X 坐标 100	Y 坐标 100

在 DGUS 软件中，选择显示控件→GTF 图标，之后框选显示区域并完成该功能的配置（如图 2-1-41 说明）。

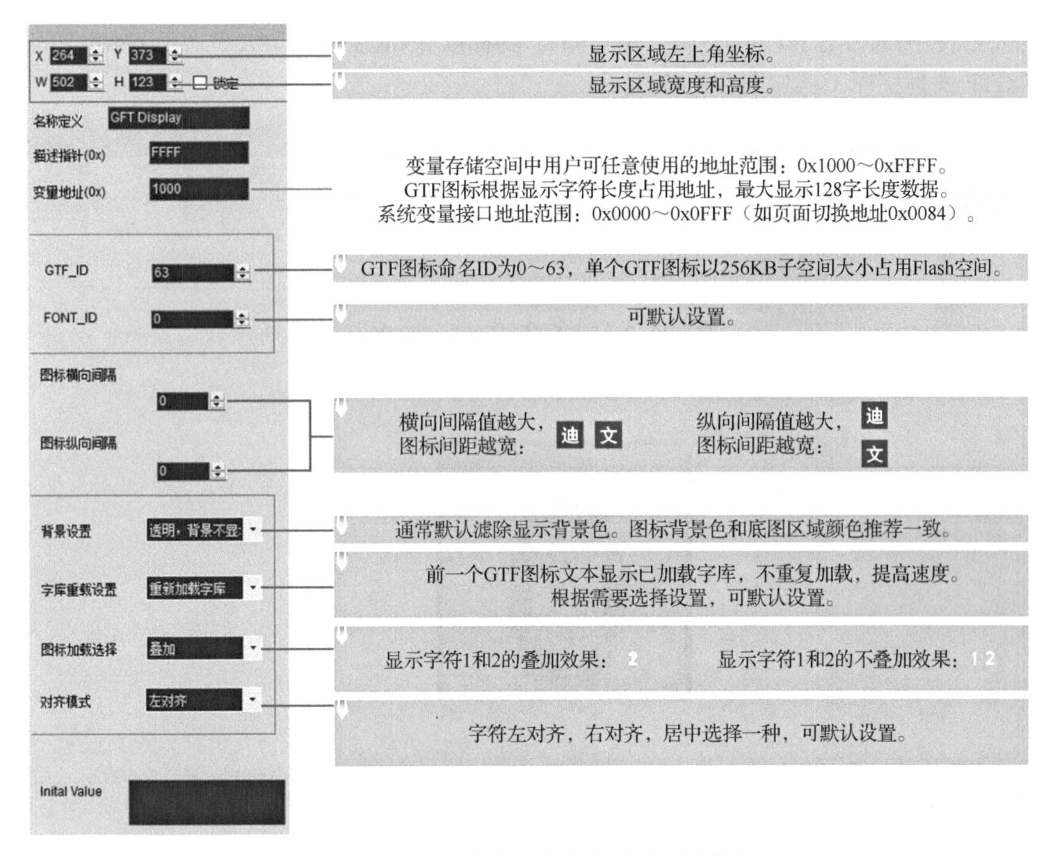

图 2-1-41　GTF 图标字库文本显示配置说明

2．GTF 图标字库设置说明

（1）软件工具：GTF TOOL

（2）设置步骤

① 单击左下角“+”按钮添加图片；

② 使用“矩形”控件进行键值定义；

③ 框选字符图标区域；

④ 双击控件进行键值定义；

键值范围：0x01～0xFF；

0～9 键值：0x30～0x39；

A～Z 键值：0x41～0x5A；

其他键值可根据需要定义。

⑤ 单击“×”按钮即可保存关闭；

⑥ 单击“保存”，生成配置文件；

⑦ 单击“生成”，保存 GTF 图标字库文件。

（3）注意事项

① GTF 图标建议不超过 1920×1080 像素，图标太大会不显示；

② 对于 GTF 原始图片，如果位图软件输出的 bmp、jpg 图片不显示，可以使用矢量图软件输出的 bmp、jpg 图片；

③ GTF 图标命名 ID 为 0～63，单个 GTF 图标以 256KB 子空间大小占用 Flash 空间。GTF 图标字库工具如图 2-1-42 所示。

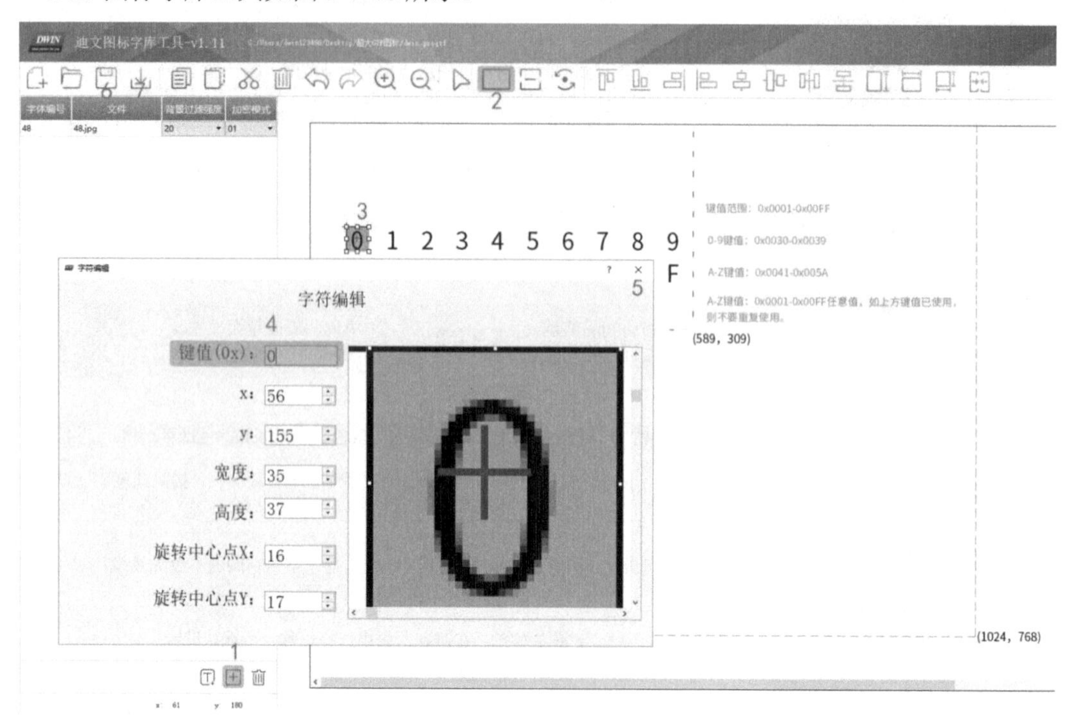

图 2-1-42　GTF 图标字库工具

3. GTF 图标字库文本显示应用指令举例

文本变量数据最大为 255 字节，变量地址根据需要预留。

① 显示字符 0

5A A5 04 82 1000 30

② 显示字符 12

5A A5 05 82 1000 3132

③ 显示字符 0123456789

5A A5 0D 82 1000 3031 3233 3435 3637 3839

④ 显示字符 A

5A A5 04 82 1000 41

⑤ 显示字符 ABCD，加结束符 FFFF 清除多余字符

5A A5 09 82 1000 4142 4344 FFFF

⑥ 显示图标上的“中国”字符

5A A5 07 82 1000 0102 FFFF

⑦ 显示图标

5A A5 05 82 1000 0304

⑧ 显示图标上的“天气”字符

5A A5 07 82 1000 0506 FFFF

⑨ 清除所有字符

5A A5 05 82 1000 FFFF

GTF 图标字库文本显示效果如图 2-1-43 所示。

图 2-1-43　GTF 图标字库文本显示效果

2.1.21　实时曲线（趋势图）显示（0x20）

1．功能简介

实时曲线显示的功能可以基于曲线缓冲区数据显示实时曲线(趋势图)，线条粗细可设置。可以指定显示区域，设置中心轴坐标、显示比例（放大/缩小）和曲线方向。

在 SP 地址为默认值 0xFFFF 的情况下，实时曲线显示控件的预设配置内容存放在 14showfile.bin 文件中，遵循表 2-1-22 中地址+定义+数据长度+说明的格式；当 SP 地址被赋予其他变量值时，参考 SP 偏移量，可以通过串口指令或触控控件来改变对应 SP 地址的变量值，从而改变实时曲线显示控件的配置内容。

表 2-1-22　实时曲线显示配置内容存储格式

地址	SP 偏移量	定义	数据长度（字节）	说明
0x00		0x5A20	2	
0x02		*SP	2	变量描述指针，0xFFFF 表示由配置文件加载
0x04		0x000B	2	
0x06	0x00:H	Mode	1	0x00=最新的数据在最右侧，曲线从右向左移动； 其他=最新的数据在最左侧，曲线从左向右移动
0x07	0x00:L	0x00	1	显示模式，位定义。 .7：0=曲线用数据点连线显示；1=曲线用数据点显示。 .6：曲线颜色选择。 0=曲线只有一种颜色，由 Color 定义。 1=曲线有 16 种颜色，Color 是一个变量指针，该变量保存了 16 种颜色（65K 色）；此时曲线数据的高 4bit 是颜色索引。 .5～.0：未定义，写 0

续表

地址	SP 偏移量	定义	数据长度（字节）	说明
0x08	0x01	(Xs,Ys) (Xe,Ye)	8	曲线窗口左上角坐标（Xs,Ys）和右下角坐标（Xe,Ye）。 曲线越界将不显示
0x10	0x05	Y_Central	2	曲线中心轴位置
0x12	0x06	VD_Central	2	中心轴对应的曲线数据值，一般取数据最大值和最小值之和的一半
0x14	0x07	Color	2	Display_Mode.6=0 时是曲线颜色，曲线只有一种颜色。 Display_Mode.6=1 时是曲线颜色索引表变量指针，曲线最多 16 色
0x16	0x08	MUL_Y	2	纵轴放大倍数，单位量为 1/256，0x0000～0x7FFF
0x18	0x09:H	CHANEL	1	数据源通道，0x00～0x07
0x19	0x09:L	Dis_HOR	1	横轴间隔，0x01～0xFF
0x1A	0x0A:H	Pixel_Scale	1	曲线像素点阵大小（曲线粗细），0x00～0x07 对应 1×1 到 8×8 像素
0x1B	0x0A:L	保留	1	写 0x00

例：SP 地址配置为 0x1000，通过串口指令改变实时曲线纵轴放大倍数。

5AA5　07　82　1008　0100

帧头　数据长度　写指令　SP 地址+偏移量　纵轴放大 256 倍

在 DGUS 软件中，选择图形显示-动态曲线，之后框选显示区域并完成该功能的配置（如图 2-1-44 说明）。

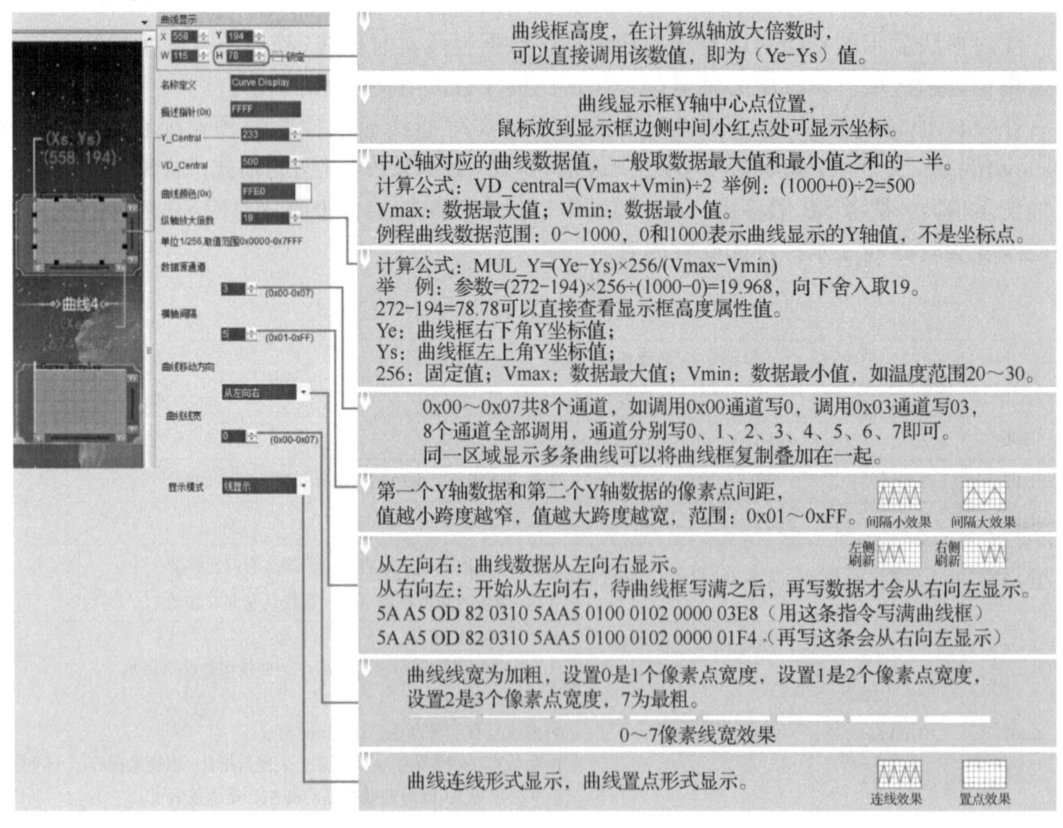

图 2-1-44　实时曲线显示配置说明

2. 实时曲线显示应用指令举例

0x00 通道显示数据 0 和 1000。

5A A5 0D 82 0310 5AA5 0100 0002 0000 03E8

含义：0x5AA5：帧头；0x0D：数据长度；0x82：写指令；

0x0310：曲线缓冲区数据写启动，系统变量硬件接口固定地址；

0x5AA5：启动一次曲线缓冲区数据写操作，CPU 操作完清零；

0x0100：高字节 0x01 曲线数据块个数，即占用了几个通道，低字节未定义写 0x00；

0x0002：高字节 0x00 表示 0 通道，低字节 0x02 表示数据字长度，此处为 2 个字长度数据，即 0x0000，0x03E8；

0x0000：要显示的数据 0；0x03E8：要显示的数据 1000。

实时曲线显示效果如图 2-1-45 所示。

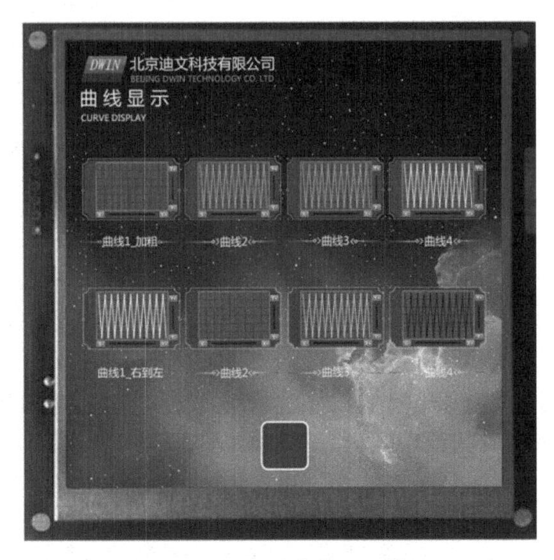

图 2-1-45　实时曲线显示效果

2.1.22　基本图形显示（0x21）

1. 功能简介

基本图形显示功能是在显示配置文件 14showfile.bin 中定义一个“绘图板”功能，而具体的绘图操作则由*VP 指向的变量存储器的内容决定。用户通过改变变量存储器中的数据实现不同的绘图功能。

在 SP 地址为默认值 0xFFFF 的情况下，基本图形显示控件的预设配置内容存放在 14showfile.bin 文件中，遵循表 2-1-23 中地址+定义+数据长度+说明的格式；当 SP 地址被赋予其他变量值时，参考 SP 偏移量，可以通过串口指令或触控控件来改变对应 SP 地址的变量值，从而改变基本图形显示控件的配置内容。

表 2-1-23　基本图形显示指令存储格式

地址	SP 偏移量	定义	数据长度（字节）	说明
0x00		0x5A21		
0x02		*SP		
0x04		0x0008		
0x06	0x00	*VP	2	变量数据指针
0x08	0x01	Area	8	绘图显示区域的左上角坐标、右下角坐标；绘图越界将不显示。仅对 0x0001～0x0005、0x0009、0x000A、0x000B 指令有效
0x10	0x05:H	Dashed_Line_En	1	0x5A：使用线段的绘图指令（0x02、0x03、0x09、0x0A 指令），用虚线或者点划线显示线段； 其他：使用线段的绘图指令，用实线显示线段
0x11	0x05:L	Dash_Set	4	4 个字节依次设置了虚线（点划线）格式： 第 1 段实线点阵数、第 1 段虚线点阵数、第 2 段实线点阵数、第 2 段虚线点阵数。 比如，设置 0x10 0x04 0x10 0x04 将显示虚线；设置 0x10 0x04 0x02 0x04 将显示点划线
0x15	0x07:L	Pixel_Scale		
0x16	0x07	未定义	13	保留，写 0x00

例：SP 地址配置为 0x1000，通过串口指令改变基本图形显示区域。

5A A5　　09　　82　　1001　　0000　　0000　　0064　　0064

帧头　数据长度　写指令　SP 地址+偏移量　X1 坐标 0 Y1 坐标 0 X2 坐标 100 Y2 坐标 100

变量数据指针 VP 所指向的绘图数据包格式如表 2-1-24 所示。

表 2-1-24　绘图数据包格式

指令（CMD）	操作	绘图数据包格式说明（相对地址和长度单位均为字）			
		相对地址	长度	定义	说明
0x0001	置点	0x00	2	(X,Y)	置点坐标位置，X 坐标高字节为判断条件
		0x02	1	Color	置点颜色
0x0002	端点连线	0x00	1	Color	线条颜色
		0x01	2	(X,Y)0	阵线顶点 0 坐标，X 坐标高字节为判断条件
		0x03	2	(X,Y)1	阵线顶点 1 坐标，X 坐标高字节为判断条件
		0x01+2×*n*	2	(X,Y)*n*	阵线顶点 *n* 坐标，X 坐标高字节为判断条件
0x0003	矩形	0x00	2	(X,Y)s	矩形框左上角坐标，X 坐标高字节为判断条件
		0x02	2	(X,Y)e	矩形框右下角坐标
		0x04	1	Color	矩形颜色
0x0004	矩形域填充	0x00	2	(X,Y)s	矩形框左上角坐标，X 坐标高字节为判断条件
		0x02	2	(X,Y)e	矩形框右下角坐标
		0x04	1	Color	矩形域填充颜色
0x0005	画圆	0x00	2	(X,Y)	圆心坐标，X 坐标高字节为判断条件
		0x02	1	Rad	半径
		0x03	1	Color	圆弧颜色

续表

指令（CMD）	操作	绘图数据包格式说明（相对地址和长度单位均为字）			
		相对地址	长度	定义	说明
0x0006	图片区域剪切、粘贴	0x00	1	Pic_ID	剪切图片区域所在页面 ID；高字节为判断条件
		0x01	2	(X,Y)s	剪切图片区域左上角坐标
		0x03	2	(X,Y)e	剪切图片区域右下角坐标
		0x05	2	(X,Y)	剪切图片区域粘贴到当前页面坐标位置的左上角坐标
0x0007	ICON 图标显示	0x00	2	(X,Y)	显示坐标位置，X 坐标高字节为判断条件
		0x02	1	ICON_ID	图标 ID，图标库位置由指令高字节指定。 图标固定为不显示背景色
0x0008	封闭区域填充	0x00	2	(X,Y)	种子点坐标，X 坐标高字节为判断条件
		0x02	1	Color	填充颜色
0x0009	频谱显示（垂直线条）	0x00	1	Color0	把(X0,Y0s)（X0,Y0e）用 Color0 颜色连线，X0 高字节为判断条件
		0x01	3	X0,Y0s,Y0e	
0x000A	线段显示	0x00	1	Color	线段颜色
		0x01	2	(X,Y)s	线段起始点坐标
		0x03	2	(X,Y)e	线段终止点坐标
0x000D	矩形域 XOR	0x00	2	(X,Y)s	矩形域左上角坐标，X 坐标高字节为判断条件
		0x02	2	(X,Y)e	矩形域右下角坐标
		0x04	1	Color	矩形域做 XOR 的颜色，0xFFFF 将进行反色操作
0x000E	双色位图显示	0x00	2	(X,Y)s	位图显示矩形域左上角坐标，X 坐标高字节为判断条件
		0x02	1	X_Dots	位图 X 方向点阵数目
		0x03	1	Y_Dots	位图 Y 方向点阵数目
		0x04	1	Color1	“1”对应的显示颜色
		0x05	1	Color0	“0”对应的显示颜色；如果设置 Color0 和 Color1 相同，表示“0”不需要显示，直接跳过
		0x06	N	Data_Pack	显示数据，MSB 方式；为方便用户读写数据，每行数据必须对齐到一个字，即下一行数据总是从一个新数据字开始
0x0011	椭圆显示	0x00	2	(X,Y)	椭圆圆心坐标，X 坐标高字节为判断条件
		0x02	1	A	长轴长度
		0x03	1	B	短轴长度
		0x04	1	Color	椭圆弧颜色
0x0012	四色位图显示（可以把多个四色位图显示叠加实现更多颜色、图层显示）	0x00	2	(X,Y)s	位图显示矩形域左上角坐标，X 坐标高字节为判断条件。 起始 VP 地址必须是偶数（双字对齐）
		0x02	1	X_Dots	位图 X 方向点阵数目，必须能被 16 整除
		0x03	1	Y_Dots	位图 Y 方向点阵数目
		0x04	1	Color0	“00”对应的显示颜色
		0x05	1	Color1	“01”对应的显示颜色
		0x06	1	Color2	“10”对应的显示颜色
		0x07	1	Color3	“11”对应的显示颜色
		0x08	N	Data_Pack	显示数据，MSB 方式。 为方便用户读写数据，每行数据必须对齐到双字（16 个像素点）

在 DGUS 软件中，选择显示控件→基本图形显示，之后在想要显示画板的页面用鼠标框选出显示区域，并在右侧设置菜单中对变量地址等进行定义，最后可利用串口指令实现画图操作，如图 2-1-46 所示。

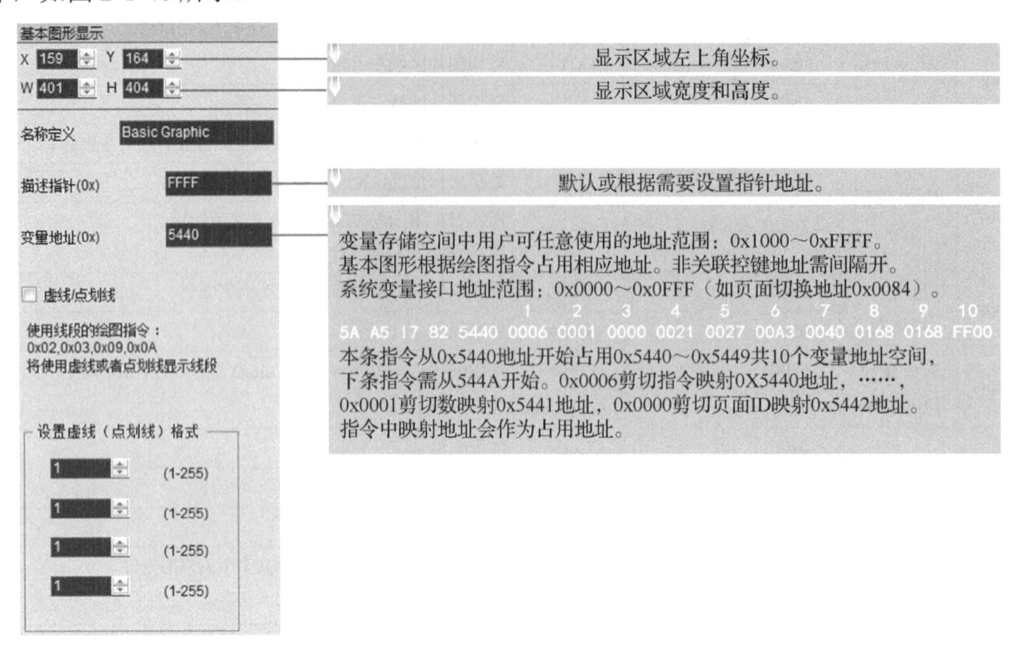

图 2-1-46　基本图形显示配置说明

2．基本图形显示应用指令举例

画两个圆。

5A A5 19 82 5440 0005 0002 0168 0168 0040 F800 0168 0168 0060 F800 FF00

含义：0x0168：第一个圆的圆心坐标；0x0040：半径；0xF800：颜色；

0x0168：第二个圆的圆心坐标；0x0060：半径；0xF800：颜色；

0xFF00：结束符。

基本图形显示效果如图 2-1-47 所示。

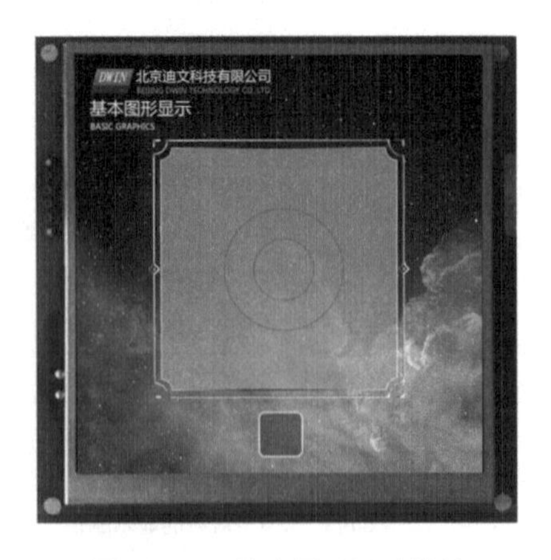

图 2-1-47　基本图形显示效果

2.1.23　进度条显示（0x23）

1．功能简介

进度条显示功能可以在指定位置显示进度条。

在 SP 地址为默认值 0xFFFF 的情况下，进度条显示控件的预设配置内容存放在 14showfile.bin 文件中，遵循表 2-1-25 中地址+定义+数据长度+说明的格式；当 SP 地址被赋予其他变量值时，参考 SP 偏移量，可以通过串口指令或触控控件来改变对应 SP 地址的变量值，从而改变进度条显示控件的配置内容。

表 2-1-25　进度条显示配置内容存储格式

地址	SP 偏移量	定义	数据长度（字节）	说明
0x00		0x5A23	2	
0x02		*SP	2	变量描述指针，0xFFFF 表示由配置文件加载
0x04		0x000D	2	
0x06	0x00	*VP	2	进度条数据显示指针
0x08	0x01	（Xs,Ys）	4	进度条显示区域的左上角坐标
0x0C	0x03	（Xe,Ye）	4	进度条显示区域的右下角坐标
0x10	0x05	边框颜色	2	
0x12	0x06	前景色	2	
0x14	0x07	背景色	2	
0x16	0x08	变量最大值	2	对应 100%进度，整数，-32768～32767
0x18	0x09	变量最小值	2	对应 0%进度，整数，-32768～32767
0x1A	0x0A_H	显示模式	1	.7：返回进度条百分比数据到指定变量，0=不返回，1=返回。 .1～.0：边框显示模式。 0x00=显示外边框，填充背景。 0x01=不显示外边框，填充背景。 0x02=显示外边框，不填充背景。 0x03=不显示外边框，不填充背景
0x1B	0x0A_L	显示方向		0x00=向右，0x01=向左，0x02=向上，0x03=向下
0x1C	0x0B_H	数据类型		0x00=整数，0x01=变量高字节，0x02=变量低字节
0x1D	0x0B_L	保留	1	保留，写 0x00
0x1E	0x0C	*VP_RT	2	计算的进度条百分比（单位 1%）返回指针地址，返回数据为整数，0x0000～0x0064

例：SP 地址配置为 0x1000，通过串口指令改变进度条显示区域的左上角坐标。

5A A5	07	82	1001	0064	0064
帧头	数据长度	写指令	SP 地址+偏移量	X 坐标 100	Y 坐标 100

在 DGUS 软件中，选择图形显示→进度条，之后框选显示区域并完成该功能的配置（如图 2-1-48 说明）。

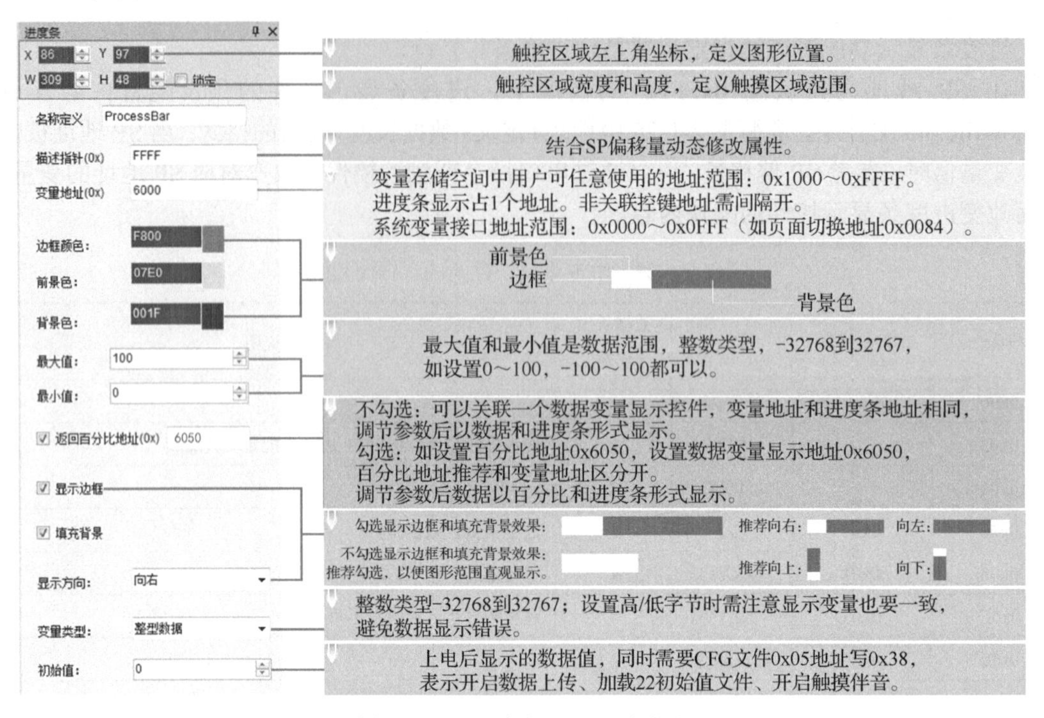

图 2-1-48　进度条显示配置说明

2．进度条显示应用指令举例

若数据范围是 0～100，则数据显示与百分比一致。

数据显示 0，百分比显示 0%，进度不显示：5A A5 05 82 6000 0000。

数据显示 50，百分比显示 50%，进度显示一半：5A A5 05 82 6000 0032。

数据显示 100，百分比显示 100%，进度满格显示：5A A5 05 82 6000 0064。

进度条显示效果如图 2-1-49 所示。

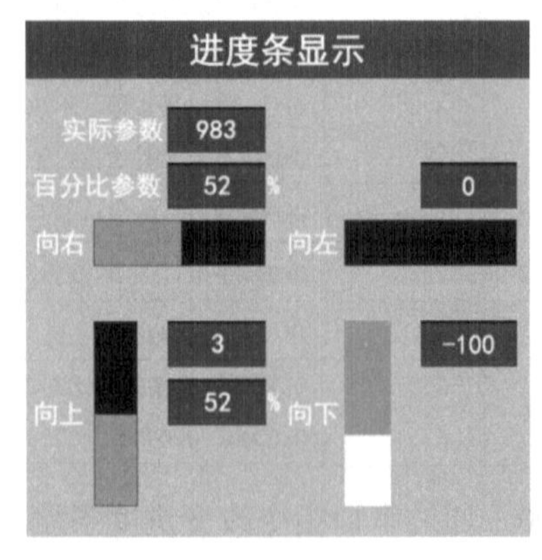

图 2-1-49　进度条显示效果

2.1.24　区域滚屏显示（0x24）

1. 功能简介

区域滚屏显示指把指定区域的内容做环移，移动方向可以设置。可以用于简单实现流程图、进度条等的动态运行效果。变量地址由底层系统处理，用户无须设置。

在 SP 地址为默认值 0xFFFF 的情况下，区域滚屏显示控件的预设配置内容存放在 14showfile.bin 文件中，遵循表 2-1-26 中地址+定义+数据长度+说明的格式；当 SP 地址被赋予其他变量值的情况下，参考 SP 偏移量，可以通过串口指令或触控控件来改变对应 SP 地址的变量值，从而改变区域滚屏显示控件的配置内容。

表 2-1-26　区域滚屏显示配置内容存储格式

地址	SP 偏移量	定义	数据长度（字节）	说明
0x00		0x5A24	2	
0x02		*SP	2	变量描述指针，0xFFFF 表示由配置文件加载
0x04		0x0007	2	
0x06		*VP	2	1 个字变量，用于保存平移的数据，用户不能使用
0x08	0x00	(X_start,Y_start)	4	移动区域左上角坐标
0x0C	0x02	(X_end,Y_end)	4	移动区域右下角坐标
0x10	0x04	Dis_Move	2	每个 DGUS 周期的平移距离，单位是像素点
0x12	0x05_H	Mode_Move	1	0x00=左移，0x01=右移，0x02=上移，0x03=下移
0x13-0x1F	0x06_H	保留	13	未定义，写 0x00

例：SP 地址配置为 0x1000，通过串口指令改变区域滚屏平移距离。

5AA5	05	82	1004	0064
帧头	数据长度	写指令	SP 地址+偏移量	平移距离 100

在 DGUS 软件中，选择图形显示→区域滚屏显示，之后框选显示区域并完成该功能的配置（如图 2-1-50 说明）。

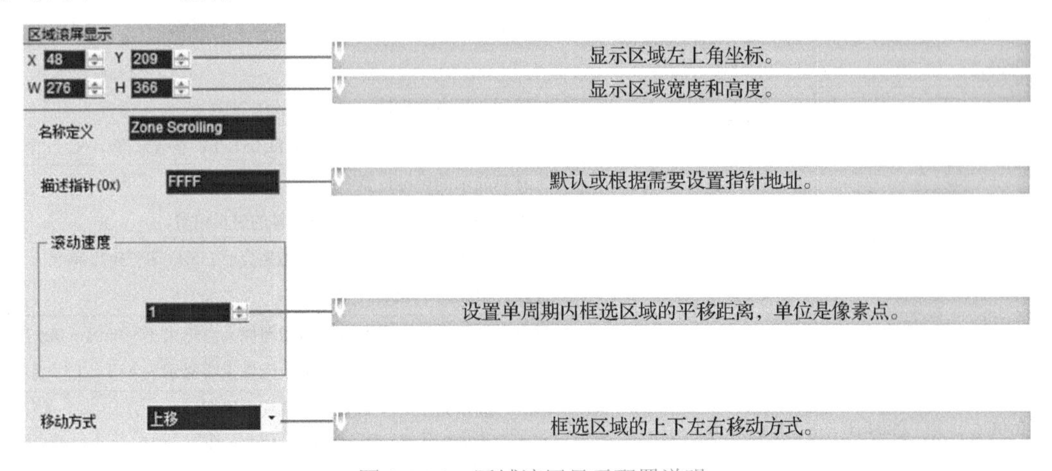

图 2-1-50　区域滚屏显示配置说明

区域滚展显示效果如图 2-1-51 所示。

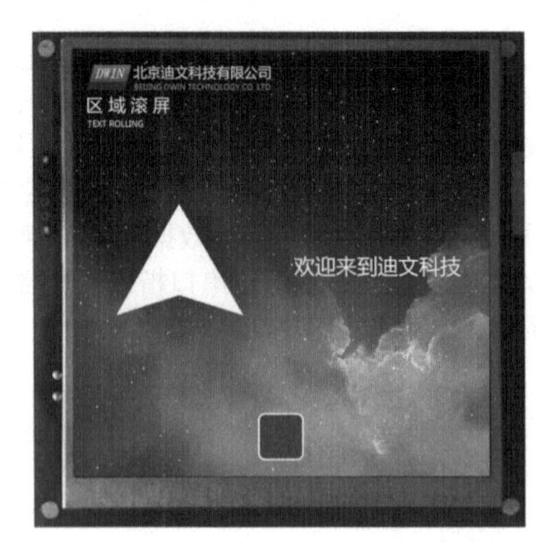

图 2-1-51　区域滚屏显示效果

2.1.25　二维码显示（0x25）

1. 功能简介

二维码显示功能可根据指定内容在屏幕显示二维码图形，可固定二维码大小为 73×73 像素。

在 SP 地址为默认值 0xFFFF 的情况下，二维码显示控件的预设配置内容存放在 14showfile.bin 文件中，遵循表 2-1-27 中地址+定义+数据长度+说明的格式；当 SP 地址被赋予其他变量值时，参考 SP 偏移量，可以通过串口指令或触控控件来改变对应 SP 地址的变量值，从而改变二维码显示控件的配置内容。

表 2-1-27　二维码显示配置内容存储格式

地址	SP 偏移量	定义	数据长度（字节）	说明
0x00		0x5A25	2	
0x02		*SP	2	变量描述指针，0xFFFF 表示由配置文件加载
0x04		0x0008	2	
0x06	0x00	*VP	2	二维码显示内容指针。 二维码内容最长 458B，0x0000 或 0xFFFF 为结束符
0x08	0x01	(X,Y)	4	二维码显示的坐标位置。 （X，Y）为二维码左上角在屏幕的坐标位置。 二维码图形有 45×45 单元像素（数据少于 155B）和 73×73 单元像素（数据少于 459B）两种
0x0C	0x03	Unit_Pixels	2	每个二维码单元像素所占用的物理像素点阵大小，0x01～0x07。 设置 Unit_Pixels=4，那么每个单元像素将显示为 4×4 点阵大小
0x0E	0x04:H	Fix_Mode	1	0x01：固定为 73×73 单元像素格式二维码。 其他：根据数据长度自动匹配二维码大小

续表

地址	SP 偏移量	定义	数据长度（字节）	说明
0x0F	0x04:L	Display_Mode	1	显示模式定义。 .7：二维码颜色。 0=固定背景是白色，二维码是黑色。 1=颜色由 Color0，Color1 定义。 .6-.0：未定义，写 0
0x10	0x05	Color0	2	背景颜色
0x12	0x06	Color1	2	二维码颜色
0x14-0x1F	0x07	保留	12	未定义，写 0x00

例：SP 地址配置为 0x1000，通过串口指令改变二维码显示位置。

5A A5	07	82	1001	0064	0064
帧头	数据长度	写指令	SP 地址+偏移量	X 坐标 100	Y 坐标 100

在 DGUS 软件中，选择图形显示→二维码，之后框选显示区域并完成该功能的配置（如图 2-1-51 说明）。

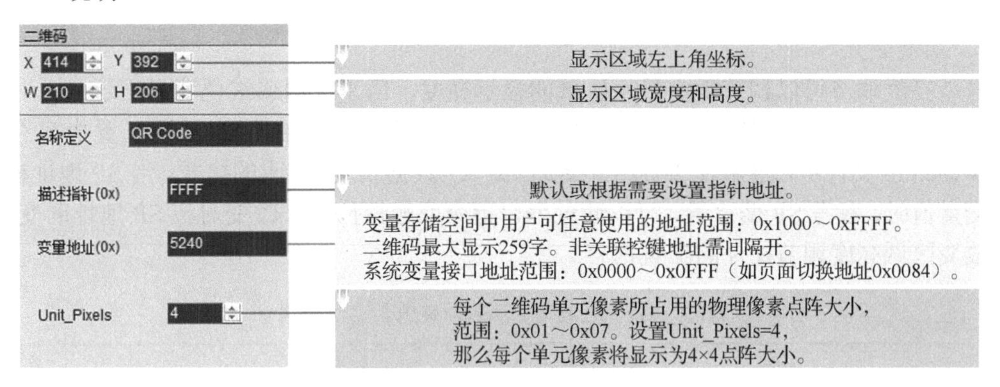

图 2-1-52　二维码显示配置说明

2．二维码显示应用指令举例

以二维码显示控件 SP 地址设置 0x8000，变量地址设置 0x5240 为例。

5A A5 1C 82 5240 68 74 74 70 3A 2F 2F 77 77 77 2E 64 77 69 6E 2E 63 6F 6D 2E 63 6E 2F FFFF

含义：0x5AA5：帧头；

0x1C：数据长度；

0x82：写指令；

0x5240：变量地址；

0x68 74 74 70 3A 2F 2F 77 77 77 2E 64 77 69 6E 2E 63 6F 6D 2E 63 6E 2F：网址的 ASCII 码；初始值可以用文本显示或数据变量显示控件在初始值框内写入，保存到 22_Config.bin 文件中，省去打开该文件手动写入的步骤。

0xFFFF：结束符。

二维码显示效果如图 2-1-53 所示。

图 2-1-53　二维码显示效果

2.1.26　区域亮度调节（0x26）

1. 功能简介

区域亮度调节可以调节指定显示区域的显示亮度，用来突出或淡化背景显示。

在 SP 地址为默认值 0xFFFF 的情况下，区域亮度调节控件的预设配置内容存放在 14showfile.bin 文件中，遵循表 2-1-28 中地址+定义+数据长度+说明的格式；当 SP 地址被赋予其他变量值时，参考 SP 偏移量，可以通过串口指令或触控控件来改变对应 SP 地址的变量值，从而改变区域亮度调节控件的配置内容。

表 2-1-28　区域亮度调节配置内容存储格式

地址	SP 偏移量	定义	数据长度（字节）	说　明
0x00		0x5A 26	2	
0x02		*SP	2	变量描述指针，0xFFFF 表示由配置文件加载
0x04		0x0005	2	
0x06	0x00	*VP	2	亮度数据指针，亮度范围为 0x0000～0x0100，单位量为 1/256
0x08	0x01	（Xs,Ys）	4	指定区域的左上角坐标
0x0C	0x03	（Xe,Ye）	4	指定区域的右下角坐标
0x10-0x1F		保留	18	未定义，写 0x00

例：SP 地址配置为 0x1000，通过串口指令改变亮度调节区域左上角坐标。

5A A5　07　82　1001　0064　0064

帧头　数据长度　写指令　SP 地址+偏移量　X 坐标 100　Y 坐标 100

在 DGUS 软件中，选择图形显示→区域亮度调节，之后框选显示区域并完成该功能的配置（如图 2-1-54 说明）。

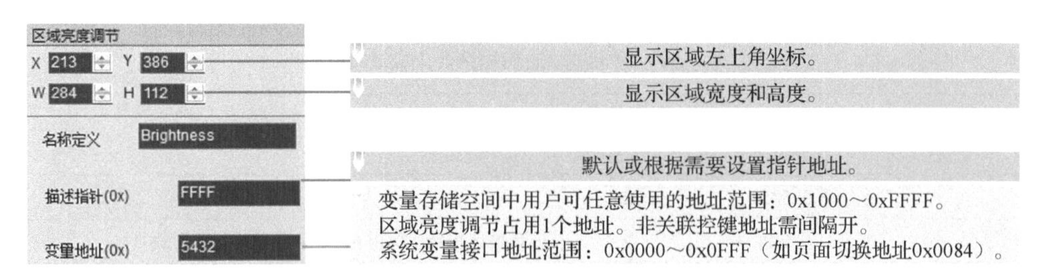

图 2-1-54　区域亮度调节配置说明

2. 区域亮度调节应用指令举例

5A A5 05 82 5432 0032

含义：0x5AA5：帧头；

0x05：数据长度；

0x82：写指令；

0x5432：变量地址；

0x0032：亮度值（范围为 0x0000～0x0100，共 256 级亮度调节）。

区域亮度调节显示效果如图 2-1-55 所示。

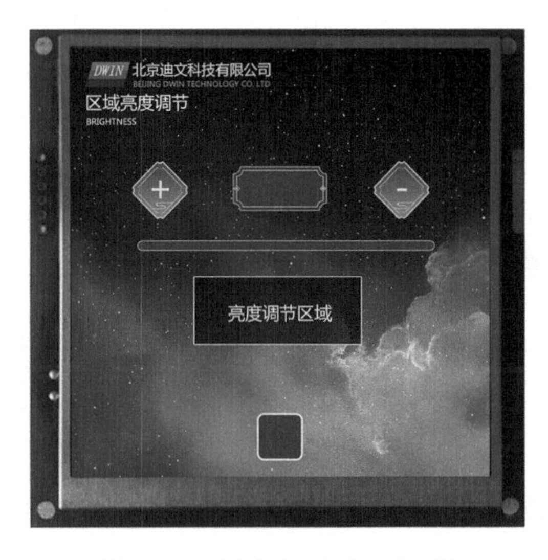

图 2-1-55　区域亮度调节显示效果

2.1.27　数据变量传递（0x30）

1. 功能简介

数据变量传递功能可以在页面切换后，把预定义的数据传递到变量或串口一次。

在 SP 地址为默认值 0xFFFF 的情况下，数据变量传递控件的预设配置内容存放在 14showfile.bin 文件中，遵循表 2-1-29 中地址+定义+数据长度+说明的格式；当 SP 地址被赋予其他变量值时，参考 SP 偏移量，可以通过串口指令或触控控件来改变对应 SP 地址的变量值，从而改变数据变量传递控件的配置内容。

表 2-1-29　数据变量传递配置内容存储格式

地址	SP 偏移量	定义	数据长度（字节）	说明
0x00		0x5A30	2	
0x02		*SP	2	变量描述指针，0xFFFF 表示由配置文件加载
0x04		0x000D	2	
0x06	0x00	*VP	2	数据传递的目标地址指针。 变量在当前页面首次有效时，按照下面格式把数据写入*VP 指向的变量存储器空间： PAGE_ID+预定义的 22 字节数据。 每个变量占 12 字空间
0x08	0x01_H	AUTO_COM_En	1	选择变量在当前页面首次有效时，是否主动把变量数据上传到用户串口： 0xFF=上传（每个页面只能有 1 个上传变量），其他=不上传
0x09	0x01_L	保留	1	写 0x00
0x0A	0x06	预定义数据	22	用户预先定义的数据，最长 22 字节

在 DGUS 软件中，选择图标显示→数据变量传递，之后框选显示区域并完成该功能的配置（如图 2-1-56 说明）。

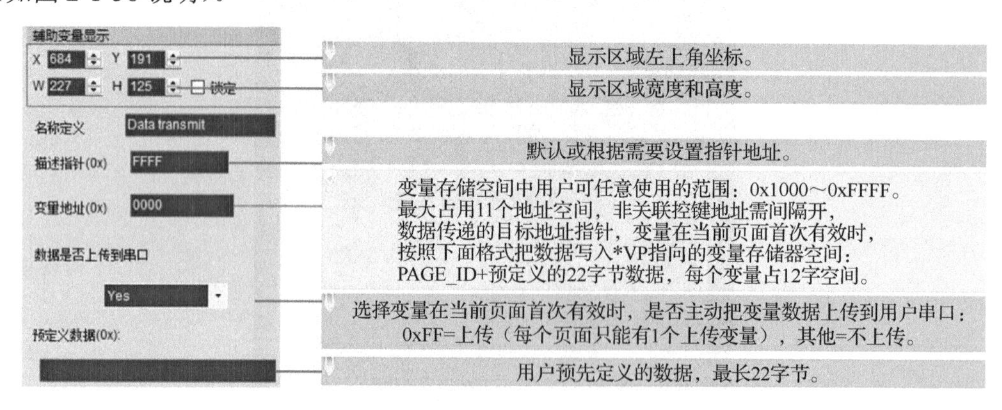

图 2-1-56　数据变量传递配置说明

2.1.28　数字视频播放（0x31）

1．功能简介

数字视频播放功能可以把视频转换生成的 icl 文件和 wae 文件同步播放形成数字视频。

在 SP 地址为默认值 0xFFFF 的情况下，数字视频播放控件的预设配置内容存放在 14showfile.bin 文件中，遵循表 2-1-30 中地址+定义+数据长度+说明的格式；当 SP 地址被赋予其他变量值时，参考 SP 偏移量，可以通过串口指令或触控控件来改变对应 SP 地址的变量值，从而改变数字视频播放控件的配置内容。

表 2-1-30　数字视频播放配置内容存储格式

地址	SP 偏移量	定义	数据长度（字节）	说明
0x00		0x5A31	2	
0x02		*SP	2	变量描述指针，0xFFFF 表示由配置文件加载
0x04		0x0008	2	
0x06	0x00	*VP	12	变量数据指针，必须是偶数，占 12 字节。 用户控制接口，双字，VP 和 VP+1 位置。 D3：0x5A 表示数字视频播放开启，其他表示关闭。 D2：播放状态控制，DGUS 处理后会清零。 0x01=停止，画面停留在第一帧。 0x02=暂停/继续播放。 0x03=从指定位置开始播放（位置由 D1:D0 决定）。 D1:D0：播放起始位置，单位为秒，仅当 D2=0x03 时有效。 状态反馈接口，两个双字，VP+2 到 VP+5 位置，用户只能读不能写。 D7：当前播放状态反馈，0x00=停止，0x01=播放中。 D6:D4：未定义。 D3:D2：视频总长度，0x0000～0xFFFF，单位为秒。 D1:D0：当前播放视频位置，0x0000～0xFFFF，单位为秒
0x08	0x01	（X，Y）	4	视频在当前页面的显示位置
0x0C	0x03	Wide_X	2	视频在当前页面的显示窗口宽度
0x0E	0x04	Wide_Y	2	视频在当前页面的显示窗口高度
0x10	0x05:H	FPS_Video	1	视频播放的帧率（帧/秒）
0x11	0x05:L	Type_Video	1	数字视频类别。 0x00：icl 文件和 wae 文件组合的数字视频。 其他：未定义
0x12	0x06	File_ID_ICL	2	存放视频图片的 icl 文件 ID，0x0000～0xFFFF
0x14	0x07	File_ID_WAE	2	存放音频的 wae 文件 ID，0x0000～0xFFFF 音频采用 32KHz 采样 wav 格式，保存在文件的 0x00 段位置
0x16	0x08:H	保留	10	未定义

例：SP 地址配置为 0x1000，通过串口指令改变视频在当前页面的显示位置。

5A A5	07	82	1001	0064	0064
帧头	数据长度	写指令	SP 地址+偏移量	X 坐标 100	Y 坐标 100

在 DGUS 软件中，选择图标显示-数字视频播放，之后框选显示区域并完成该功能的配置（如图 2-1-57 说明）。

2. 数字视频播放应用指令举例

设定工程使用 8 个通道显示曲线，即地址 0x1000～0x4FFF 被占用，此处地址从 0x5000 开始可任意使用，视频时长 10s，指令如下。

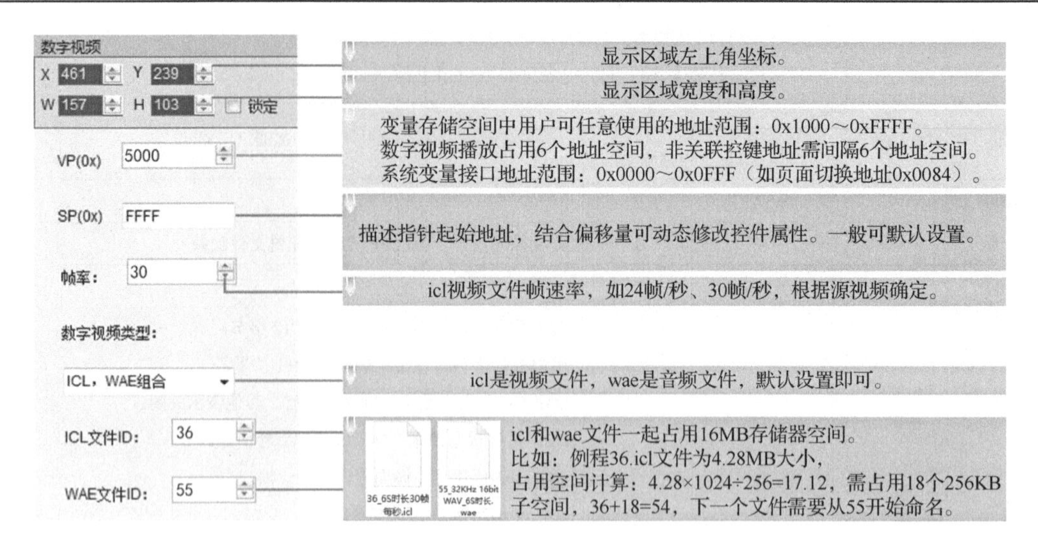

图 2-1-57　数字视频播放配置说明

（1）开始播放

开始播放可以往地址写 0x5A 03，从第 0 秒或指定时间位置开始播放，指令示例如下：

① 默认从第 0 秒开始播放 ：5A A5 05 82 5000 5A 03

② 指定从第 0 秒开始播放 ：5A A5 05 82 5000 5A 03 0000

③ 指定从第 3 秒开始播放 ：5A A5 05 82 5000 5A 03 0003

④ 指定从第 10 秒开始播放：5A A5 05 82 5000 5A 03 000A

（2）暂停/继续播放

无论发指令还是触控，第一次是播放，第二次是暂停，依次循环，指令示例如下：

5A A5 05 82 5000 5A 02

（3）停止播放

停止时，画面停留在第一帧，指令示例如下：

5A A5 05 82 5000 5A 01

数字视频播放显示效果如图 2-1-58 所示。

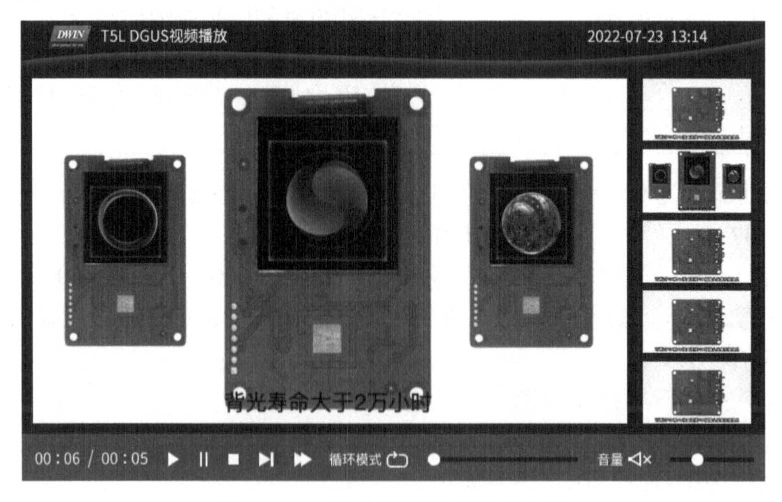

图 2-1-58　数字视频播放显示效果

2.2　触控功能

2.2.1　变量数据录入（0x00）

变量数据录入指录入整数、定点小数等各种数据到指定变量存储空间。弹出键盘透明度可以设置。支持组态触控。

变量数据录入配置内容存储格式如表 2-2-1 所示。

表 2-2-1　变量数据录入配置内容存储格式

地址	定义	数据长度（字节）	说明
0x00	Pic_ID	2	页面 ID
0x02	TP_Area	8	触控按钮区域：左上角坐标（Xs,Ys），右下角坐标（Xe,Ye）
0x0A	Pic_Next	2	目标切换页面，0xFF**表示不进行页面切换
0x0C	Pic_On	2	按钮按压效果图所在的页面，0xFF**表示没有按钮按压效果
0x0E	TP_Code	2	0xFE00，变量数据录入键码
0x10	0xFE	1	固定值 0xFE
0x11	*VP	2	录入数据对应的变量地址指针
0x13	V_Type	1	返回变量类型： 0x00=2 字节变量： 整数：-32768～32767； 无符号整数：0～65535。 0x01=4 字节变量： 长整数：-2147483648～2147483647； 无符号长整数：0～4294967295。 0x02=*VP 高字节，无符号数：0～255。 0x03=*VP 低字节，无符号数：0～255。 0x04=8 字节超长整数：-9223372036854775808～9223372036854775807。 0x05=单精度浮点数（4 字节）
0x14	N_Int	1	录入的整数位数。比如录入 1234.56，则 N_Int=0x04
0x15	N_Dot	1	录入的小数位数。比如录入 1234.56，则 N_Int=0x02
0x16	（X,Y）	4	输入过程显示位置：右对齐方式，（X,Y）是字符串输入光标的右上角坐标。 数字录入组态键盘（KB_Source=0x0F）模式本定义无效
0x1A	Color	2	输入字体的显示颜色。 数字录入组态键盘（KB_Source=0x0F）模式本定义无效

续表

地址	定义	数据长度（字节）	说明
0x1C	Lib_ID	1	显示使用的 ASCII 字库位置，0x00 为默认字库。 数字录入组态键盘（KB_Source=0x0F）模式本定义无效
0x1D	Font_Hor	1	字体大小，X 方向点阵数。 数字录入组态键盘（KB_Source=0x0F）模式本定义无效
0x1E	Cusor_Color	1	光标颜色，0x00 表示黑色，否则为白色。 数字录入组态键盘（KB_Source=0x0F）模式本定义无效
0x1F	Hide_En	1	0x00 表示录入过程中的文字不直接显示，显示为“*”；为其他值时则直接显示录入过程的内容
0x20	0xFE	1	固定值 0xFE
0x21	KB_Source	1	0x00=键盘在当前页面； 0x01=弹出键盘（键盘不再当前页面）； 0x0F=数字录入组态键盘
0x22	Pic_KB	2	弹出键盘，（KB_Source=0x01）：键盘所在页面 ID； 数字录入组态键盘（KB_Source=0x0F）：组态功能文件编号
0x24	AREA_KB	8	仅弹出键盘（KB_Source=0x01）模式有效； 键盘区域：左上角坐标（Xs,Ys），右下角坐标（Xe,Ye）
0x2C	AREA_KB_Position	4	弹出键盘或数字录入组态键盘模式有效。 键盘在当前页面显示位置的左上角坐标
0x30	0xFE	1	固定值 0xFE
0x31	Limite_En	1	0xFF=表示启用输入范围限制，输入越界无效（等同取消）； 其他=输入无范围限制
0x32	V_min	4	输入下限，4 字节（长整数或无符号长整数）
0x36	V_max	4	输入上限，4 字节（长整数或无符号长整数）
0x3A	Return_Set	1	0x5A=录入过程中，向 Return_VP 地址加载 Return_Data，结束自动恢复。 0x00=录入过程中不加载数据。 加载数据功能：主要用于和变量显示的 SP 修改结合，实现对多参数录入过程自动标示，比如修改字体颜色和大小、启动一个（位）变量图标或者区域反色。也可以作为录入过程的标记位，配合 DWIN OS 开发实现特殊需求
0x3B	Return_VP	2	录入过程中加载数据的 VP 地址
0x3D	Return_Data	2	录入过程中加载到 Return_VP 的数据
0x3F	Layer_Gama	1	弹出键盘或数字录入组态键盘模式时，背景透明度设置。范围为 0x00~0xFF，0x00 表示完全遮盖背景

在 DGUS 软件中，选择触控控件→变量数据录入，之后框选显示区域并完成该功能的配置，如图 2-2-1 所示。

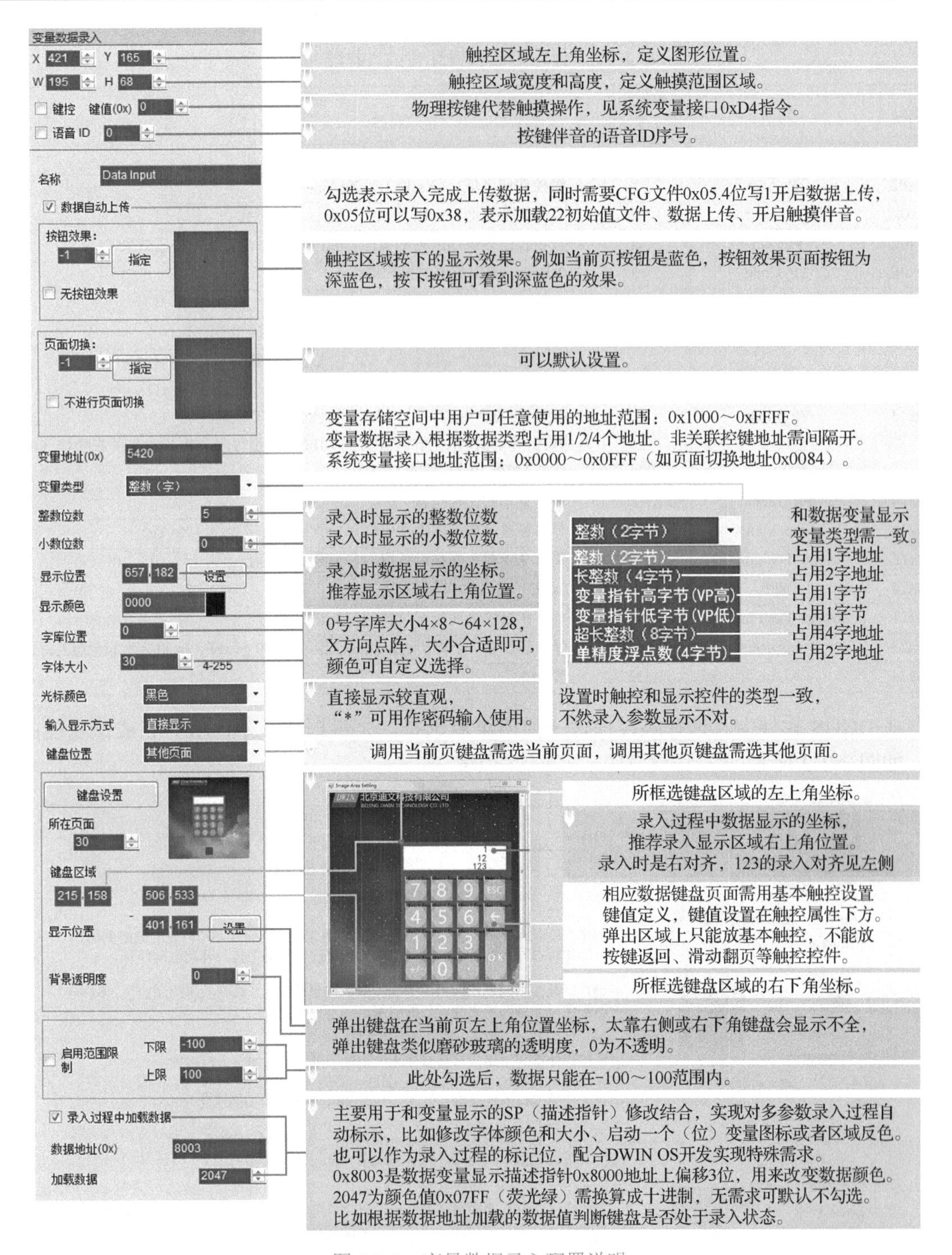

图 2-2-1　变量数据录入配置说明

2.2.2　弹出菜单选择（0x01）

点击触发一个弹出菜单，并返回菜单项的键码。弹出菜单透明度可以设置，如表 2-2-2 所示。

表 2-2-2　弹出菜单选择配置内容存储格式

地址	定义	数据长度（字节）	说明
0x00	Pic_ID	2	页面 ID
0x02	TP_Area	8	触控按钮区域：（Xs,Ys），（Xe,Ye）
0x0A	Pic_Next	2	目标切换页面，0xFF**表示不进行页面切换
0x0C	Pic_On	2	按钮按压效果图所处的页面，0xFF**表示没有按钮按压效果
0x0E	TP_Code	2	0xFE01=弹出菜单选择的键码
0x10	0xFE	1	0xFE
ox11	*VP	2	变量地址指针，返回的数据由 VP_Mode 决定
0x13	VP_Mode	1	0x00=把 0x00**键码写入 VP 字地址（整数型）； 0x01=把 0x**键码写入 VP 字地址的高字节地址（VP_H）； 0x02=把 0x**键码写入 VP 字地址的低字节地址（VP_L）； 0x10～0x1F：把**键码最低位（1bit）变量写入 VP 字地址的指定位（0x10 修改 VP.0，0x1F 修改 VP.F）
0x14	Pic_Menu	2	弹出菜单的图片位置
0x16	Area_Menu	8	弹出菜单区域：左上角坐标（Xs,Ys），右下坐标（Xe,Ye）
0x1E	Menu_Position_X	2	菜单在当前页面显示位置的左上角 X 坐标。
0x20	0xFE	1	0xFE
0x21	Menu_Position_Y	2	菜单在当前页面显示位置的左上角 Y 坐标
0x23	Translucent	1	弹出菜单时，背景透明度设置。范围为 0x00～0xFF，0x00 表示完全遮盖背景
0x24	NULL	12	写 0x00

在 DGUS 软件中，选择触控控件→弹出菜单选择，之后框选显示区域并完成该功能的配置，如图 2-2-2 所示。

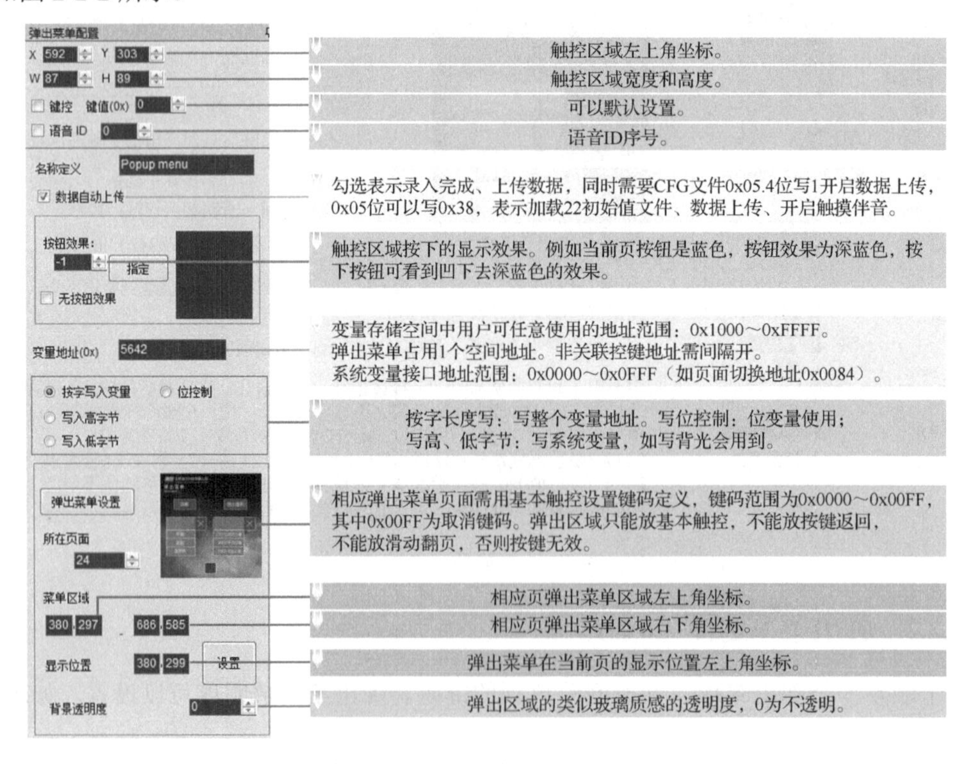

图 2-2-2　弹出菜单选择配置说明

2.2.3 增量调节（0x02）

点击按钮，对指定变量进行+/−操作，可设置步长和上下限。设置 0～1 范围循环调节可以实现栏目复选框功能，如表 2-2-3 所示。

表 2-2-3 增量调节配置内容存储格式

地址	定义	数据长度（字节）	说明
0x00	Pic_ID	2	页面 ID
0x02	TP_Area	8	触控按钮区域：（Xs,Ys），（Xe,Ye）
0x0A	Pic_Next	2	目标切换页面，0xFF**表示不进行页面切换。必须为 0xFF**
0x0C	Pic_On	2	按钮按压效果图所处的页面，0xFF**表示没有按钮按压效果
0x0E	TP_Code	2	0xFE02
0x10	0xFE	1	0xFE
0x11	*VP	2	变量地址指针，返回数据由 VP_Mode 决定
0x13	VP_Mode	1	0x00=调节 VP 字地址（整型数）； 0x01=调节 VP 字地址的高字节地址（1 字节无符号数，VP_H）； 0x02=调节 VP 字地址的低字节地址（1 字节无符号数，VP_L）； 0x10～0x1F：对 VP 字地址的指定位（0x10 对应 VP.0，0x1F 对应 VP.F）进行调节，调节范围必须设置为 0～1
0x14	Adj_Mode	1	调节方式：0x00=− −；其他=++
0x15	Return_Mode	1	逾限处理方式：0x00=停止（等于门限）；其他=循环调节
0x16	Adj_Step	2	调节步长，0x0000～0x7FFF
0x18	V_Min	2	下限：2 字节整数（VP_Mode=0x01 或 0x02 时，仅低字节有效）
0x1A	V_Max	2	上限：2 字节整数（VP_Mode=0x01 或 0x02 时，仅低字节有效）
0x1C	Key_Mode	1	0x00=按住按键时连续调节； 0x01=按住按键时只调节 1 次
0x1D	NULL	3	写 0x00

在 DGUS 软件中，选择触控控件→增量调节，之后框选显示区域并完成该功能的配置，如图 2-2-3 所示。

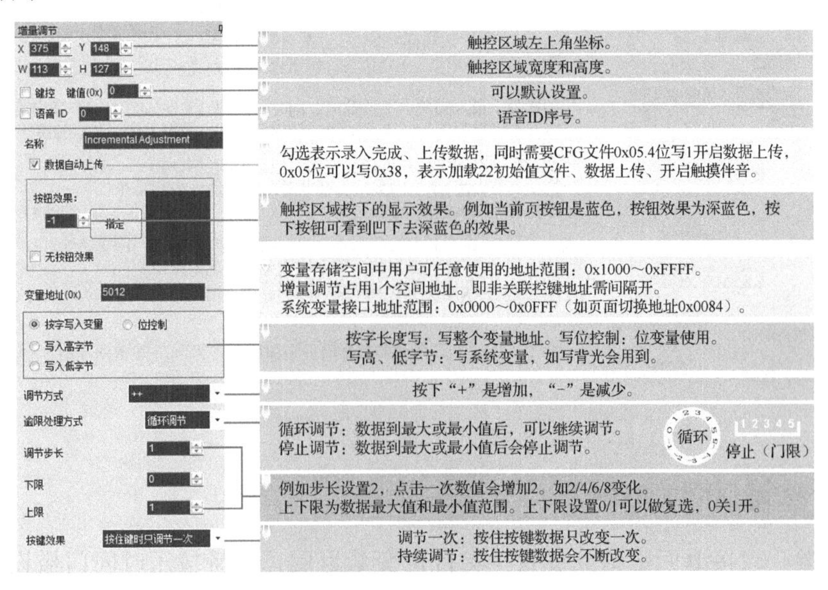

图 2-2-3 增量调节配置说明

2.2.4 拖动调节（0x03）

拖动调节指拖拉滑块实现变量数据录入，可设置刻度范围，如表 2-2-4 所示。

表 2-2-4 拖动调节配置内容存储格式

地址	定义	数据长度（字节）	说明
0x00	Pic_ID	2	页面 ID
0x02	TP_Area	8	触控按钮区域：（Xs,Ys），（Xe,Ye）
0x0A	Pic_Next	2	目标切换页面，必须为 0xFF**，表示不进行页面切换
0x0C	Pic_On	2	按钮按压效果图所处的页面，必须为 0xFF**，表示没有按钮按压效果
0x0E	TP_Code	2	0xFE03
0x10	0xFE	1	0xFE
0x11	*VP	2	变量地址指针
0x13	Adj_Mode	1	高 4bit 定义了数据返回格式： 0x0*=调节 VP 字地址（整型数）； 0x1*=调节 VP 字地址的高字节地址（1 字节无符号数，VP_H）； 0x2*=调节 VP 字地址的低字节地址（1 字节无符号数，VP_L）。 低 4bit 定义了拖动方式： 0x*0=横向拖动；0x*1=纵向拖动
0x14	Area_Adj	8	有效调节区域：（Xs,Ys）（Xe,Ye），必须和触控区域一致
0x1C	V_Begain	2	起始位置对应的返回值，整数
0x1E	V_End	2	终止位置对应的返回值，整数

在 DGUS 软件中，选择触控控件→拖动调节，之后框选显示区域并完成该功能的配置，如图 2-2-4 所示。

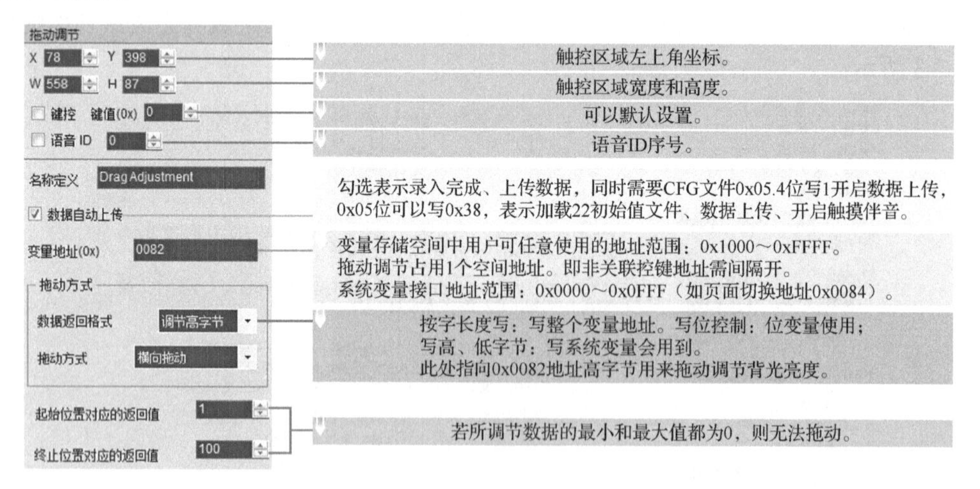

图 2-2-4 拖动调节配置说明

2.2.5 按键返回（0x04）

点击按键，直接返回键值到变量，支持位变量返回，支持按压时间门槛设定功能，如表 2-2-5 所示。

表 2-2-5　按键返回配置内容存储格式

地址	定义	数据长度（字节）	说明
0x00	Pic_ID	2	页面 ID
0x02	TP_Area	8	触控按钮区域：（Xs,Ys），（Xe,Ye）
0x0A	Pic_Next	2	目标切换页面，0xFF**表示不进行页面切换
0x0C	Pic_On	2	按钮按压效果图所处的页面，0xFF**表示没有按钮按压效果
0x0E	TP_Code	2	0xFE05
0x10	0xFE	1	0xFE
0x11	*VP	2	变量地址指针
0x13	TP_Mode	1	0x00=返回键值保存在 VP 字地址（整型数）； 0x01=返回键值低字节保存在 VP 字地址的高字节地址（VP_H）； 0x02=返回键值低字节保存在 VP 字地址的低字节地址（VP_L）； 0x10～0x1F：把返回键值的最低位（1bit）写入 VP 字地址的指定位（0x10 修改 VP.0，0x1F 修改 VP.F）
0x14	Key_Code	2	返回键值
0x16	Hold_Time	1	单位为 0.1 秒，按压时间超过 Hold_Time 后才响应，0x00 表示立即响应
0x17	NULL	10	写 0x00

在 DGUS 软件中，选择触控控件→按键返回，之后框选显示区域并完成该功能的配置，如图 2-2-5 所示。

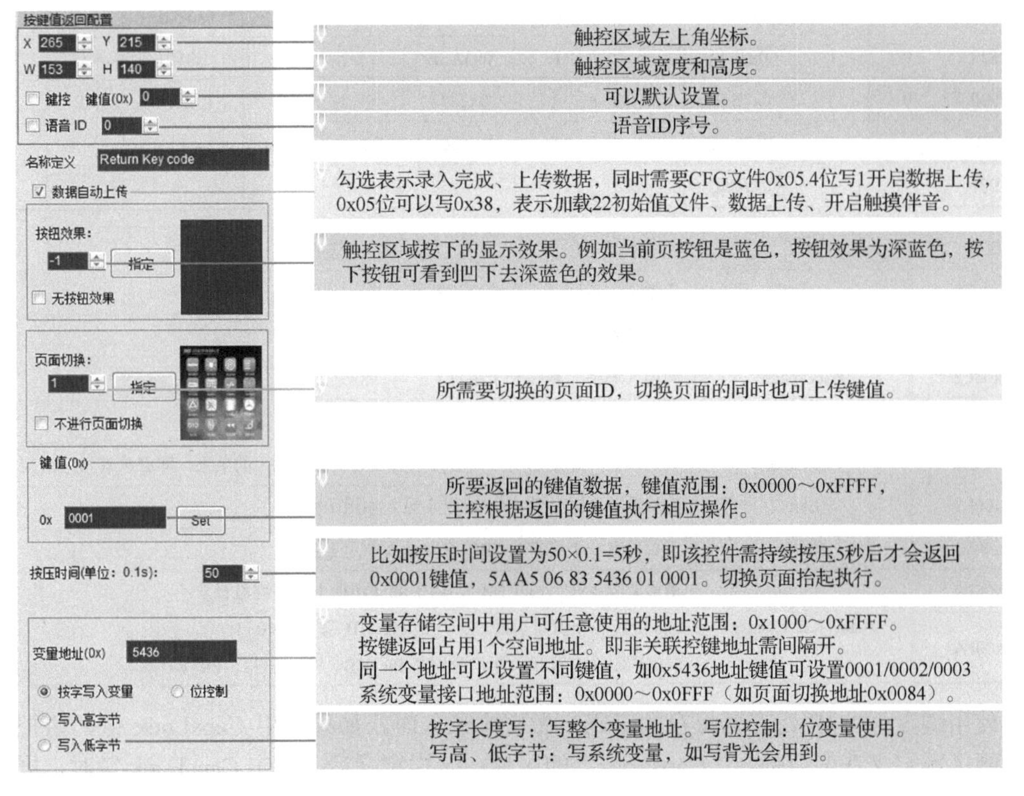

图 2-2-5　按键返回配置说明

2.2.6 文本录入（0x05）

文本录入包含以 ASCII 和 GBK 汉字文本方式录入文本字符，录入过程支持光标移动、编辑。可以设置在（VP-1）位置保存录入状态和录入长度。ASCII 录入模式弹出键盘透明度可以设置。弹出键盘可以动态切换。

键码即键盘上所做基本触控需定义的键值。其中两字节键码的低字节表示普通键码，高字节表示大写键码。如 0x61 对应 a，0x41 对应 A，0x31 对应 1。同时文本键盘的键码定义需小于 0x80（ASCII 码），0x0D 键码录入会自动转换成 0x0D 0x0A；0x00 和 0xFF 键码禁用。文本键盘键码表如图 2-2-6 所示。

表 2-2-6 文本键盘键码表

键码	普通	大写	键码	普通	大写	键码	普通	大写	键码	普通	大写
0x7E60	`	~	0x5171	q	Q	0x4161	a	A	0x5A7A	z	Z
0x2131	1	!	0x5777	w	W	0x5373	s	S	0x5878	x	x
0x4032	2	@	0x4565	e	E	0x4464	d	D	0x4363	c	C
0x2333	3	#	0x5272	r	R	0x4666	f	F	0x5676	v	V
0x2434	4	$	0x5474	t	T	0x4767	g	G	0x4262	b	B
0x2535	5	%	0x5979	y	Y	0x4868	h	H	0x4E6E	n	N
0x5E36	6	^	0x5575	u	U	0x4A6A	j	J	0x4D6D	m	M
0x2637	7	&	0x4969	i	I	0x4B6B	k	K	0x3C2C	,	<
0x2A38	8	*	0x4F6F	o	O	0x4C6C	l	L	0x3E2E	.	>
0x2839	9	(	0x5070	p	P	0x3A3B	;	:	0x3F2F	/	?
0x2930	0	)	0x7B5B	[	{	0x2227	‘	“	0x2020	SP	SP
0x5F2D	-	_	0x7D5D	]	}	0x0D0D	Enter	Enter			
0x2B30	=	+	0x7C5C	\	|						

键码	定义	说明
0x00F0	Cancel	取消录入返回，不影响变量数据
0x00F1	Return	确认录入返回，录入文本保存到指定的变量位置
0x00F2	Backspace	向前（退格）删除一个字符
0x00F3	Delete	向后删除一个字符
0x00F4	CapsLock	大写锁定。如果启用，对应按钮必须定义按钮按下的效果，即必须有按压效果页面
0x00F7	Left	光标前移一个字符；GBK 汉字录入中用于翻页
0x00F8	Right	光标后移一个字符；GBK 汉字录入中用于翻页
0x00F9 0x00FA	Pictur_KB_Change	键盘背景不在当前页面时，用于顺序切换不同的键盘背景： 0x00F9：2 个背景页面，分别是 Pic_KB 和 Pic_KB+1； 0x00FA：3 个背景页面，分别是 Pic_KB、Pic_KB+1、Pic_KB+2

使用键盘（0x4F 寄存器保存的键码）做文本录入时，如果使用 CapsLock 键，请把按钮的动画区域定义在需要提示“CapsLock”的区域；这样定义后，点击 CapsLock 键时，屏幕的相应位置会自动显示“CapsLock”的区域图标提示。

ASCII 文本录入配置内容如表 2-2-7 所示。

表 2-2-7　ASCII 文本录入配置内容存储格式

地址	定义	数据长度（字节）	说明
0x00	Pic_ID	2	页面 ID
0x02	TP_Area	8	触控按钮区域：（Xs,Ys），（Xe,Ye）
0x0A	Pic_Next	2	目标切换页面，0xFF**表示没有按钮按压效果
0x0C	Pic_On	2	按钮按压效果图所在页面，0xFF**表示没有按压效果
0x0E	TP_Code	2	0xFE06
0x10	0xFE	1	0xFE
0x11	*VP	2	变量地址指针
0x13	VP_Len_Max	1	文本变量最大长度，单位为字，范围为 0x01～0x7B； 文本保存到指定地址时，将自动在文本结束处加上 0xFFFF 作为结束符； 录入的文本变量实际可能占用的最大变量空间=VP_Len_Max+1
0x14	Scan_Mode	1	录入模式控制：0x00=重新录入，0x01=打开原来的文本再修改
0x15	Lib_ID	1	显示所要使用的 ASCII 字库位置，0x00=默认字库
0x16	Font_Hor	1	字体大小，X 方向的点阵数目
0x17	Font_Ver	1	字体大小，Y 方向的点阵数目（Lib_ID =0x00 时，Y 方向点阵数必须为 X 方向点阵数的 2 倍）
0x18	Cusor_Color	1	光标颜色，0x00=黑色，其他=白色
0x19	Color	2	文本显示颜色
0x1B	Scan_Area_Start	4	录入文本显示区域左上角坐标（Xs,Ys）
0x1F	Scan_Return_Mode	1	0x55：在*(VP-1)位置保存录入结束标记和有效数据长度： *(VP-1)高字节，录入结束标记：0x5A 表示录入结束，录入或空闲过程为 0x00。 *(VP-1)低字节，有效录入数据长度，字节单位。 0x00：不返回录入结束标记和长度
0x20	0xFE	1	0xFE
0x21	Scan_Area_End	4	录入文本区域右下角坐标（Xe,Ye）
0x25	KB_Source	1	键盘页面位置选择：0x00=键盘在当前页面；其他=键盘不在当前页面
0x26	Pic_KB	2	键盘所在页面（当键盘不在当前页面时有效）
0x28	Area_KB	8	键盘所在页面的键盘区域坐标：左上角（Xs,Ys），右下角（Xe,Ye）
0x30	0xFE	1	0xFE
0x31	Area_KB_Position	4	当键盘不在当前页面时，键盘显示位置的左上角坐标
0x35	Display_EN	1	0x00=输入过程正常显示； 0x01=输入过程显示为“*”，用于密码输入
0x36	Layer_Gama	1	弹出键盘时，背景透明度设置，范围为 0x00～0xFF，0x00 表示弹出菜单完全覆盖背景
0x37	NULL	9	写 0x00

在 DGUS 软件中，选择触控控件→文本录入，之后框选显示区域并完成该功能的配置，如图 2-2-6 所示。

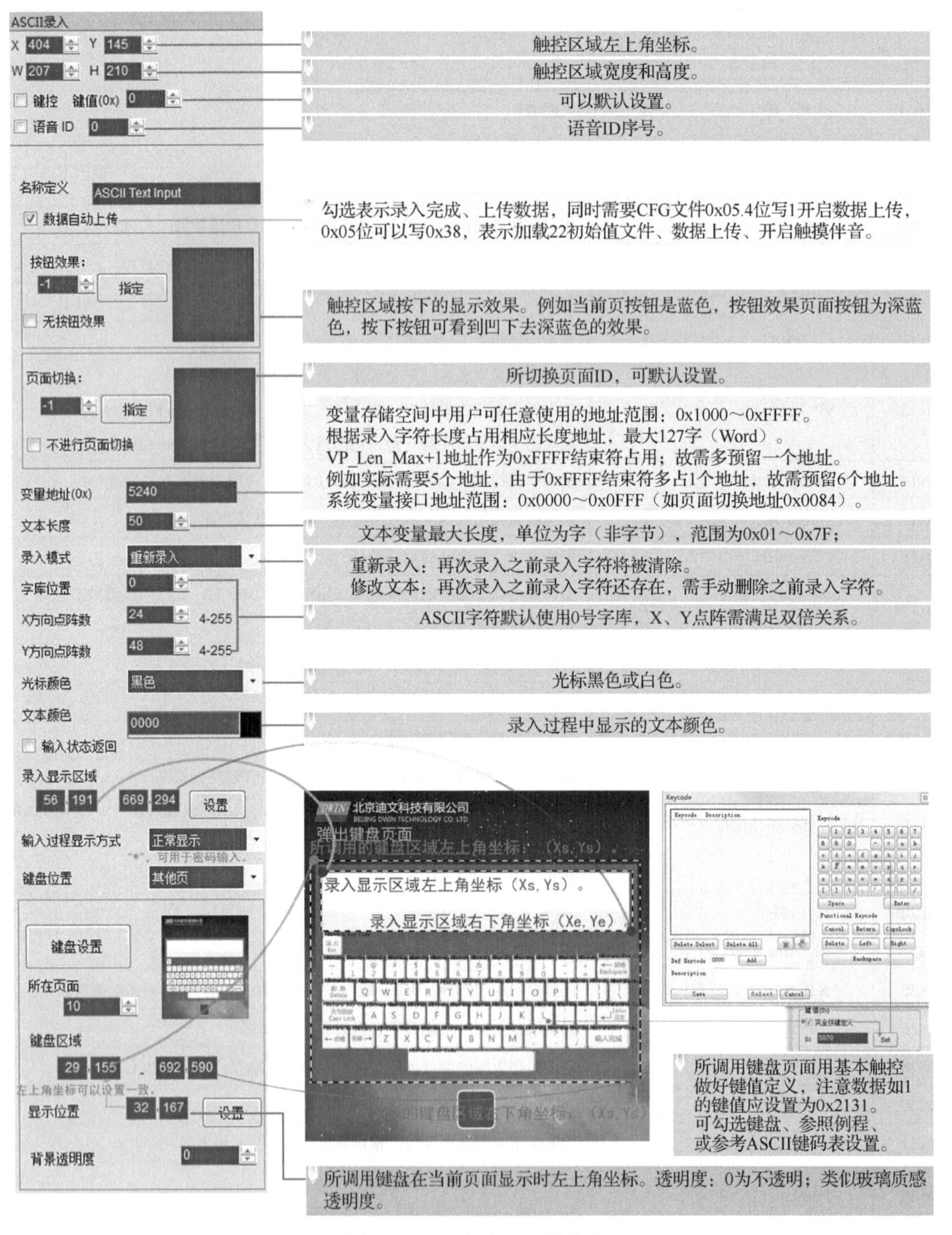

图 2-2-6　文本录入配置说明

GBK 汉字录入配置内容存储格式如表 2-2-8 所示。

表 2-2-8　GBK 汉字录入配置内容存储格式

地址	定义	数据长度（字节）	说明
0x00	Pic_ID	2	页面 ID
0x02	TP_Area	8	触控按钮区域：（Xs,Ys），（Xe,Ye）
0x0A	Pix_Next	2	目标切换页面，0xFF**表示不进行页面切换
0x0C	Pic_On	2	按钮按压效果图所处的页面，0xFF**表示没有按钮按压效果
0x0E	TP_Code	2	0xFE06（即文本录入的触控键码）
0x10	0xFE	1	0xFE
0x11	*VP	2	变量地址指针
0x13	VP_Len_Max	1	文本变量最大长度，单位为字，0x01～0x7B； 文本保存到指针地址时，将自动在文本结束处加上 0xFFFF 作为结束符； 录入的文本变量实际可能占用的最大变量空间为：VP_Len_Max+1
0x14	Scan_Mode	1	录入模式控制：0x00 =重新录入；0x01=打开已有文本再修改
0x15	Lib_GBK1	1	汉字字符显示使用的 GBK 字库 ID，ASCII 字符默认使用 0x00 字库
0x16	Lib_GBK2	1	录入过程中汉字字符显示所使用的 GBK 字库 ID
0x17	Font_Scale1	1	Lib_GBK1 字体大小，点阵数目
0x18	Font_Scale2	1	Lib_GBK2 字体大小，点阵数目
0x19	Cusor_Color	1	光标颜色，0x00 =黑色，其他=白色
0x1A	Color0	2	录入文本的显示颜色
0x1C	Color1	2	录入过程中文本的显示颜色
0x1E	PY_Disp_Mode	1	录入过程中，拼音提示和对应汉字的显示方式： * 0x00=拼音提示显示在上边，对应的汉字显示另起一行显示在下面； 拼音提示和汉字显示左对齐，行间距为 Scan_Dis。 * 0x01=拼音提示显示在左边，对应的汉字显示在右边； 汉字提示起始显示位置为：Scan1_Area_Start+3×Font_Scale2+Scan_Dis
0x1F	Scan_Return_Mode	1	0xAA=在*(VP-1)位置保存输入结束标记和有效数据长度。 *(VP-1)高字节，输入结束标记：0x5A 表示输入结束，0x00 表示还在输入中。 *(VP-1)低字节，有效输入数据长度，单位为字节。 0xFF=不返回输入结束标记和数据长度
0x20	0xFE	1	0xFE
0x21	Scan0_Area_Start	4	录入文本显示区域左上角坐标（Xs,Ys）
0x25	Scan0_Area_End	4	录入文本显示区域右下角坐标（Xe,Ye）
0x29	Scan1_Area_Start	4	录入过程中拼音提示文本显示区域的左上角坐标
0x2D	Scan_Dis	1	录入过程中，每个汉字显示的间距。每行最多显示 8 个汉字
0x2E	0x00	1	0x00
0x2F	KB_Source	1	键盘页面位置选择：0x00=键盘在当前页面；其他=键盘不在当前页面
0x30	0xFE	1	0xFE
0x31	Pic_KB	2	以下数据，仅当 KB_Source 不为 0x00 时有效。 键盘所在页面 ID
0x33	Area_KB	8	键盘所在页面的键盘区域坐标：左上角（Xs,Ys）；右下角（Xe,Ye）
0x3B	Area_KB_Position	4	键盘区域粘贴在当前页面显示的位置，左上角坐标
0x3F	Scan_Mode	1	0x02=拼音输入法

【注】

➢ 拼音"bd"对应所有 GBK 编码的全角标点符号录入；

➢ 迪文预装的 0#字库包含了 4×8～64×128 点阵的所有 ASCII 码字符。

在 DGUS 软件中，选择触控控件→汉字录入，之后框选显示区域并完成该功能的配置，如图 2-2-7 所示。

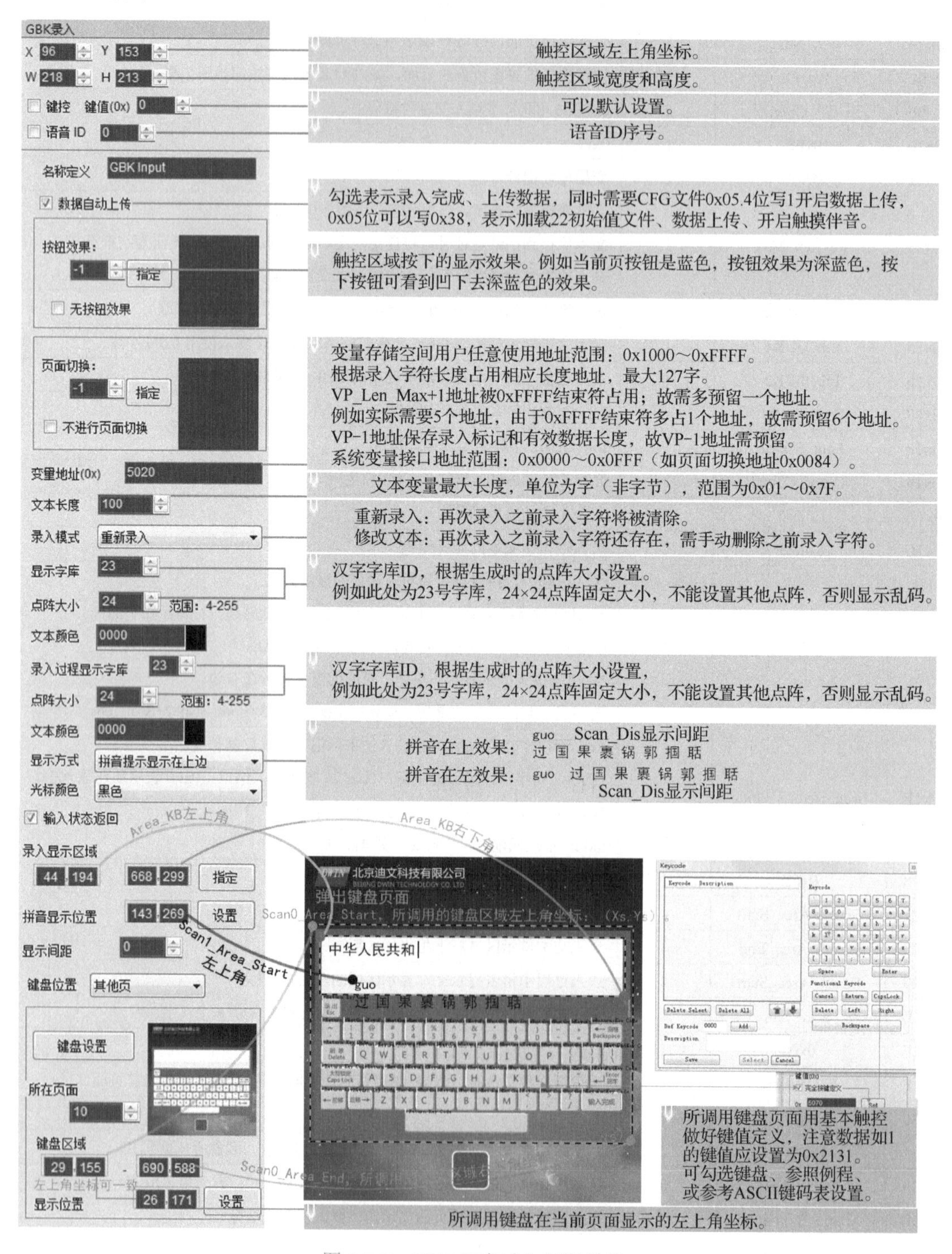

图 2-2-7 GBK 汉字录入配置说明

2.2.7　触摸屏按压状态数据返回（0x08）

触摸屏按压状态数据返回功能通过点击触摸屏，按照规定返回数据到变量。不支持返回到串口模式，但可以通过配置触控数据自动上传来实现。凡是系统变量接口的功能都可以通过触摸屏按压状态数据返回灵活实现触摸屏操作，如数据保存、读取等，如表 2-2-9 所示。

表 2-2-9　触摸屏按压状态数据返回配置内容存储格式

地址	定义	数据长度（字节）	说明
0x00	Pic_ID	2	页面 ID
0x02	TP_Area	8	触控按钮区域：（Xs,Ys），（Xe,Ye）
0x0A	Pic_Next	2	目标切换页面，0xFF**表示不进行页面切换
0x0C	Pic_On	2	按钮按压效果图所处的页面，0xFF**表示没有按钮按压效果
0x0E	TP_Code	2	0xFE08
0x10	0xFE	1	0xFE
0x11	TP_On_Mode	1	触摸屏第一次按压下去时，数据返回模式： 0x00=不返回数据 0x01=读取*VP2S 指向的 LEN2 长度数据，按 DGUS 串口协议格式发送到串口 2
0x12	VP1S	2	触摸屏第一次按压时，读取数据的地址
0x14	VP1T	2	触摸屏第一次按压时，写入数据的地址
0x16	0x00	1	0x00
0x17	LEN1	1	返回数据长度，单位为字节。TP_On_Mode=0x01 时，LEN1 必须为偶数
0x18	0xFE	1	0xFE
0x19	TP_On_Continue_Mode	1	触摸屏第一次按压后，持续按压时，数据返回模式： 0x00=不返回数据 0x01=读取*VP2S 指向的 LEN2 长度数据，按 DGUS 串口协议格式发送到串口 2
0x1A	VP2S	2	触摸屏持续按压时，读取数据的地址
0x1C	VP2T	2	触摸屏持续按压时，写入数据的地址
0x1E	0x00	1	0x00
0x1F	LEN2	1	返回数据长度，单位为字节。TP_On_Continue_Mode=0x01 时，LEN2 必须为偶数
0x20	0xFE	1	0xFE
0x21	TP_OFF_Mode	1	触摸屏松开时，数据返回模式： 0x00=不返回数据 0x01=读取*VP2S 指向的 LEN2 长度数据，按 DGUS 串口协议格式发送到串口 2
0x22	VP3S	2	触摸屏松开时，读取数据的地址
0x24	VP3T	2	触摸屏松开时，写入数据的地址
0x26	0x00	1	0x00
0x27	LEN3	1	返回数据长度，单位为字节。TP_OFF_Mode=0x01 时，LEN3 必须为偶数
0x28	0x00	8	保留，写 0x00

在 DGUS 软件中，选择触控控件→数据返回，之后框选显示区域并完成该功能的配置，如图 2-2-8 所示。

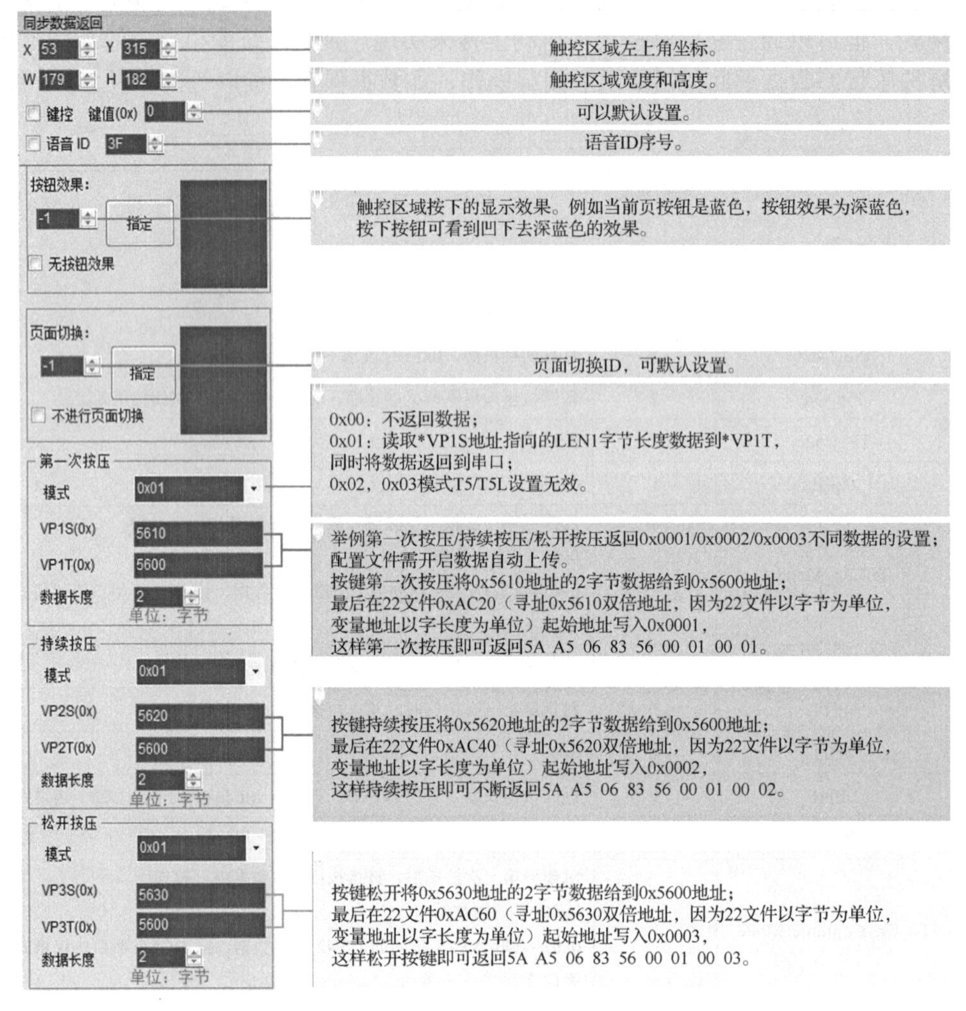

图 2-2-8　数据返回配置说明

2.2.8　转动调节（0x09）

转动调节功能通过转动旋钮来实现变量数据录入，可实现圆弧类别的拖动调节，如表 2-2-10 所示。

表 2-2-10　转动调节配置内容存储格式

地址	定义	数据长度（字节）	说明
0x00	Pic_ID	2	页面 ID
0x02	TP_Area	8	触控按钮区域：（Xs,Ys）（Xe,Ye），为调节圆域的外框区域
0x0A	Pic_Next	2	目标切换页面，必须为 0xFF**，表示不进行页面切换
0x0C	Pic_On	2	按钮按压效果图所处页面，必须为 0xFF**，表示没有按钮按压效果
0x0E	TP_Code	2	0xFE09

续表

地址	定义	数据长度（字节）	说明
0x10	0xFE	1	0xFE
0x11	*VP	2	变量地址指针
0x13	Data_Format	1	调节数据格式： 0x00 =调节 VP 字地址（整型数）； 0x01=调节 VP 字地址的高字节地址（1 字节无符号数，VP_H）； 0x02=调节 VP 字地址的低字节地址（1 字节无符号数，VP_L）
0x14	（X,Y）	4	调节区域圆心坐标
0x18	R0	2	调节区域内径
0x1A	R1	2	调节区域外径
0x1C	A0	2	调节区域起始角度，0～719，单位为 0.5°
0x1E	V_Begin	2	起始角度对应的返回值，整数
0x20	0xFE	1	0xFE
0x21	A1	2	调节区域终止角度，1～720，单位为 0.5°
0x23	V_End	2	终止角度对应的返回值，整数

【注】转动调节需配合“图标旋转指示”来实现，始终假定为“顺时针”转动。

在 DGUS 软件中，选择触控控件→转动调节，之后框选显示区域并完成该功能的配置，如图 2-2-9 所示。

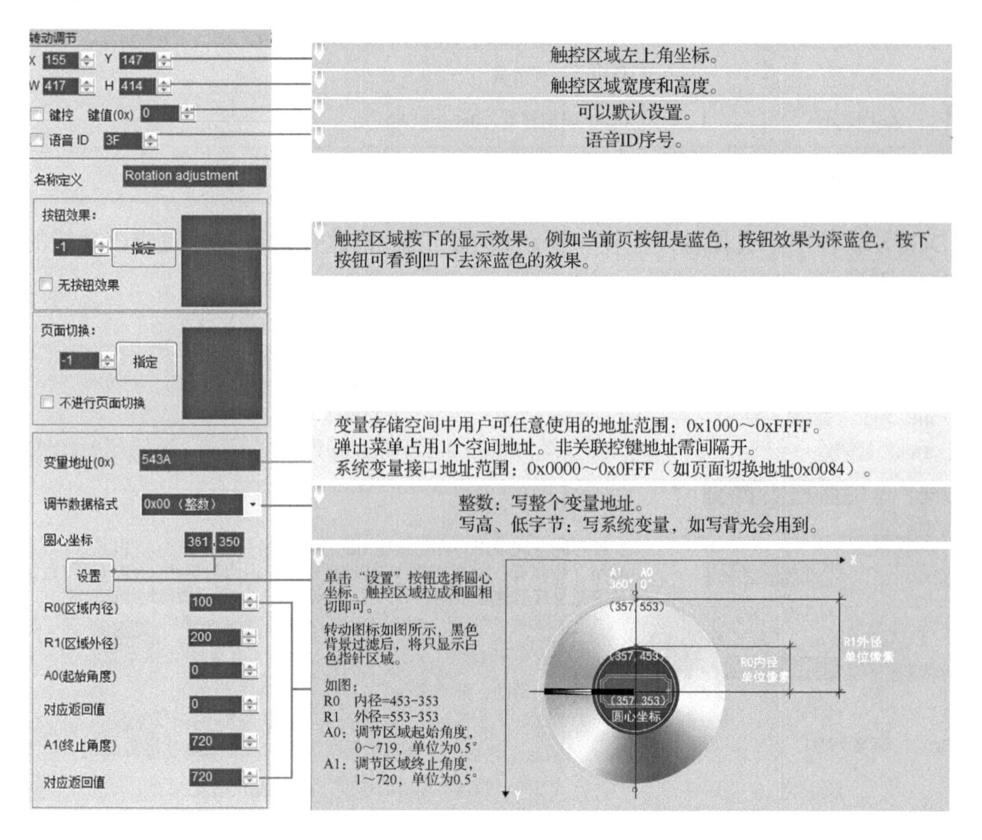

图 2-2-9 转动调节配置说明

2.2.9 滑动（手势）调节（0x0A）

滑动（手势）调节指沿指定区域 X 轴方向或 Y 轴方向滑动触摸屏，实时返回相对调节值。配合数据窗口指示显示变量，可以实现动态滚字调节。VP 保留，返回数据在（VP+1）位置，如表 2-2-11 所示。

表 2-2-11 滑动调节配置内容存储格式

地址	定义	数据长度（字节）	说明
0x00	Pic_ID	2	页面 ID
0x02	TP_Area	8	触控按钮区域：（Xs,Ys），（Xe,Ye）
0x0A	Pic_Next	2	目标切换页面，0xFF**表示不进行页面切换。必须为 0xFF**
0x0C	Pic_On	2	按钮按压效果图所处页面，0xFF**表示没有按钮按压效果。必须为 0xFF**
0x0E	TP_Code	2	0xFE0A
0x10	0xFE	1	0xFE
0x11	*VP	2	变量地址指针，回传调节数据。 *VP 保留： *VP+1 返回数据： 高字节：调节方向，0x00 增加，0xFF 减小； 低字节：调节量
0x13	Adj_Mode	1	0x00=横向滑动；0x01=纵向滑动
0x14	Step_Dis	1	调节步长对应的点阵数，0x01～0xFF

在 DGUS 软件中，选择触控控件→滑动调节，之后框选显示区域并完成该功能的配置，如图 2-2-10 所示。

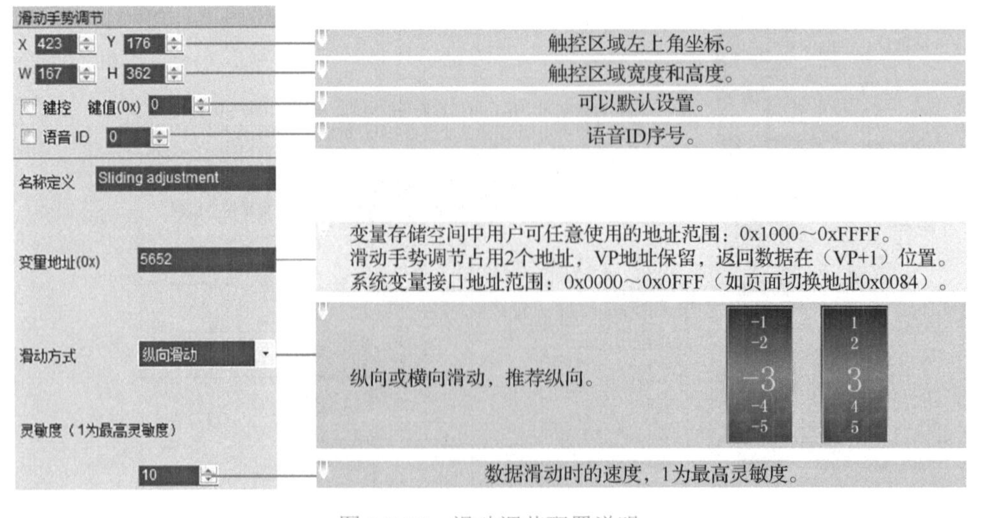

图 2-2-10 滑动调节配置说明

2.2.10　滑动（手势）翻页（0x0B）

滑动翻页指沿指定区域 X 轴方向滑动触摸屏，实现页面动态拽动。可以设置页面切换的目标区域，当前页面的变量显示会跟随拽动。如果滑动页面上同时有其他触控按钮，并需要整页（包括拖曳触控按钮）都能手势翻页时，必须把滑动手势翻页的触控优先级设置为最高。支持手势结束后动画动作，如表 2-2-12 所示。

表 2-2-12　滑动翻页配置内容存储格式

地址	定义	数据长度（字节）	说明
0x00	Pic_ID	2	页面 ID
0x02	TP_Area	8	触控按钮区域：（Xs,Ys），（Xe,Ye）。 仅用于触发，滑动中将不再有区域限制
0x0A	Pic_Next	2	目标切换页面，0xFF**表示不进行页面切换。必须为 0xFF**
0x0C	Pic_On	2	按钮按压效果图所处页面，0xFF**表示没有按钮按压效果。必须为 0xFF**
0x0E	TP_Code	2	0xFE0B
0x10	0xFE	1	0xFE
0x11	Pic_Front	2	前一页，0xFF**表示无前一页
0x13	Pic_Next	2	后一页，0xFF**表示无后一页
0x15	Pic_Area	4	（Ys,Ye）定义了页面拖曳的 Y 轴方向有效区域
0x19	Push_Speed_Set	1	识别为翻页手势的条件，触摸屏按压的最长时间，0x01～0xFF，单位为 40ms
0x1A	Push_Dis_Set	2	识别为翻页手势的条件，触摸屏 X 轴方向移动的最小点阵数
0x1C	FB_En	1	0x00=翻页不上传值； 其他=如果开启了变量自动上传功能，翻页自动上传新页面 ID
0x1D	End_Carton_Speed	1	0x00=滑动结束无动画； 其他=滑动结束的动画速度，单位为像素点/DGUS 周期。 推荐值为横向分辨率的 1/20

在 DGUS 软件中，选择触控控件→滑动翻页，之后框选显示区域并完成该功能的配置，如图 2-2-11 所示。

2.2.11　滑动图标选择（0x0C）

滑动图标选择配合图标页面平移（JPEG 图标平移显示）实现图标页面滑动选择，其配置内容如表 2-2-13 所示。

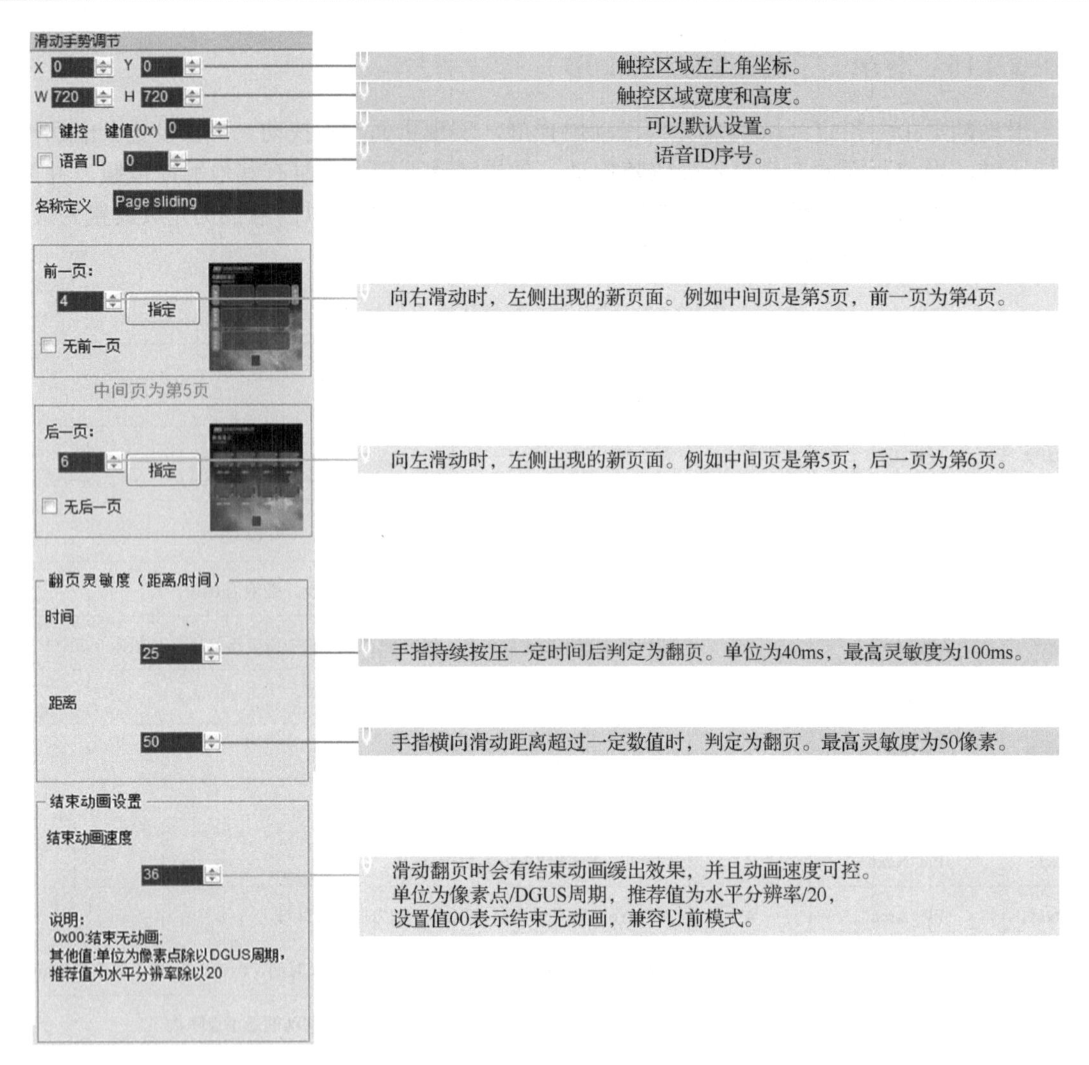

图 2-2-11　滑动翻页配置说明

表 2-2-13　滑动图标选择配置内容存储格式

地址	定义	数据长度（字节）	说明
0x00	Pic_ID	2	页面 ID
0x02	TP_Area	8	触控按钮区域：（Xs,Ys），（Xe,Ye）。 仅用于触发，滑动中将不再有区域限制。 必须和 0x07 显示变量的图标显示区域保持一致
0x0A	Pic_Next	2	未定义，写 0xFFFF
0x0C	Pic_On	2	未定义，写 0xFFFF
0x0E	TP_Code	2	0xFE0C
0x10	0xFE	1	0xFE
0x11	*VP	2	对应 0x07（14 显示配置文件）显示变量的地址指针
0x13	Adj_Mode	1	0x00=横向滑动，0x01=纵向滑动

续表

地址	定义	数据长度（字节）	说明
0x14	TP_Page_ID _ICON	2	图标页面的触控页面 ID，用于点击页面上单独图标时解析触控事件。0x0000 表示没有定义
0x16	Speed_Slide	1	滑动速度，0x00～0x1F，0x00 速度最慢
0x17	保留	9	写 0x00

在 DGUS 软件中，选择触控控件→滑动图标选择，之后框选显示区域并完成该功能的配置，如图 2-2-12 所示。

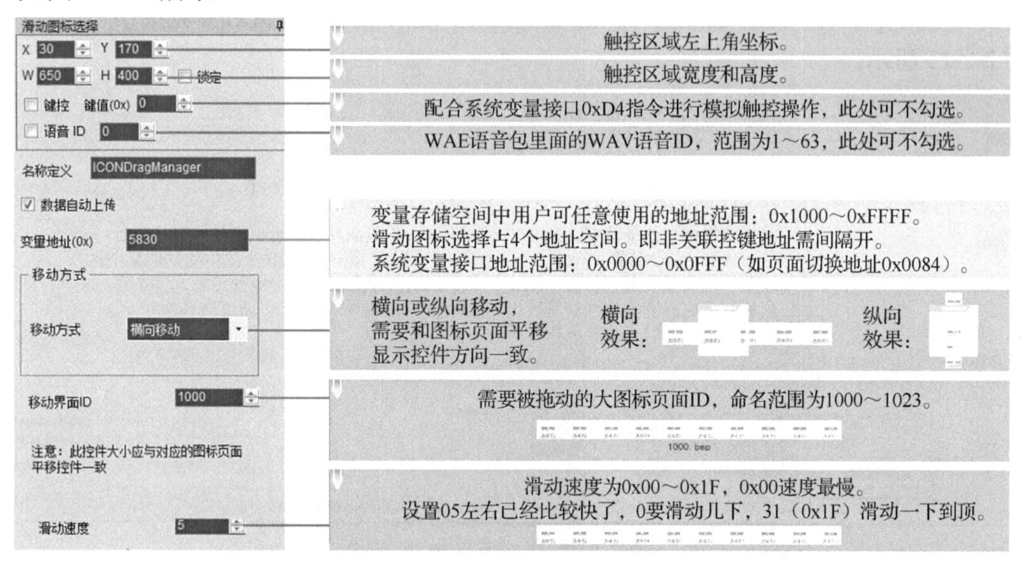

图 2-2-12　滑动图标选择配置说明

2.2.12　位变量按钮（0x0D）

位变量按钮指通过点击按钮，对指定变量指定位进行调节，其配置内容如表 2-2-14 所示。

表 2-2-14　位变量按钮配置内容存储格式

地址	定义	数据长度（字节）	说明
0x00	Pic_ID	2	页面 ID
0x02	TP_Area	8	触控按钮区域：（Xs,Ys），（Xe,Ye）
0x0A	Pic_Next	2	目标切换页面，0xFF**表示不进行页面切换。必须为 0xFF**
0x0C	Pic_On	2	按钮按压效果图所处的页面，0xFF**表示没有按钮按压效果
0x0E	TP_Code	2	0xFE0D
0x10	0xFE	1	0xFE
0x11	*VP	2	变量地址指针
0x13	Bit_Pos	1	调节的位变量位置，0x00～0x0F

续表

地址	定义	数据长度（字节）	说明
0x14	Adj_Mode	1	调节方式： 0x00=返回 0； 0x01=返回 1； 0x02=取反； 0x03=按钮按下时为 1，按钮抬起时为 0
0x15	NULL	11	写 0x00

在 DGUS 软件中，选择触控控件→位变量按钮，之后框选显示区域并完成该功能的配置，如图 2-2-13 所示。

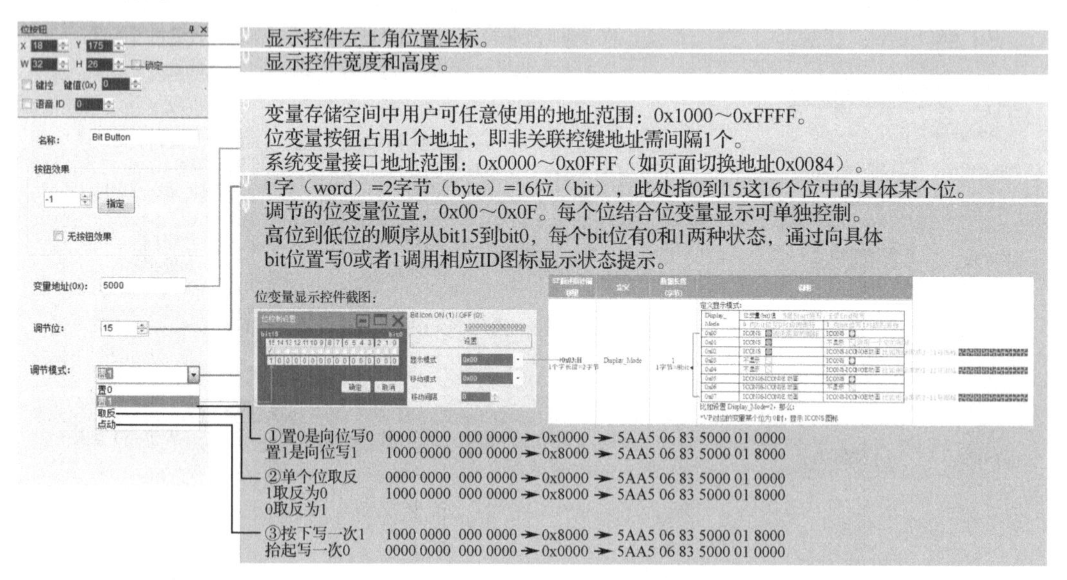

图 2-2-13　位变量按钮配置说明

2.3　其他功能

DGUS 软件可实现 DGUS 工程快速替换功能。用户有一套 1024×768 像素分辨率的完整工程，想直接下载到 800×480 像素分辨率的智能屏中使用，因为分辨率不一致，会出现显示不全、触摸错位的情况。可以通过 DGUS 软件自带的小工具（图片转换）将图片分辨率转为和屏幕分辨率一致，导入 13 触控配置文件、14 显示配置文件即可生成新的触控和显示配置文件，同步生成背景图片 icl 文件（一般命名为 32 背景图片.icl），一起下载到屏幕即可实现工程快速替换。

1. 准备需要替换的源工程

以 1024×768 像素分辨率的源工程为例，将其替换为 EKT043E 开发板所需的 800×480 像素分辨率。

源工程素材及工程文件如图 2-3-1 所示。

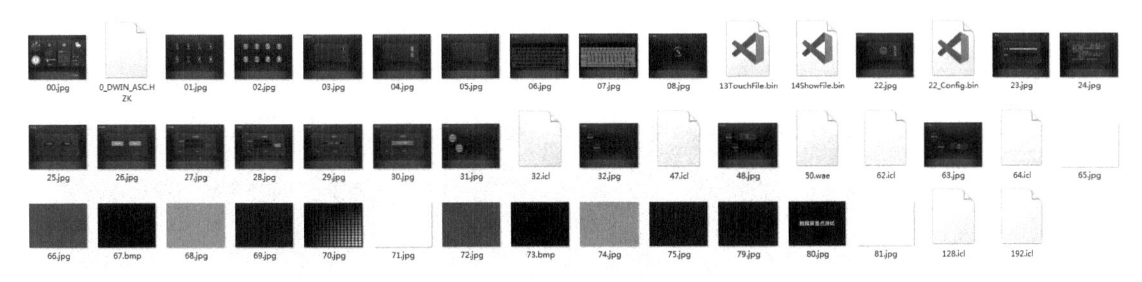

图 2-3-1　源工程素材及工程文件

2．图片转换

打开 DGUS 软件，选择 DGUS 配置工具中的“图片转换”功能，如图 2-3-2 所示。

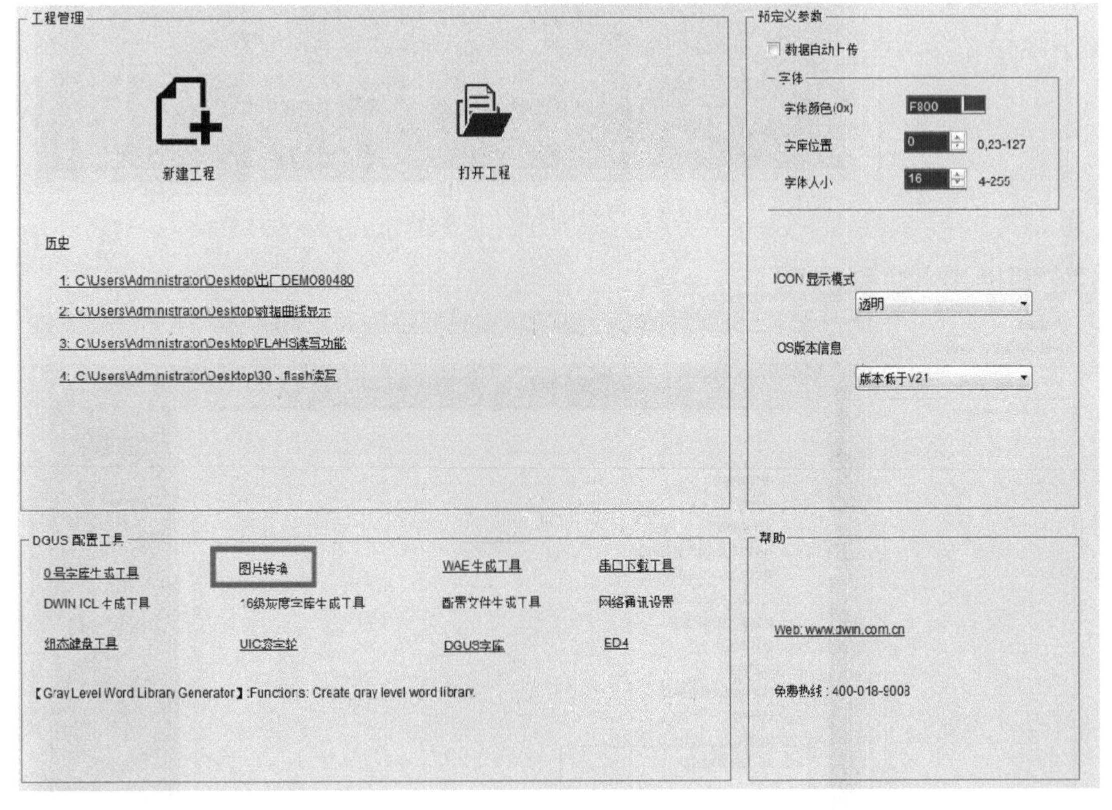

图 2-3-2　“图片转换”功能

选择需要转换的分辨率，“图片转换”工具界面如图 2-3-3 所示。

添加 1024×768 像素分辨率的源工程背景图片，选择存放背景图片的文件夹即可，如图 2-3-4 所示。需要注意的是，由于 1024×768 像素分辨率与 800×480 像素分辨率的像素比不同，图片转换后部分图片可能出现比例失衡现象。

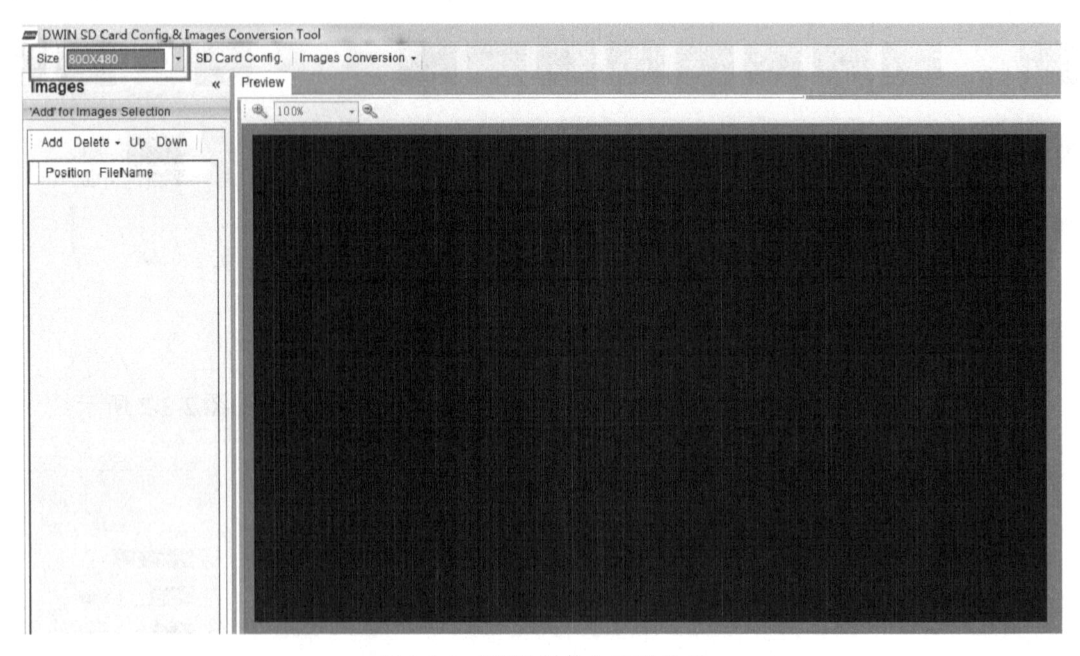

图 2-3-3 “图片转换”工具界面

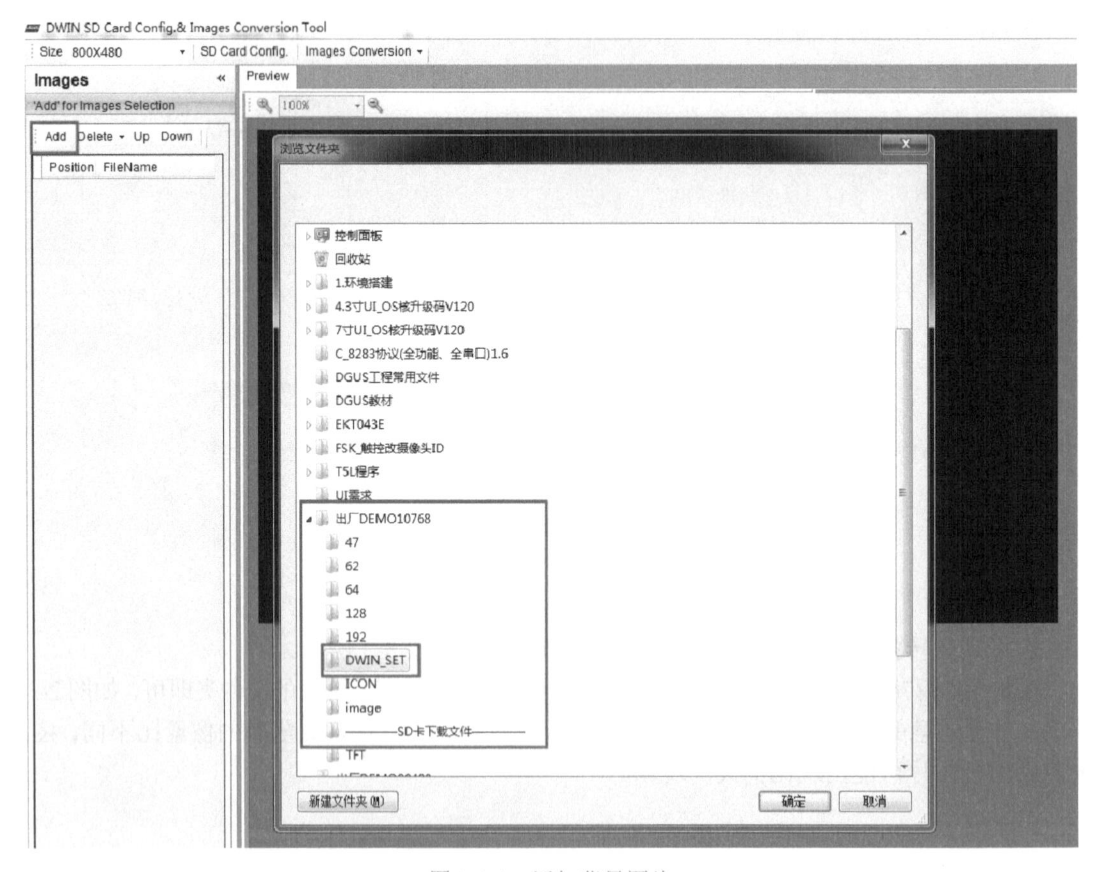

图 2-3-4 添加背景图片

背景图片添加完成，如图 2-3-5 所示。

图 2-3-5　背景图片添加完成

完成图片转换，保存至新文件夹。原图片素材已经命名，无须进行重命名操作。图片转换（Images Conversion）选项如图 2-3-6 所示。

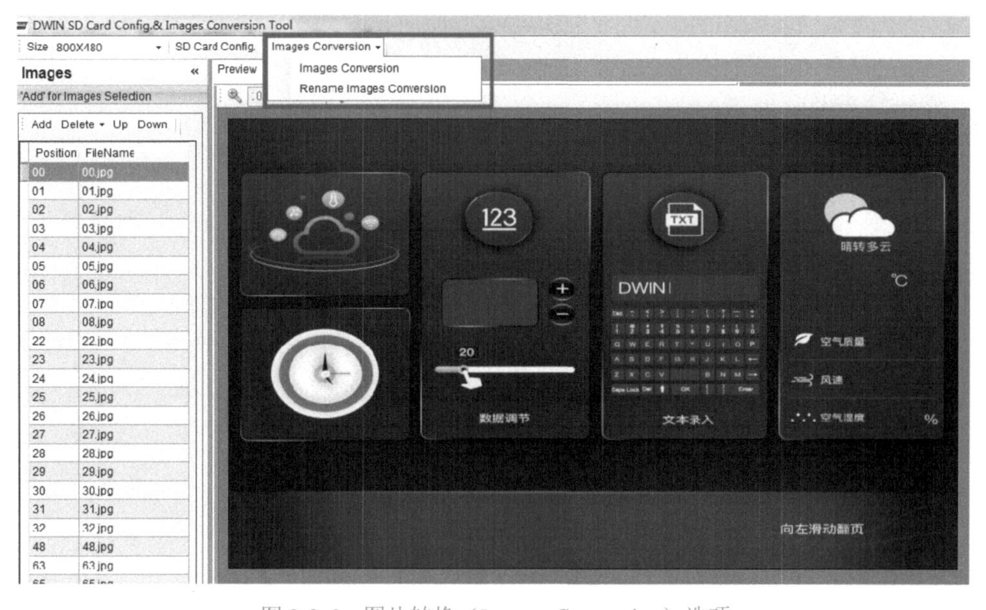

图 2-3-6　图片转换（Images Conversion）选项

存储路径如图 2-3-7 所示。

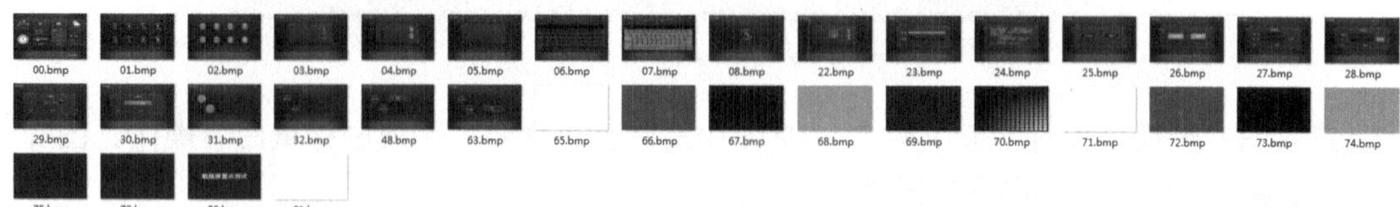

图 2-3-7　存储路径

3. 新工程生成

新建 800×480 像素分辨率的工程，如图 2-3-8 所示。

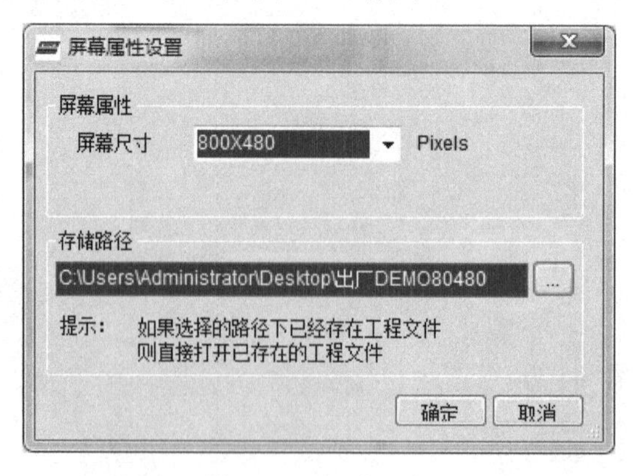

图 2-3-8　新建工程

添加转换后的新背景图片，如图 2-3-9 所示。

图 2-3-9　添加新背景图片

选择“文件”→“导入”功能，导入 1024×768 像素分辨率的源工程，将源工程中的触控、显示配置文件导入新工程中，如图 2-3-10 所示。

图 2-3-10　导入工程文件

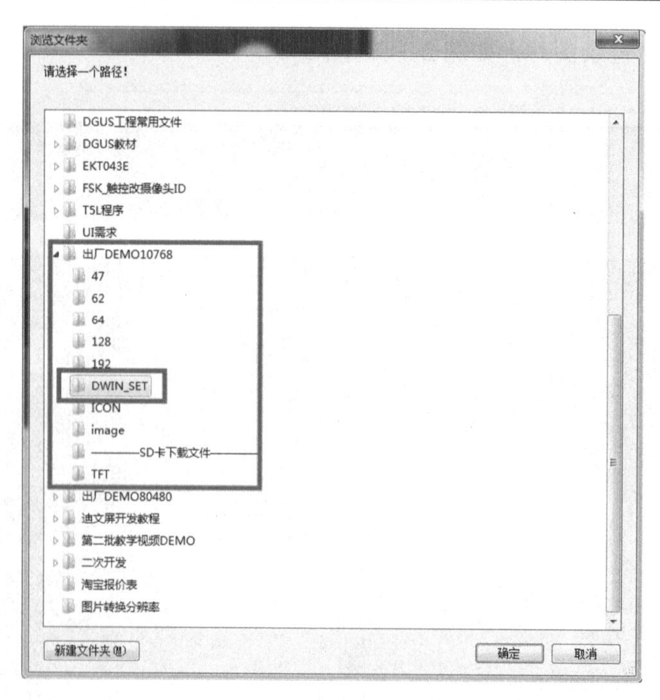

图 2-3-10　导入工程文件（续）

调整控件位置及尺寸，重新保存工程，生成工程文件。鉴于源工程文件分辨率较高，新工程文件中的控件位置及尺寸均需相应调整，而控件配置信息无须更改，如图 2-3-11 所示。

图 2-3-11　调整控件位置及尺寸

4．生成背景图片 icl 文件

由于背景图片分辨率发生改变，需要将转换后的背景图片重新生成 icl 文件。选择 DGUS 配置工具中的 DWIN ICL 生成工具，如图 2-3-12 所示。

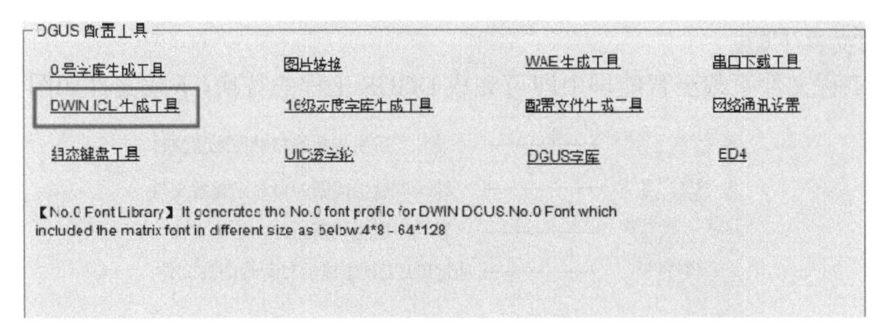

图 2-3-12　DWIN ICL 生成工具

添加背景图片，如图 2-3-13 所示。

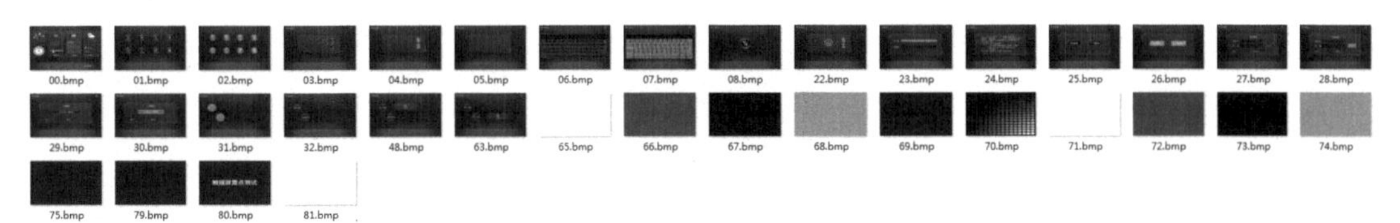

图 2-3-13　背景图片

生成 icl 文件，命名为 32 背景图片.icl，如图 2-3-14 所示。

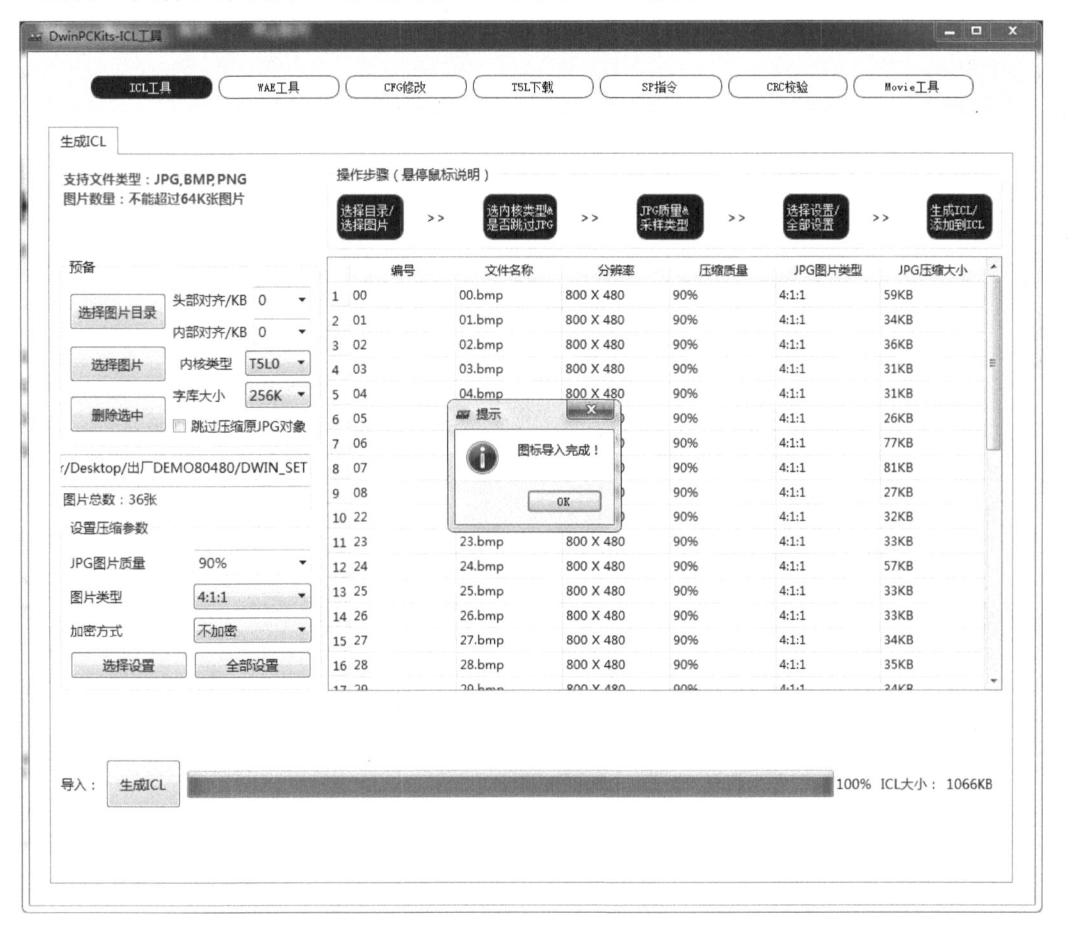

图 2-3-14　生成 icl 文件

5. 工程文件下载

将所有工程文件下载至智能屏中即可完成 DGUS 工程的替换，下载文件如图 2-3-15 所示。

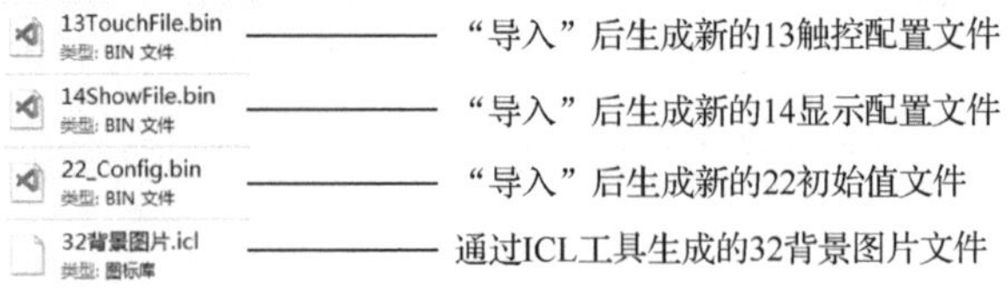

13TouchFile.bin 类型: BIN 文件 —— “导入”后生成新的13触控配置文件

14ShowFile.bin 类型: BIN 文件 —— “导入”后生成新的14显示配置文件

22_Config.bin 类型: BIN 文件 —— “导入”后生成新的22初始值文件

32背景图片.icl 类型: 图标库 —— 通过ICL工具生成的32背景图片文件

图 2-3-15　下载文件

第 3 章　基于 DGUS 智能屏的人机交互界面开发

3.1　开发入门

3.1.1　软件和驱动安装

1. 安装串口驱动

当 DGUS 智能屏无法通过串口与上位机通信时，可能是串口驱动未安装。迪文串口转接板 USB-to-UART 芯片有 CP2102 芯片和 XR21V1410 芯片两种，可根据芯片类型，到迪文科技官网下载或咨询 400 技术支持获取并安装相应串口驱动，如图 3-1-1 所示，以便实现 DGUS 智能屏的串口通信。

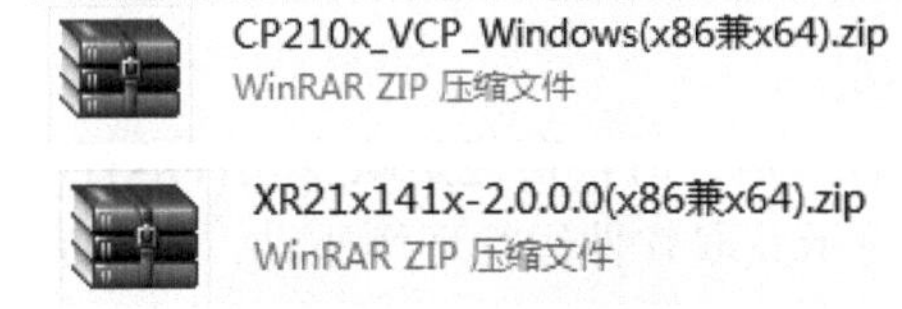

图 3-1-1　串口驱动

安装成功后，将 DGUS 智能屏与计算机连接，右击“计算机”图标，单击弹出菜单最下方的“属性”选项，打开“设备管理器”窗口，对应的驱动如图 3-1-2 所示。

2. 安装 DGUS 软件

在迪文开发者论坛或迪文科技官网下载 DGUS 软件安装包并根据提示安装。

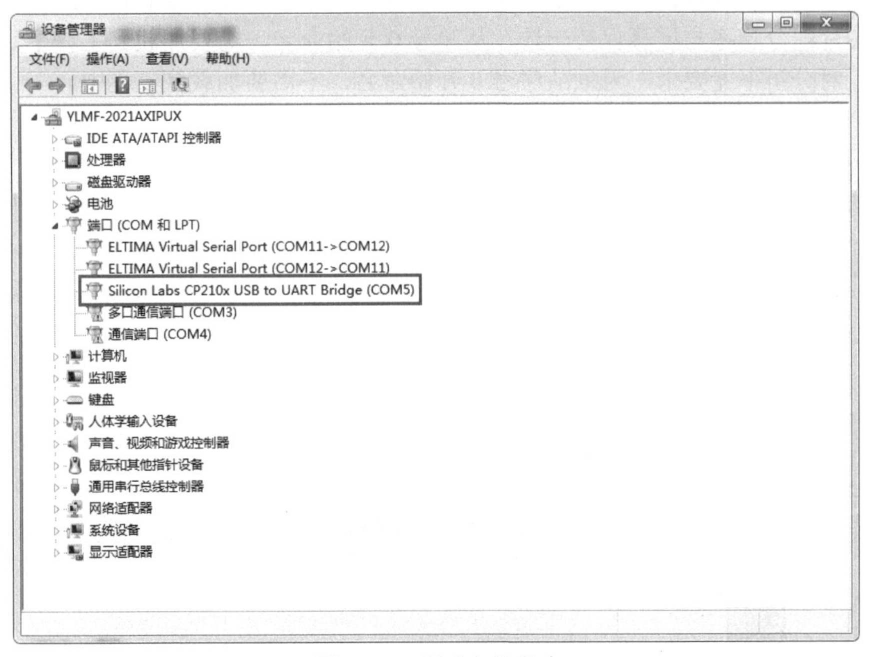

图 3-1-2　驱动安装成功

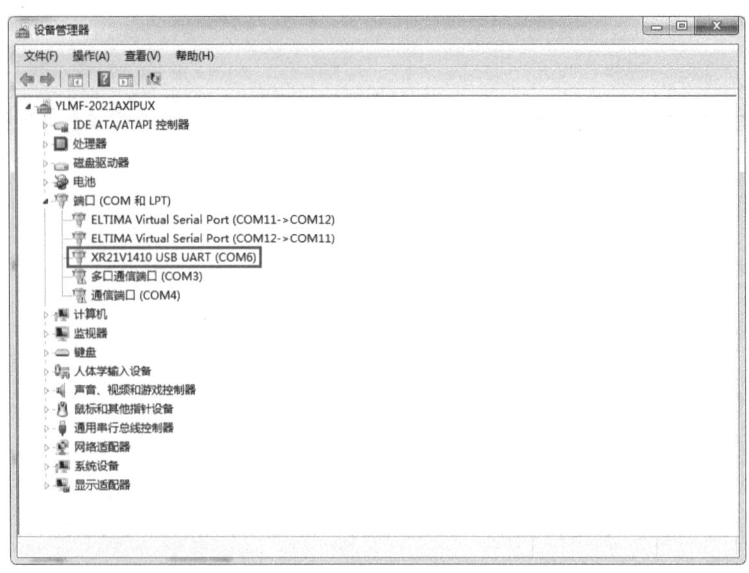

图 3-1-2　驱动安装成功（续）

3．安装软件运行环境驱动

当 DGUS 软件无法正常打开运行时，可能是缺少软件运行环境驱动。

驱动安装方法一：根据提示获取软件运行环境驱动，自动完成安装。

驱动安装方法二：在微软官网下载.NET Framework，手动完成安装。

3.1.2　新建工程

1．准备图片素材

图片素材主要分为背景图片和图标，二者可以叠加显示，均是 24 位色的 bmp、jpeg、png 等格式的图片，其命名都需要以数字开头，但又有一些区别，如图 3-1-3 所示。

背景图片：分辨率与屏幕保持一致，从序号 0 开始命名，需要加载到工程中。

图标：对分辨率无要求，无须从序号 0 开始命名，不需要加载到工程中。

图 3-1-3　图片素材

2. 打开 DGUS 软件

DGUS 软件界面如图 3-1-4 所示，可以新建工程或打开已有工程。

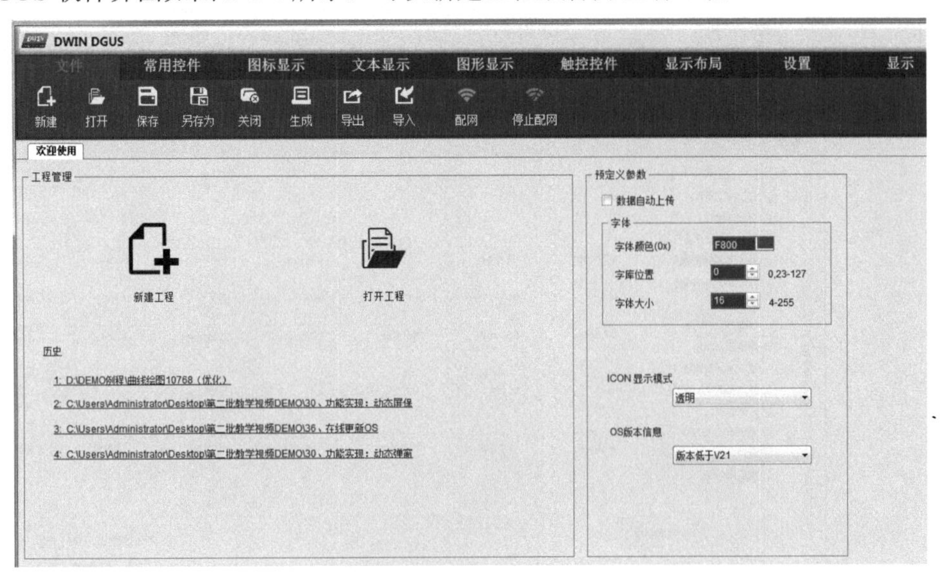

图 3-1-4　DGUS 软件界面

3. 新建工程

单击“新建工程”图标，弹出图 3-1-5 所示对话框。选择与屏幕一致的分辨率，也可以直接手动修改，存储路径不推荐使用默认路径，容易造成工程覆盖，建议新建一个工程文件夹。设置完毕后，单击“确定”按钮，新建工程。

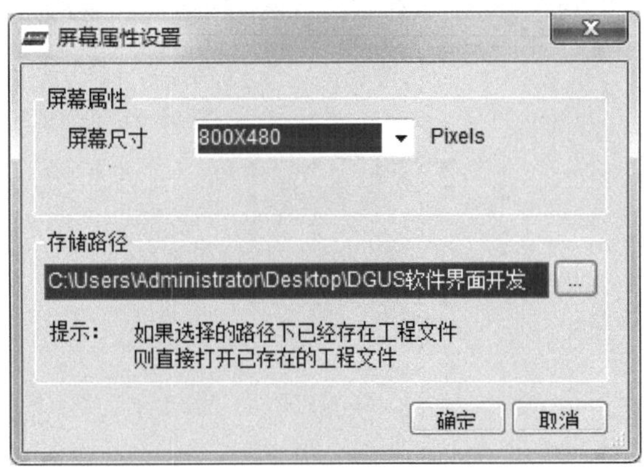

图 3-1-5　新建工程

4. 添加背景图片

单击⊕按钮添加背景图片，如图 3-1-6 所示，选择提前准备好的背景图片，单击“打开”按钮，即可将背景图片添加到工程中。

5. 组态功能

在这个工程中我们要实现的是动态屏保的效果，选择“图标显示”中的“图片动画”功能，在组态界面 00 页中画出任意大小的控件，如图 3-1-7 所示。

图 3-1-6 添加背景图片

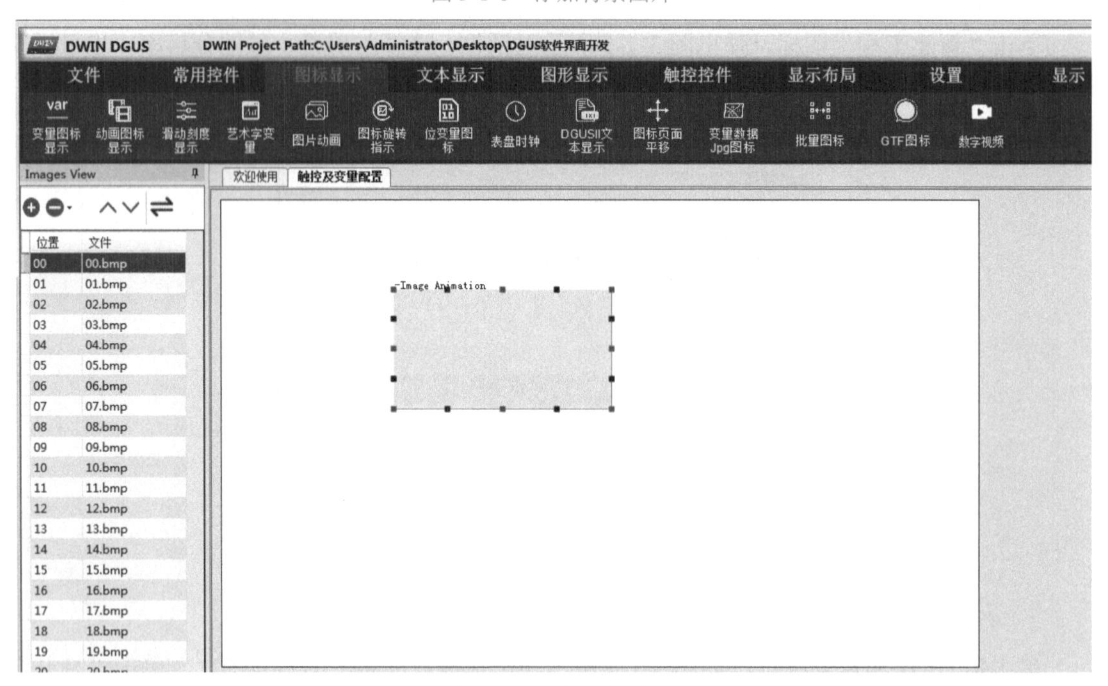

图 3-1-7 画出控件

界面右侧显示图片动画显示控件的参数设置，如图 3-1-8 所示，可以参考官方资料《T5L_DGUS II 应用开发指南》。

起始图片位置：图片动画开始页。

终止图片位置：图片动画结束页。

显示时间设置：单张图片显示的时间，单位为 8ms。

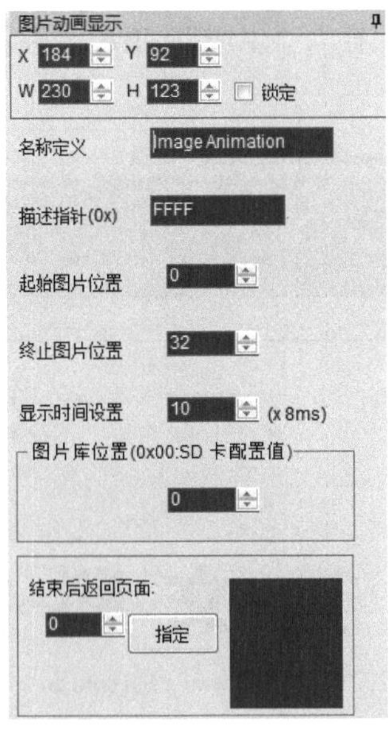

图 3-1-8　图片动画显示控件的参数设置

接着将 00 页的图片动画显示控件复制粘贴到 32 页，如图 3-1-9 所示，这样就可以实现图片动画循环播放的效果了。

图 3-1-9　将控件复制粘贴到 32 页

完成所有设置后，将工程“保存”、“生成”，工程会被保存在存储路径中并生成对应的工程文件，如图 3-1-10 所示。

（a）保存成功

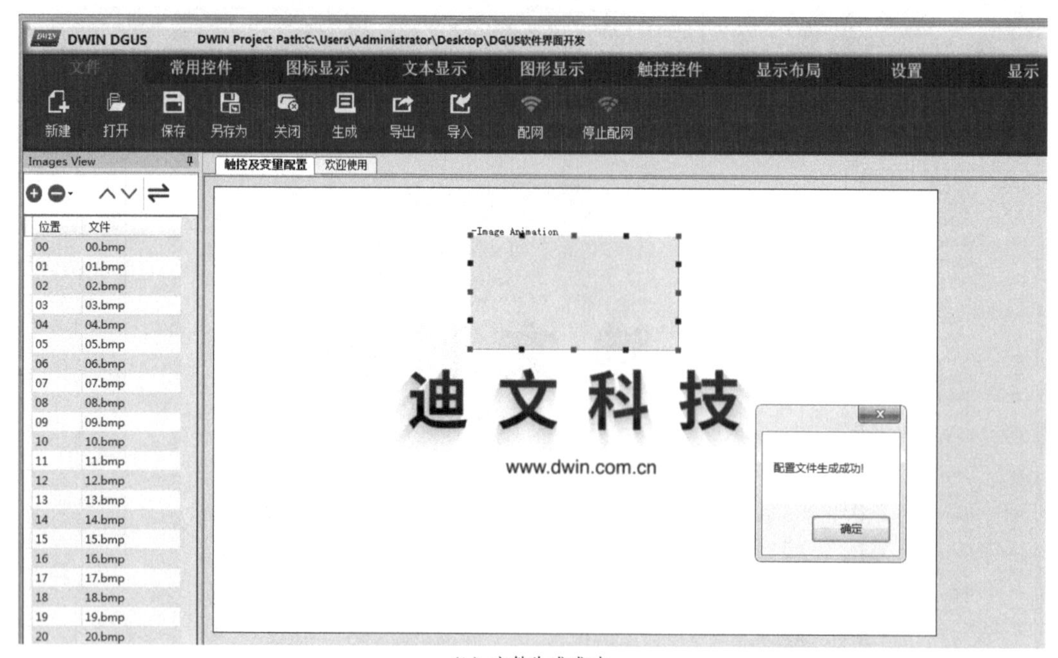

（b）文件生成成功

图 3-1-10　保存工程、生成文件

最后还需要通过 DGUS 配置工具中的 DWIN ICL 生成工具（如图 3-1-11 所示），将图片生成为 DGUS 智能屏能识别的 icl 文件。

打开 DWIN ICL 生成工具，单击“选择图片目录”或“选择图片”按钮，建议使用后者，可以针对性选择需要的图片，如图 3-1-12 所示。

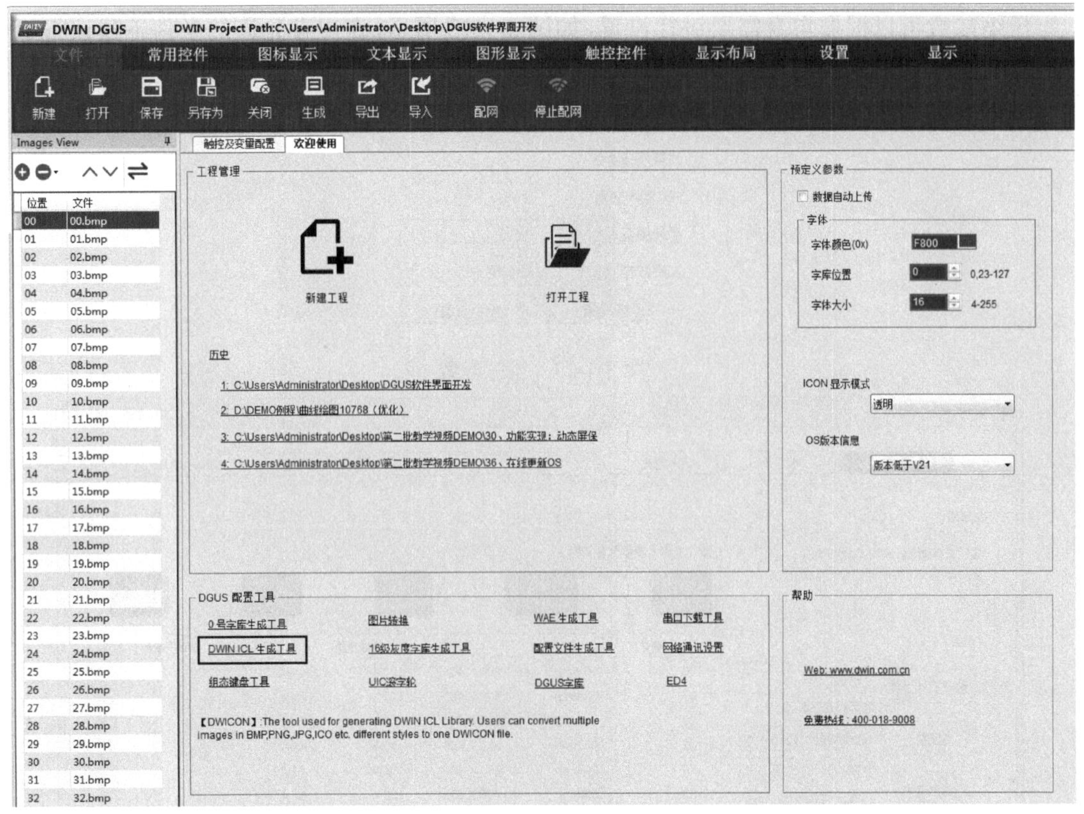

图 3-1-11　DWIN ICL 生成工具

图 3-1-12　选择图片

压缩参数可以根据自身需要进行设置，如图 3-1-13 所示，在内存允许的条件下建议将 JPG 图片质量调整至最高，图片类型选择 4:4:4，显示效果会更好，单击“全部设置”按钮后，图片压缩参数设置生效，如图 3-1-14 所示。

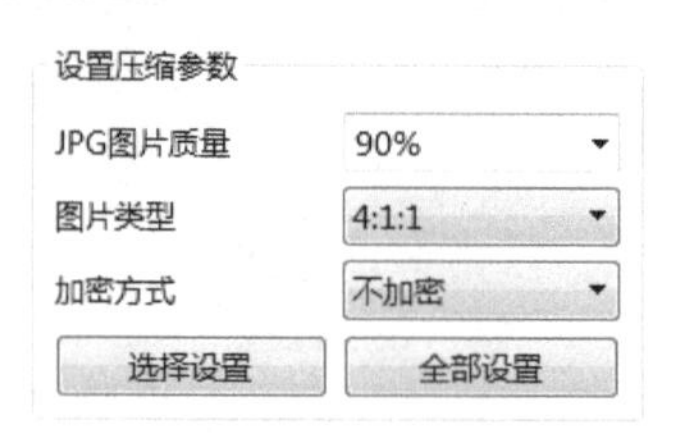

图 3-1-13　压缩参数

图 3-1-14　图片压缩参数设置生效

单击“生成 ICL”按钮，生成 icl 文件，存储路径选择工程存储的位置，保存在“DWIN_SET”文件夹中，命名为“32 背景图片”，如图 3-1-15 所示；若生成过程中出现报错信息，则需要修改内核类型或调整图片压缩参数，T5L0 和 T5L1 内核要求单张图片压缩后的大小不超过 248KB，T5L2 内核要求单张图片压缩后的大小不超过 760KB。

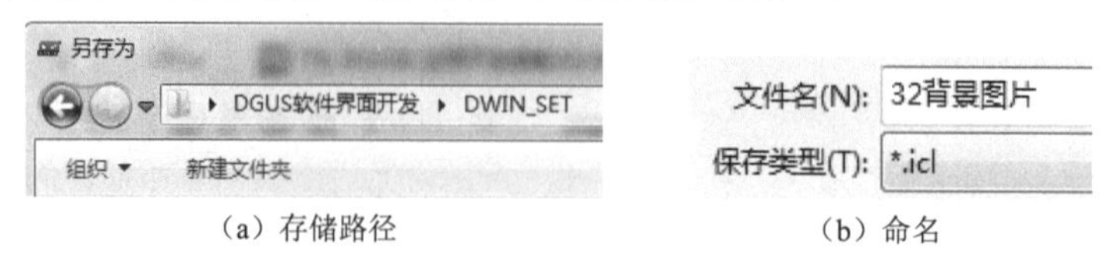

（a）存储路径　　　　（b）命名

图 3-1-15　icl 文件存储路径和命名

6．工程文件存储及命名规则

所有工程文件都存储在 DGUS 工程存储路径的“DWIN_SET”文件夹中，其中 13、14、22、32 号文件是需要下载到 DGUS 智能屏的工程文件，如图 3-1-16 所示，添加的背景图片已经生成 icl 文件，无须下载。13TouchFile.bin 文件是触摸功能文件，14ShowFile.bin 文件是显示功能文件，22_Config.bin 是初始值文件，在工程“保存”、“生成”时会自动存储在“DWIN_SET”文件夹中。

图 3-1-16　工程文件

一般情况下，出厂的标准 DGUS 智能屏只有 16MB Flash，官方对 16MB 存储空间进行了划分，16MB 一共被分割成 64 个固定 256KB 的子空间，可存储文件的 ID 命名范围为 0～63，其中部分文件命名是固定的，如 0 号字库文件、12 号输入法文件、13 号触控配置文件、14 号显示配置文件、22 号初始值文件等，背景图片 icl 文件命名出厂默认为 32 号，可通过 CFG 文件进行修改。

以“32 背景图片.icl”为例，它的大小为 1446KB，1446/256≈5.6，需要占据 6 个子空间，32～37 之间不能有其他文件命名，否则会冲突。存储空间划分规则如图 3-1-17 所示。

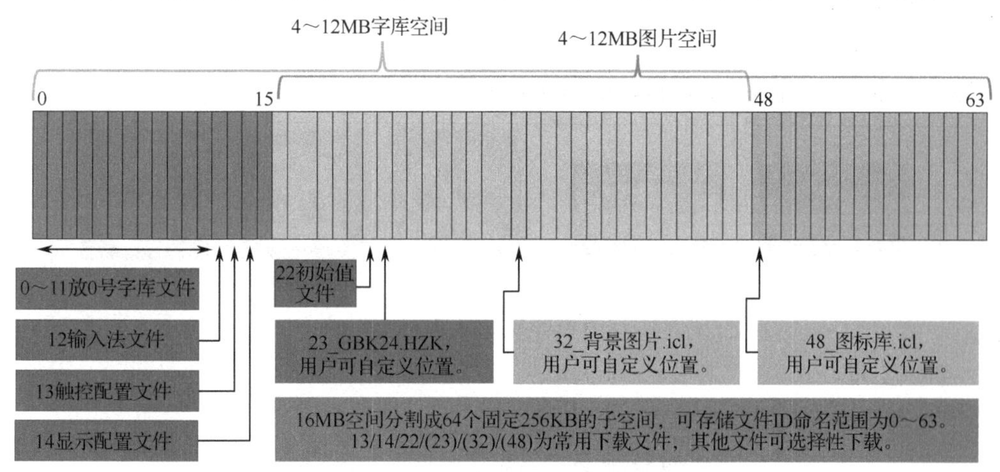

图 3-1-17　存储空间划分规则

7．工程下载

工程文件可通过 DGUS 智能屏上面的 SD/TF 卡接口来完成下载，并且 DGUS 智能屏只能识别 SD 卡中命名为“DWIN_SET”的文件夹，如图 3-1-18 所示。建议在用于下载工程的 SD 卡中长期保存“DWIN_SET”文件夹，下载新工程之前清除其他工程文件即可。

非官方售出的 SD 卡通常要在 DOS 系统下完成格式化，否则在下载过程中可能会出现蓝屏，烧录界面显示下载文件数量为 0，或者显示终端能识别 SD 卡但不能正常进入下载界面等情况。格式化操作方法如下：

（1）单击 Windows 系统“开始”→“运行”命令，输入 cmd 进入 DOS 系统。

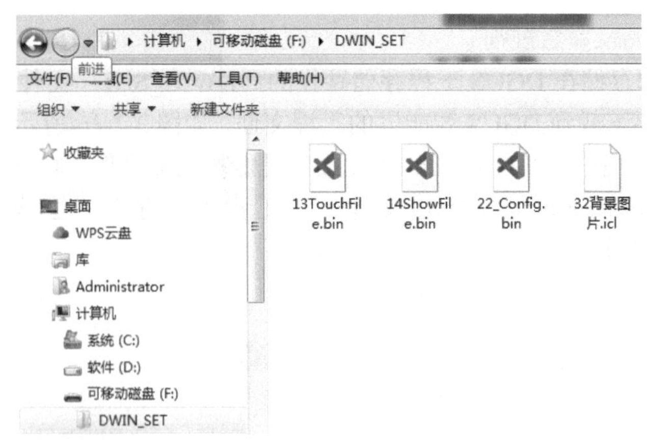

图 3-1-18 “DWIN_SET”文件夹

（2）输入指令“format/q g:/fs:fat32/a:4096”（注：q 后面是一个空格），输入完成之后按下回车键。其中 g 是用户的电脑显示的 SD 卡的盘号，不同用户的盘号是不固定的（比如 h、i 等，替换即可）。

注意：右击 SD 卡的快捷菜单中的格式化操作可能无法将 SD 卡彻底格式化为 FAT32 格式，一般仅支持存储空间为 1～16GB 的 SD 卡。

工程下载完成后，屏幕左上角会出现“END！”字样，掉电下卡再重新上电即可。

3.1.3 变量图标显示

1. 准备图片素材

准备背景图片和图标图片素材，如图 3-1-19 所示。

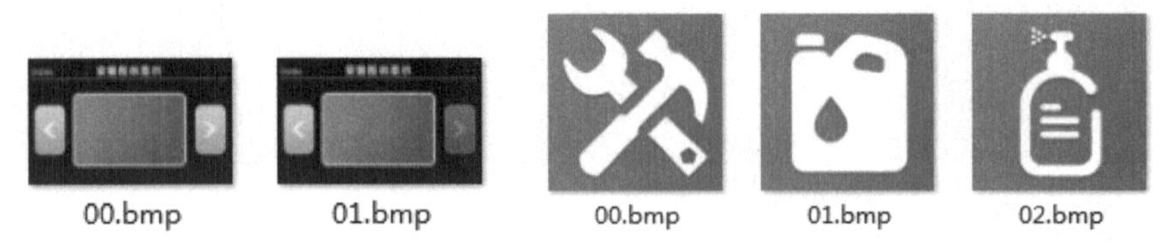

图 3-1-19 图片素材

2. 新建工程

相应设置如图 3-1-20 所示。

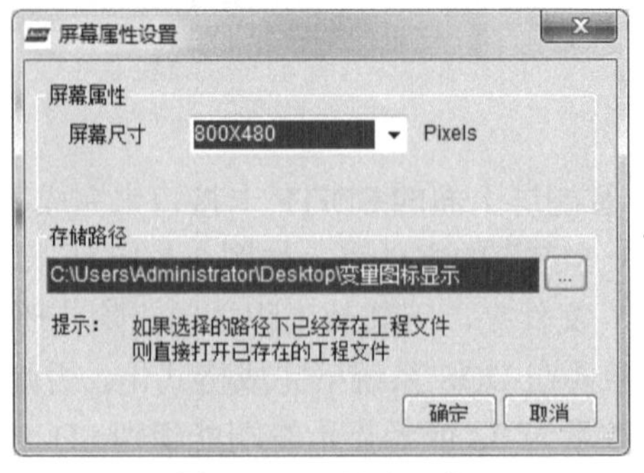

图 3-1-20 新建工程

3. 添加背景图片

将背景图片添加到工程中，如图 3-1-21 所示。

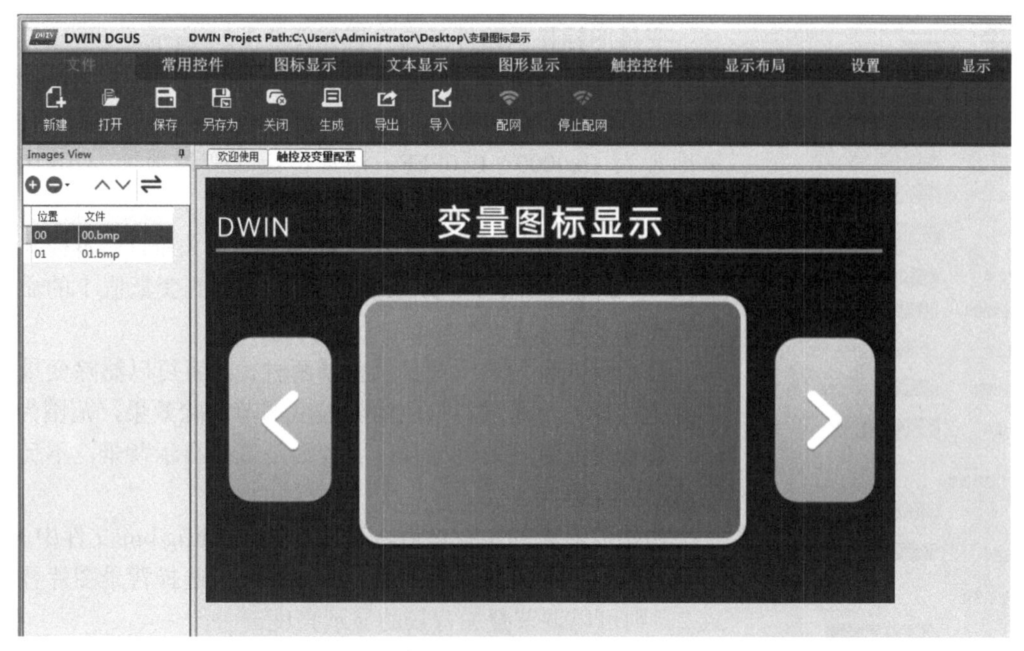

图 3-1-21　添加背景图片

4．处理图片素材

通过 DWIN ICL 生成工具处理图片素材，如图 3-1-22 所示，注意文件命名不能冲突，存储在工程文件夹的“DWIN_SET”文件夹中。

图 3-1-22　图片 icl 文件

5．组态功能

在这个工程中我们要实现的功能是变量图标切换显示，选择“图标显示”中的“变量图标显示”功能，在组态界面 00 页画出任意大小的控件，如图 3-1-23 所示。

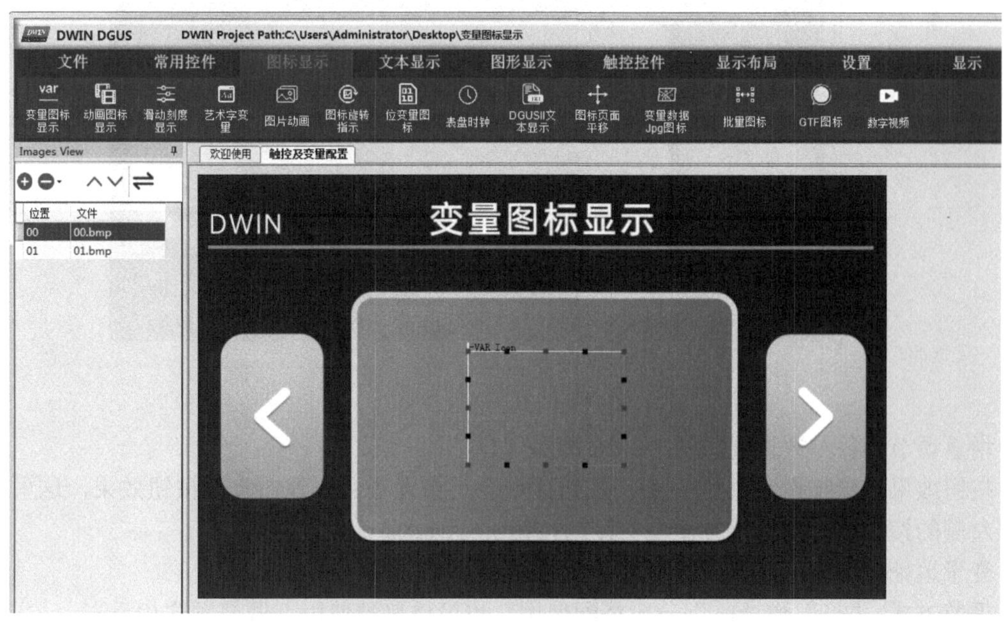

图 3-1-23　变量图标显示控件

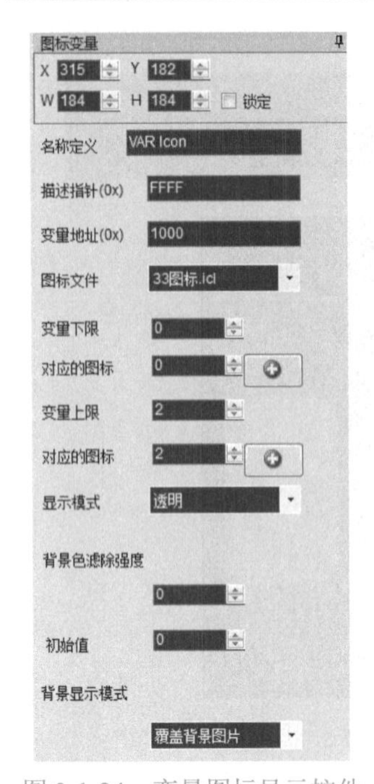

图 3-1-24 变量图标显示控件参数设置

变量图标显示控件参数设置如图 3-1-24 所示。

描述指针（SP）与变量地址（VP）共用 128KB 变量存储器空间（0x0000～0xFFFF），用来存储各类功能控件，其中系统变量地址为 0x0000～0x0FFF，用户自定义变量地址为 0x1000～0xFFFF，不同控件占用的地址空间不同。

变量上下限与图标呈现一一对应的线性关系，如本控件中变量值 0～2 对应图标 0～2，DGUS 智能屏接到变量值 1 的命令则会对应显示图标 1。

显示模式分为透明和显示背景两种，前者可以滤除变量图标本身的背景，可通过背景色滤除强度调节滤除效果，范围为 0～63，数值越大滤除效果越强；后者则是直接显示背景，不受背景色滤除强度影响。

初始值对应的是变量值，存储在 22_Config.bin 文件中。

背景显示模式默认为覆盖背景图片，若选择背景图片叠加模式 2，则可以调节叠加背景的显示亮度。

选择“触控控件”中的“增量调节”功能，实现对变量图标的切换控制，如图 3-1-25 所示。

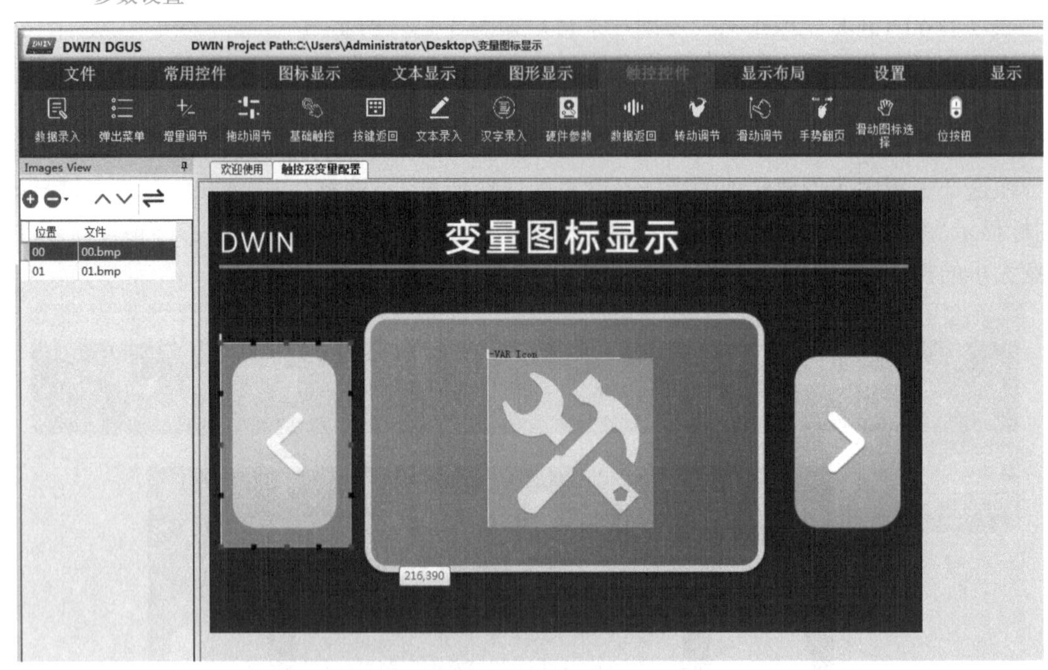

图 3-1-25 增量调节控件

增量调节控件参数设置如图 3-1-26 所示。

按钮效果：选择指定页面 1 后，按钮区域会与指定页面一致，实现按钮效果，这里指定页面左侧的按钮没有变化，方便与右侧的按钮进行对比。

变量地址：写入变量值来改变变量图标显示。

调节方式：“--”和“++”一般搭配使用，也可以单独使用，调节顺序相反。

逾限处理方式和按键效果：根据功能需求进行选择。

调节步长：需要手动设置，为 0 则无法调节，上下限对应变量值上下限。

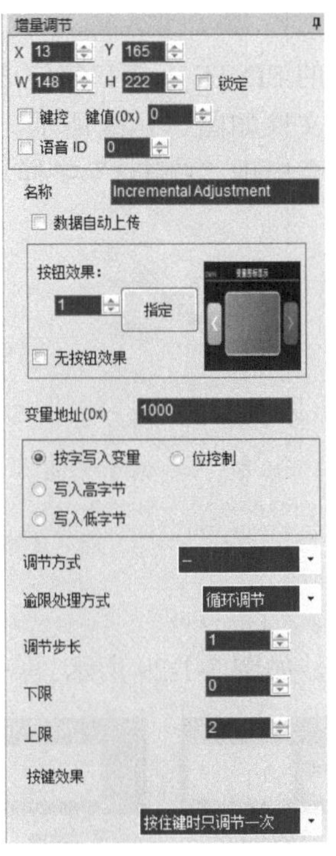

图 3-1-26　增量调节控件参数设置

将左侧按钮的触控控件复制粘贴到右侧按钮，如图 3-1-27 所示，调节方式修改为与左侧按钮相反即可。

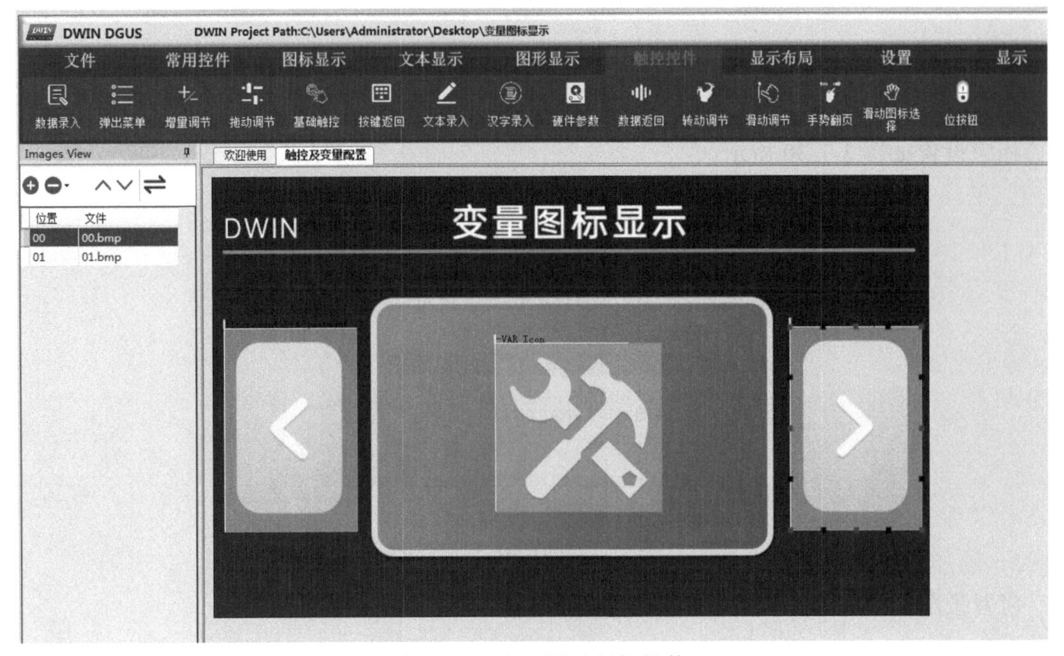

图 3-1-27　复制粘贴触控控件

完成所有设置后，将工程“保存”、“生成”，工程会被保存在存储路径中并生成对应的工程文件。

6. 工程下载

工程文件可以通过智能屏上面的 SD/TF 卡接口来完成下载，注意工程文件须存入 SD 卡中的“DWIN_SET”文件夹。工程文件如图 3-1-28 所示。

工程下载完成后，屏幕左上角会出现“END!”字样，掉电下卡再重新上电即可。

图 3-1-28　工程文件

3.1.4　动画图标显示

1. 准备图片素材

准备背景图片和图标图片素材，如图 3-1-29 所示。

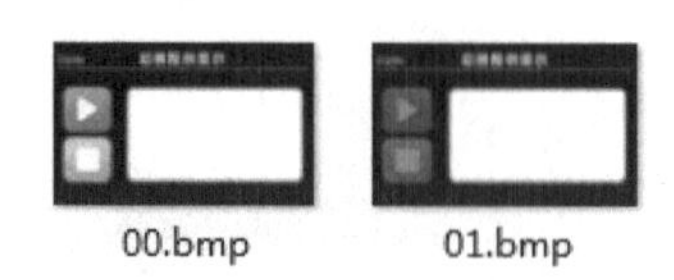

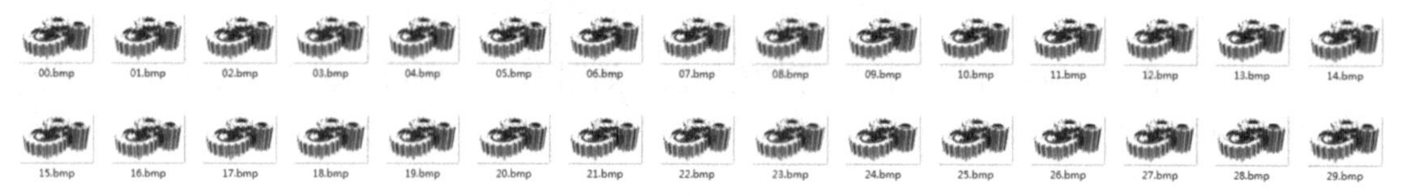

图 3-1-29　图片素材

2. 新建工程

相应设置如图 3-1-30 所示。

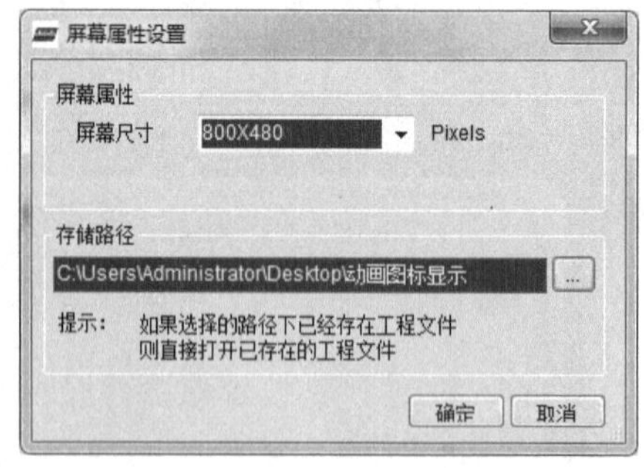

图 3-1-30　新建工程

3. 添加背景图片

将背景图片添加到工程中，如图 3-1-31 所示。

图 3-1-31　添加背景图片

4. 处理图片素材

通过 DWIN ICL 生成工具处理图片素材，如图 3-1-32 所示，注意文件命名不能冲突，存储在工程文件夹的“DWIN_SET”文件夹中。

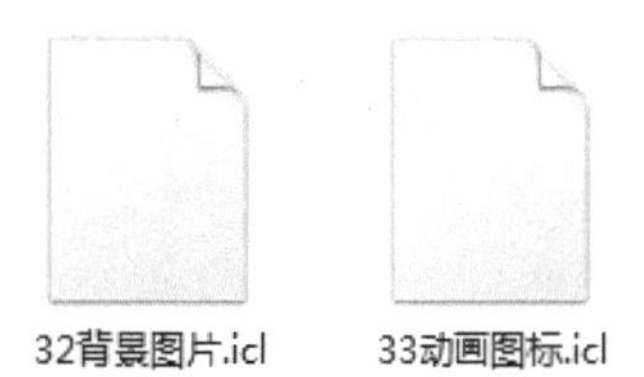

图 3-1-32　图片 icl 文件

5. 组态功能

在这个工程中我们要实现的功能是动画图标的播放与暂停，选择“图标显示”中的“动画图标显示”功能，在组态界面 00 页画出任意大小的控件，如图 3-1-33 所示。

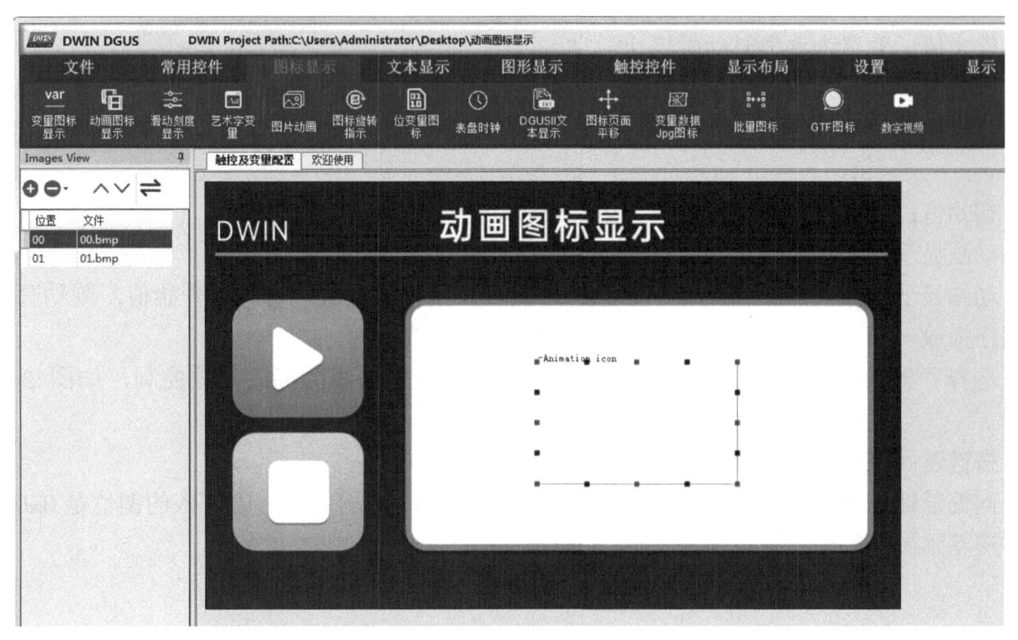

图 3-1-33　动画图标显示控件

动画图标显示控件参数设置如图 3-1-34 所示。

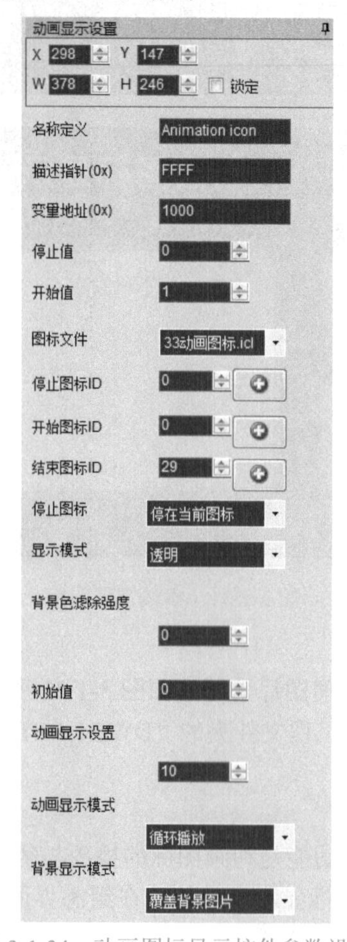

图 3-1-34　动画图标显示控件参数设置

停止值：变量为该值时动画停止。

开始值：变量为该值时动画播放。

停止图标：有三种模式，“停在当前图标”表示的是暂停效果，可以根据不同需求进行选择。

初始值：对应停止值、开始值，用于设置动画图标的初始状态。

动画显示设置：单张动画图标显示的时间，单位为 20ms。

动画显示模式：循环播放即字面意思，重点介绍单次播放，若输入开始值，则动画图标按顺序播放一次；若输入停止值，则动画图标逆序播放一次。

选择“触控控件”中的“按键返回”功能，实现对动画图标的播放控制，如图 3-1-35 所示。

按键返回控件参数设置如图 3-1-36 所示。

向变量地址 0x1000 写入键值 0x0001，对应动画图标的开始值；若写入的键值是 0x0000，则对应动画图标的停止值。

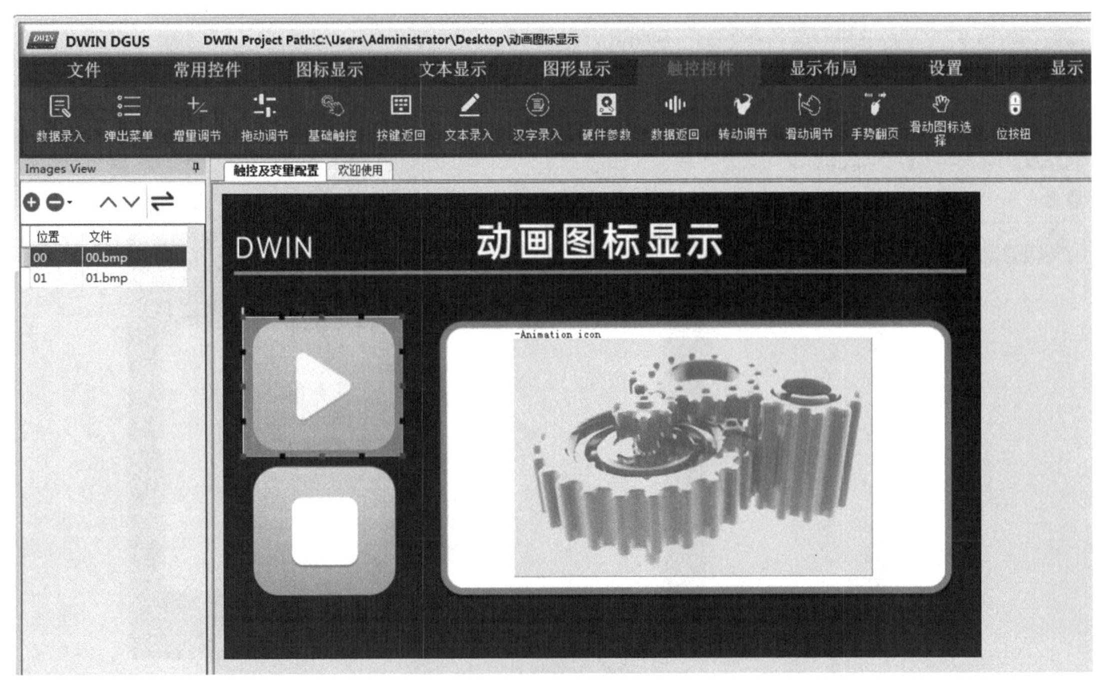

图 3-1-35　按键返回控件

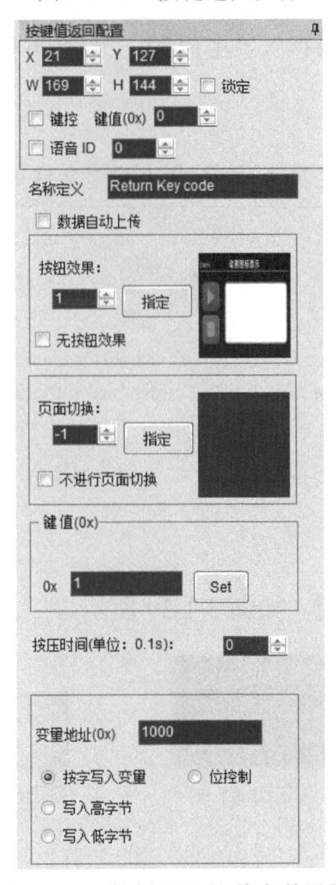

图 3-1-36　按键返回控件参数设置

将播放按钮的触控控件复制粘贴到停止按钮，如图 3-1-37 所示，键值修改为停止值即可。

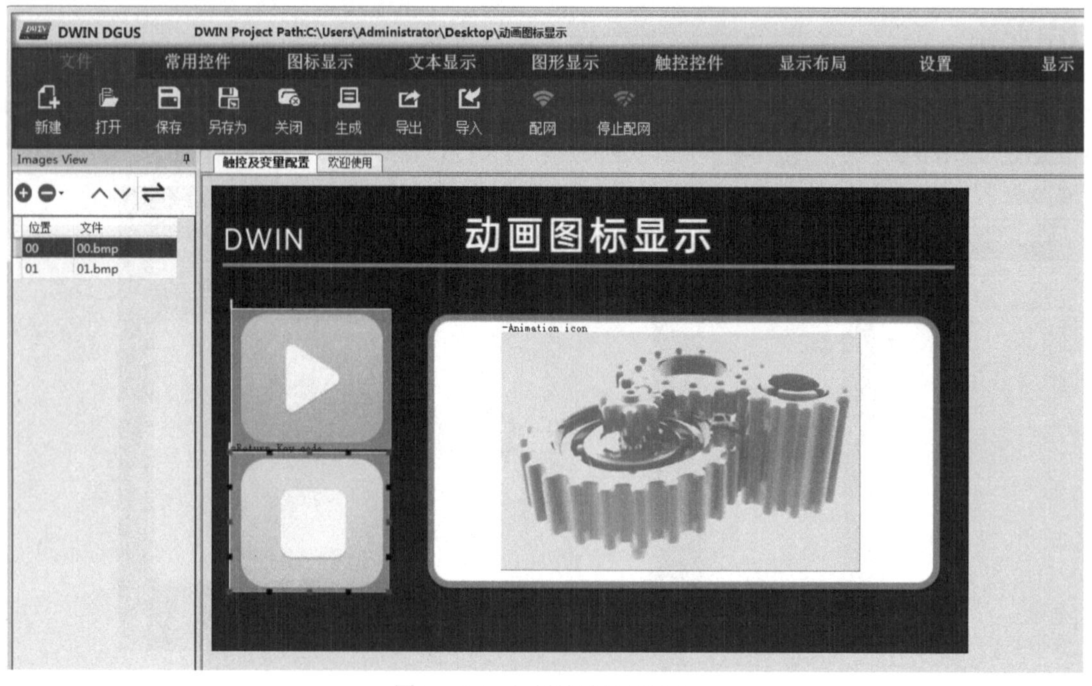

图 3-1-37　复制粘贴触控控件

完成所有设置后，将工程“保存”、“生成”，工程会被保存在存储路径中并生成对应的工程文件。

6. 工程下载

工程下载过程与前文相同，之后不再赘述。工程文件如图 3-1-38 所示。

图 3-1-38　工程文件

3.1.5　滑动刻度显示

1. 准备图片素材

准备背景图片和图标图片素材，如图 3-1-39 所示。

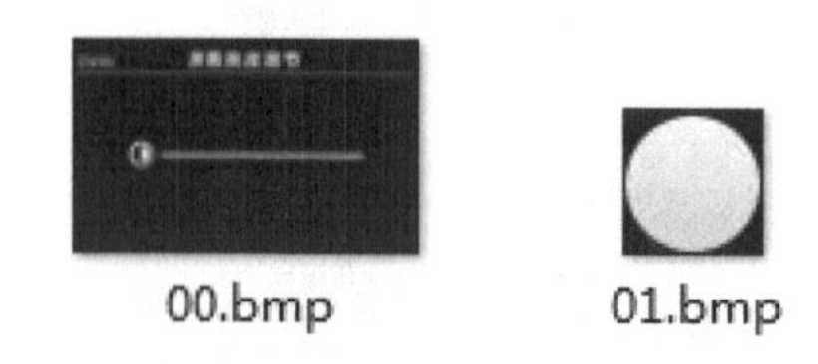

图 3-1-39　图片素材

2. 新建工程

相应设置如图 3-1-40 所示。

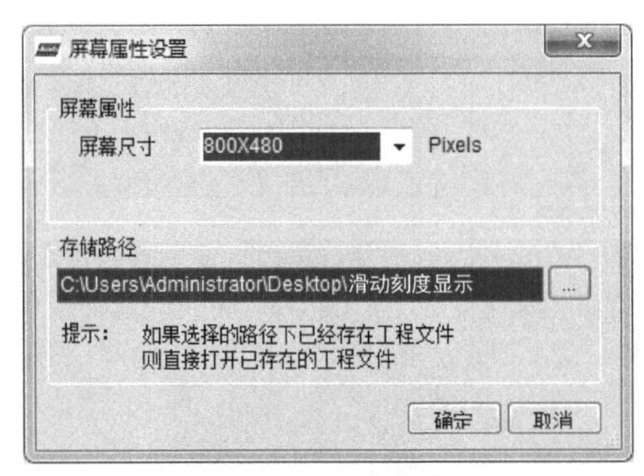

图 3-1-40　新建工程

3．添加背景图片

将背景图片添加到工程中，如图 3-1-41 所示。

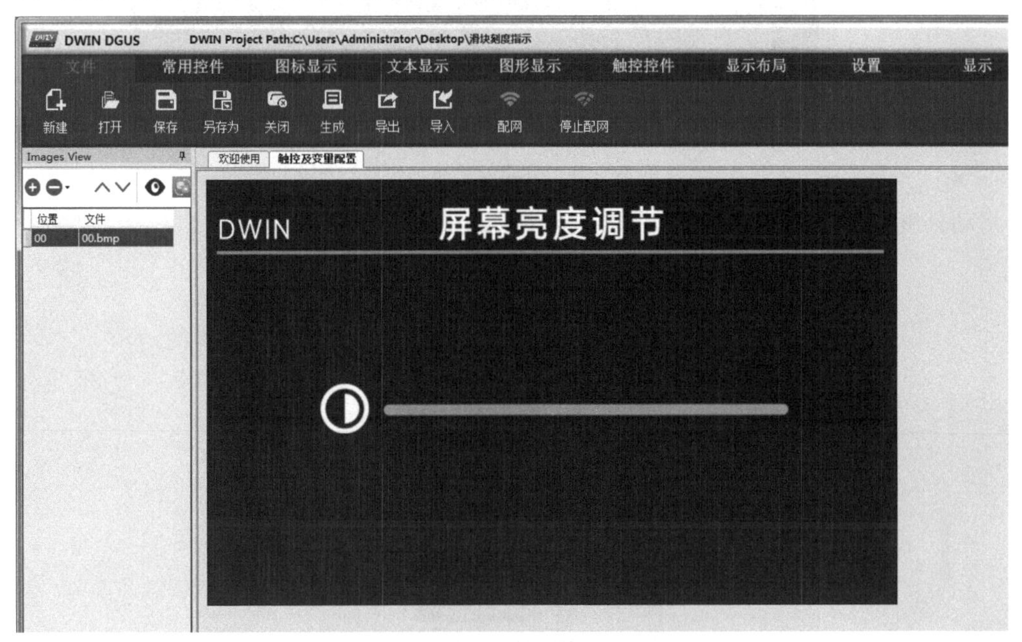

图 3-1-41　添加背景图片

4．处理图片素材

通过 DWIN ICL 生成工具处理图片素材，如图 3-1-42 所示，注意文件命名不能冲突，存储在工程文件夹的“DWIN_SET”文件夹中。

图 3-1-42　图片 icl 文件

5．组态功能

在这个工程中我们要实现的功能是屏幕背光亮度调节，选择“图标显示”中的“滑动刻度显示”功能，在组态界面 00 页画出合适大小的控件，如图 3-1-43 所示。

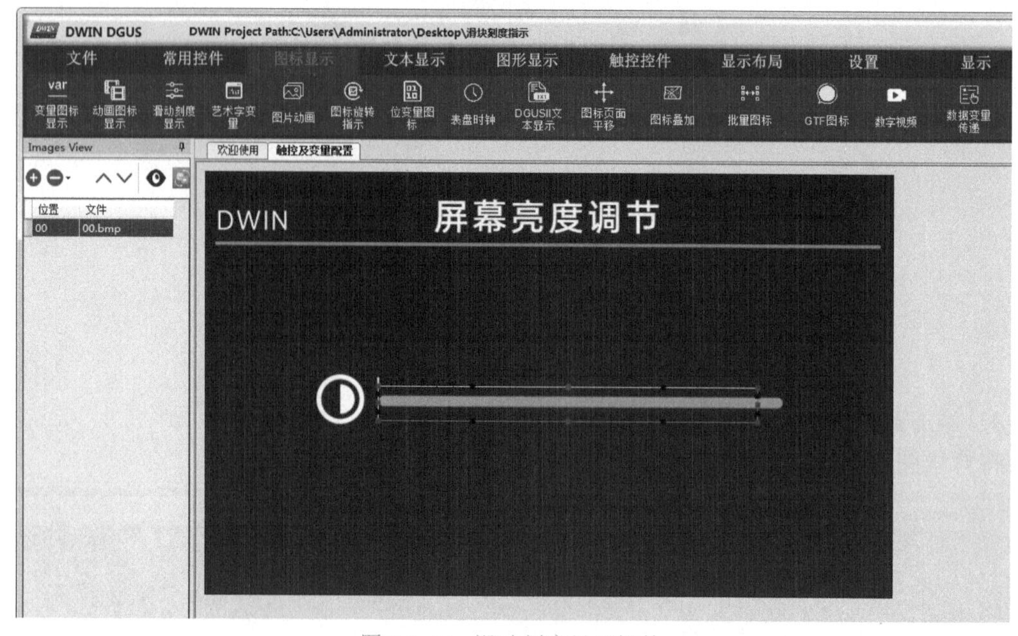

图 3-1-43　滑动刻度显示控件

滑动刻度显示控件参数设置如图 3-1-44 所示。

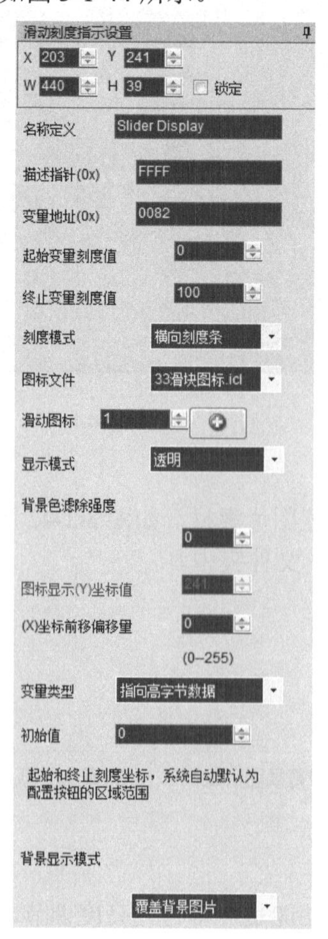

图 3-1-44　滑动刻度显示控件参数设置

调节屏幕背光亮度的系统变量地址为 0x0082，起始变量刻度值、终止变量刻度值对应可调亮度范围为 0x00～0x64。

开启背光亮度调节时需要向系统变量地址 0x0082 写入高字节数据，故变量类型应为“指向高字节数据”。出厂时已默认设置最大亮度，无须通过写入初始值进行设置。

选择“触控控件”中的“拖动调节”功能，实现对滑块图标的拖动控制，如图 3-1-45 所示。

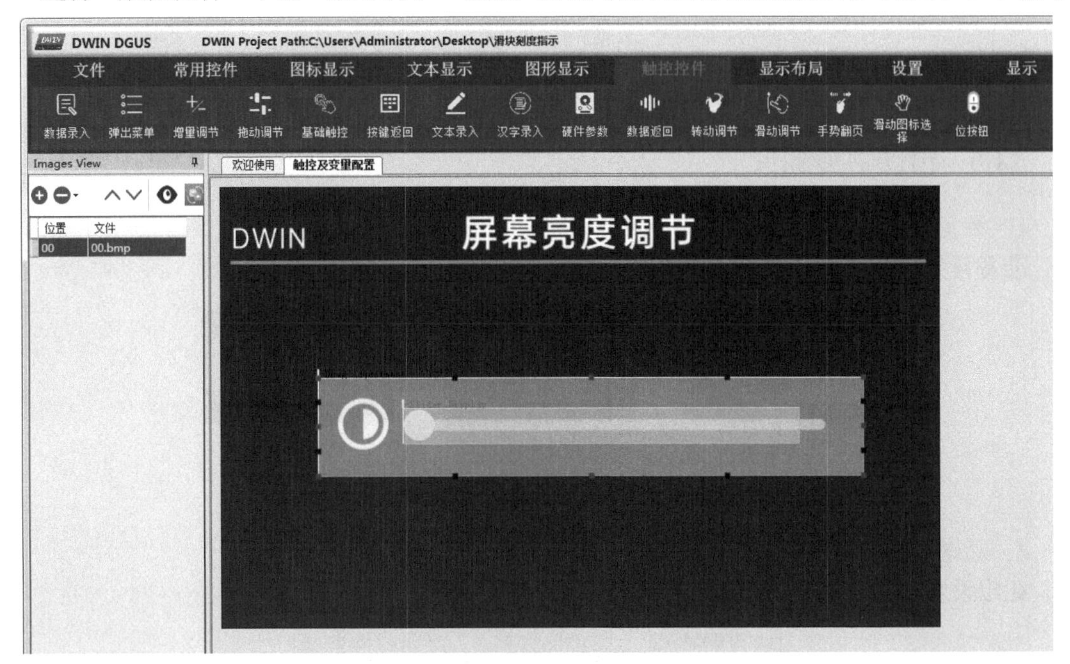

图 3-1-45　拖动调节控件

拖动调节控件参数设置如图 3-1-46 所示，可参考滑动刻度显示控件，参数一致即可。

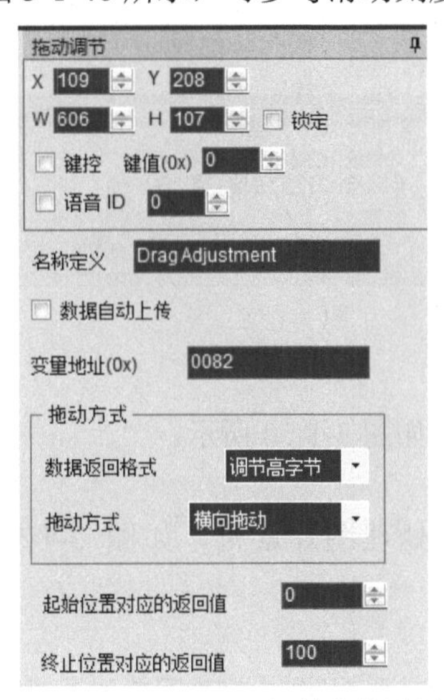

图 3-1-46　拖动调节控件参数设置

完成所有设置后，将工程“保存”、“生成”，工程会被保存在存储路径中并生成对应的工程文件。

6. 工程下载

工程文件如图 3-1-47 所示。

13TouchFile.bin

14ShowFile.bin

22_Config.bin

32背景图片.icl

33滑块图标.icl

图 3-1-47 工程文件

3.1.6 滑动手势翻页

1. 准备图片素材

准备背景图片素材，如图 3-1-48 所示。

0.bmp

1.bmp

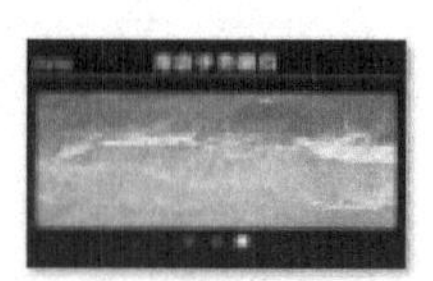
2.bmp

图 3-1-48 图片素材

2. 新建工程

相应设置如图 3-1-49 所示。

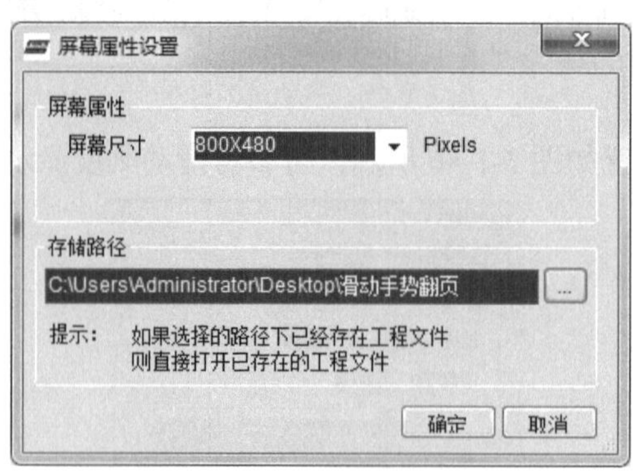

图 3-1-49 新建工程

3. 添加背景图片

将背景图片添加到工程中，如图 3-1-50 所示。

4. 处理图片素材

通过 DWIN ICL 生成工具处理图片素材，如图 3-1-51 所示，存储在工程文件夹的“DWIN_SET”文件夹中。

5. 界面组态功能

在这个工程中我们要实现的功能是通过滑动手势进行翻页，选择“触控控件”中的“手势翻页”功能，在组态界面 0 页画出合适大小的控件，如图 3-1-52 所示。

图 3-1-50　添加背景图片

图 3-1-51　图片 icl 文件

图 3-1-52　滑动手势翻页控件

滑动手势翻页控件参数设置如图 3-1-53 所示。

前一页、后一页可以根据当前页面和自身需求进行设置。

翻页时间和距离影响翻页灵敏度（距离/时间），默认分别为 50 和 25，可以修改。

结束动画速度影响翻页流畅度，参考推荐值进行设置即可。

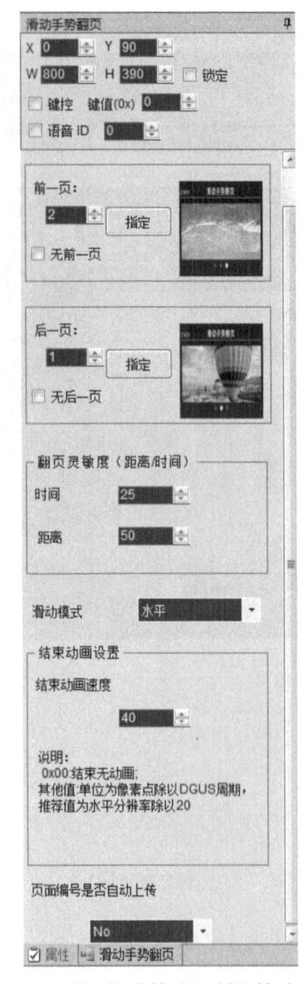

图 3-1-53　滑动手势翻页控件参数设置

其余页面则将触控控件进行复制粘贴，并修改参数中的前一页、后一页的设置即可，如图 3-1-54 所示。

(a) 1 页

图 3-1-54　复制粘贴触控控件

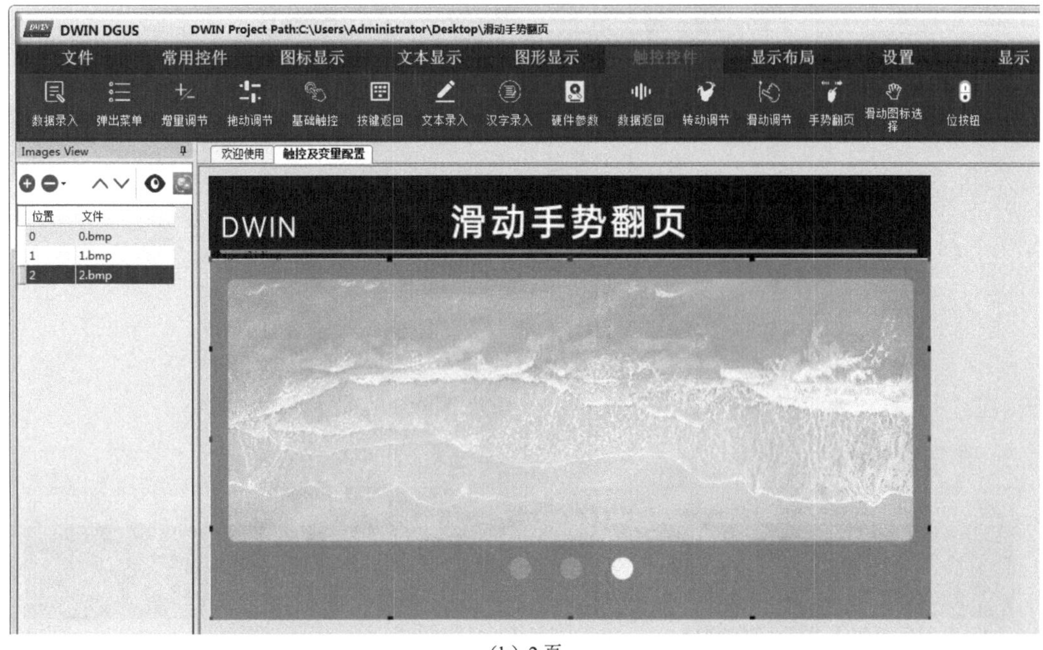

（b）2 页

图 3-1-54　复制粘贴触控控件（续）

完成所有设置后，将工程“保存”、“生成”，工程会被保存在存储路径中并生成对应的工程文件。

6. 工程下载

工程文件如图 3-1-55 所示。

图 3-1-55　工程文件

3.1.7　数据窗口显示

1. 准备图片素材

准备背景图片素材，如图 3-1-56 所示。

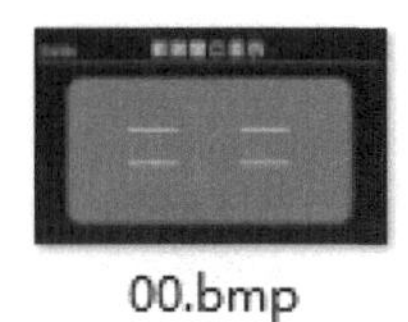

图 3-1-56　图片素材

2. 新建工程

相应设置如图 3-1-57 所示。

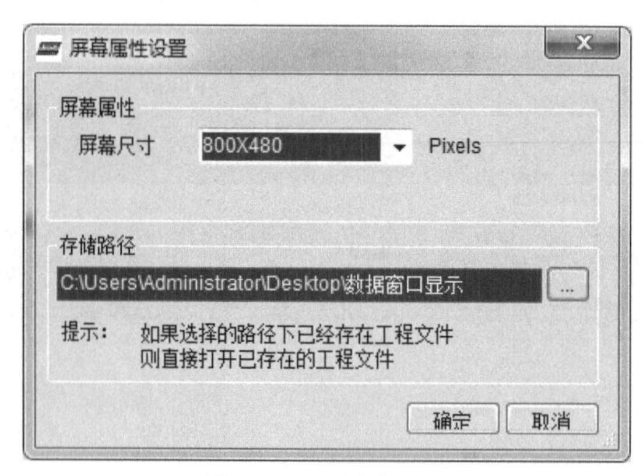

图 3-1-57　新建工程

3. 添加背景图片

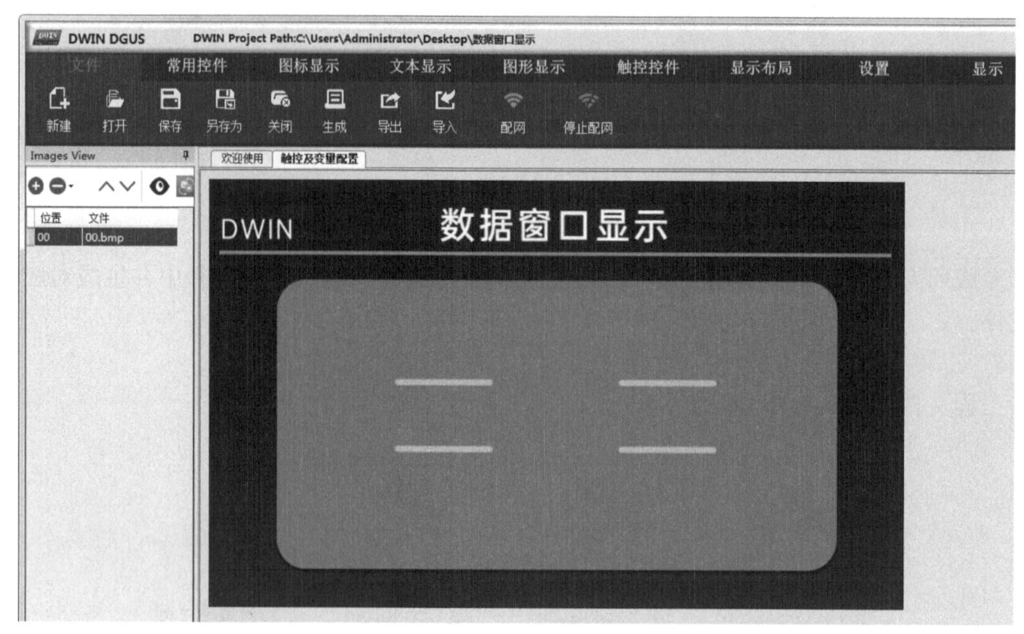

图 3-1-58　添加背景图片

4. 处理图片素材

通过 DWIN ICL 生成工具处理图片素材，如图 3-1-59 所示，存储在工程文件夹的“DWIN_SET”文件夹中。

图 3-1-59　图片 icl 文件

5. 组态功能

在这个工程中我们要实现的功能是通过窗口显示多行数据，选择“文本显示”中的“数据窗口指示”功能，在组态界面 00 页画出合适大小的控件，如图 3-1-60 所示。

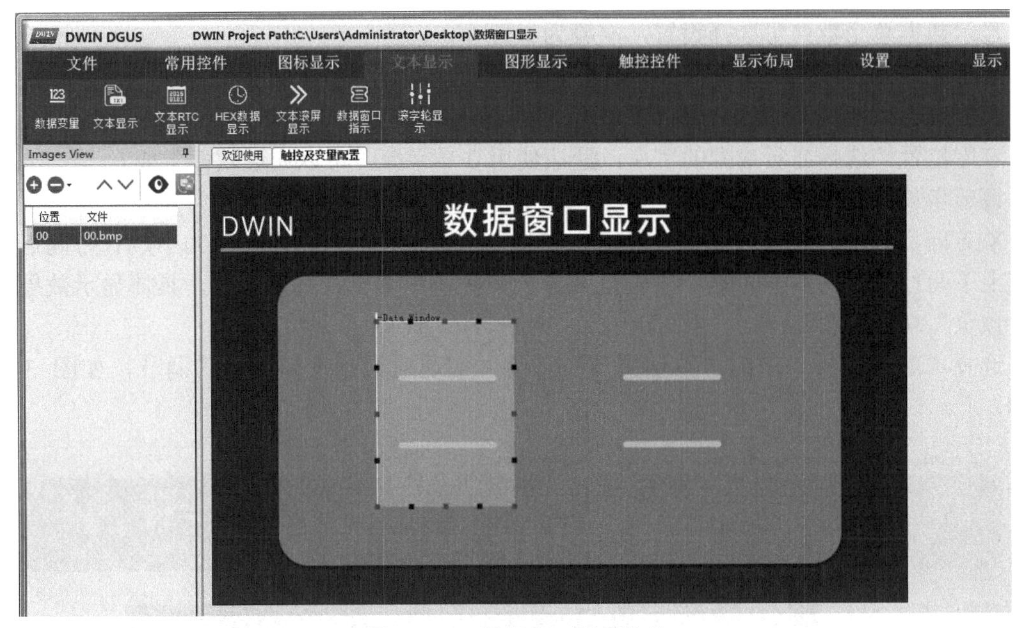

图 3-1-60　数据窗口指示控件

数据窗口指示控件参数设置如图 3-1-61 所示。

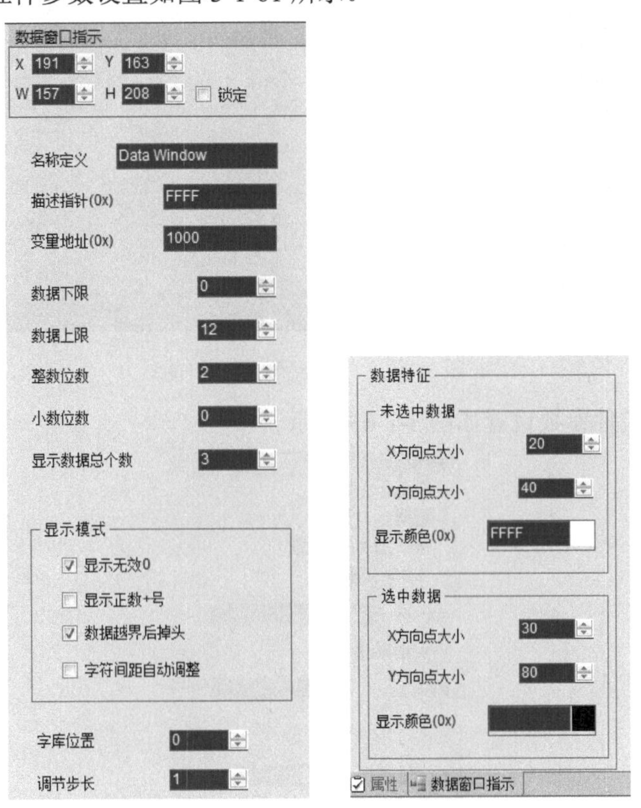

图 3-1-61　数据窗口指示控件参数设置

数据下限、数据上限：显示数据的范围。

整数位数、小数位数：可选择设置，如显示“12.13”需要设置整数位数为 4，小数位数为 2，总数位为 4，小数不额外增加数位。

显示数据总个数：可选择设置，一般为奇数。

显示无效 0：选中该选项后，若整数位数为 3，小数位数为 0，则数据 12 会显示为 012。

数据越界后掉头：超过数据上下限后自动掉头。

字库位置：选择显示数据的字库，默认使用 0 号字库，可以通过软件生成。

调节步长：数据增减的大小。

X 方向点大小、Y 方向点大小：X 方向点大小决定显示数据点阵的大小，Y 方向点大小决定上下两行数据的点阵间隔，默认为 X 方向点大小的 2 倍，可以修改，具体显示效果可通过“预览”功能查看。

选择“触控控件”中的“滑动调节”功能，实现对数据窗口显示的调节，如图 3-1-62 所示。

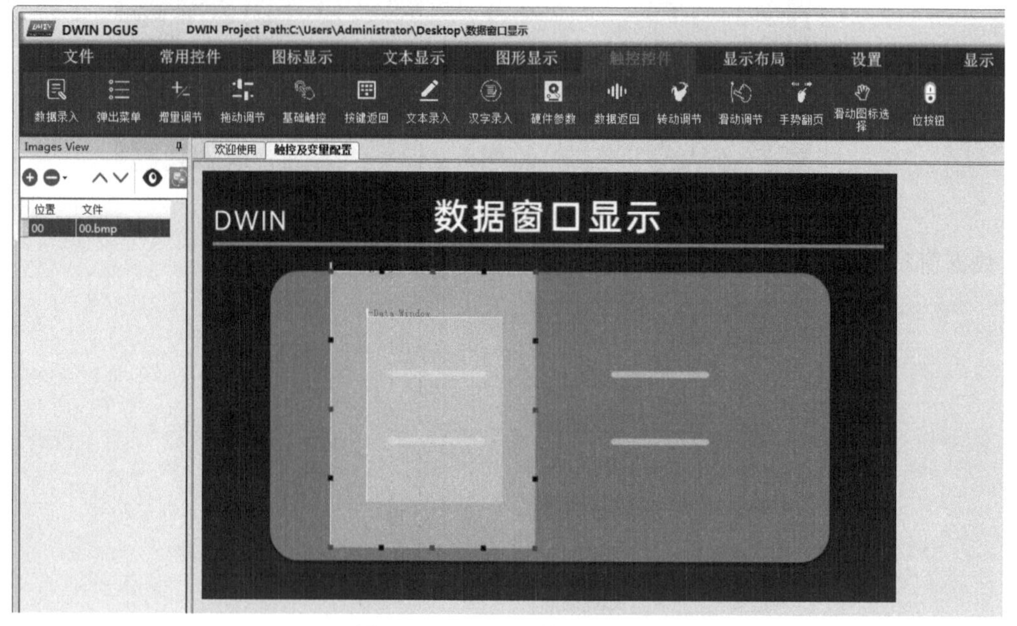

图 3-1-62　滑动手势调节控件

滑动手势调节控件参数设置如图 3-1-63 所示。

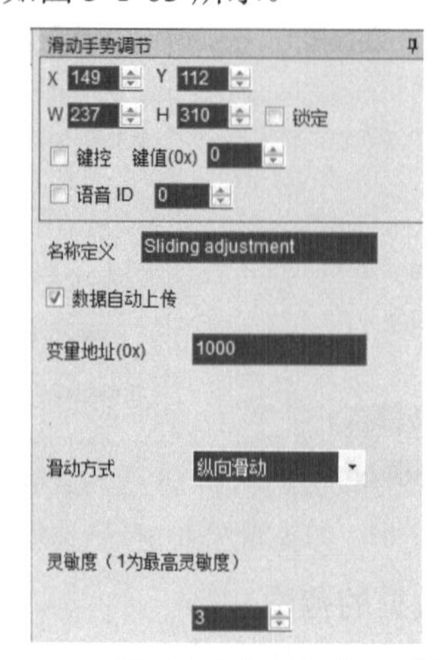

图 3-1-63　滑动手势调节控件参数设置

滑动方式：可选择横向或纵向滑动。

灵敏度：数字越小，灵敏度越高。

若要再加一组数据窗口显示，只需要进行复制粘贴，修改变量地址等控件参数即可，如图 3-1-64 所示。

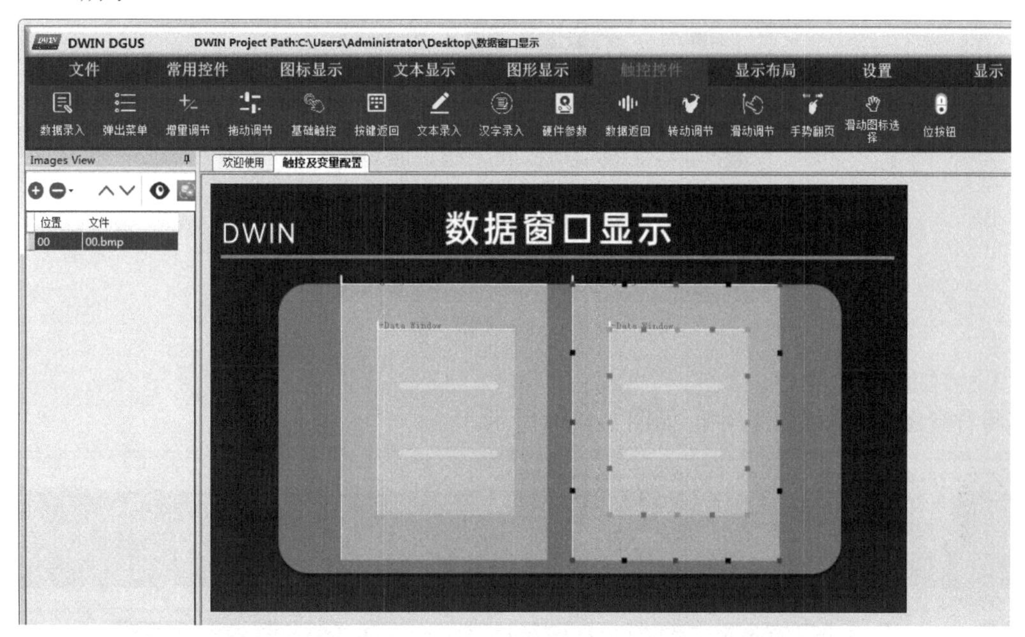

图 3-1-64　复制粘贴控件

完成所有设置后，将工程“保存”、“生成”，工程会被保存在存储路径中并生成对应的工程文件。

6. 工程下载

工程文件如图 3-1-65 所示。

0灰度字体.bin

13TouchFile.bin

14ShowFile.bin

22_Config.bin

32背景图片.icl

图 3-1-65　工程文件

3.1.8　数据录入显示

1. 准备图片素材

准备背景图片和图标图片素材，如图 3-1-66 所示。

00.bmp

01.bmp

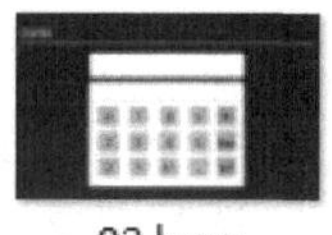
02.bmp

03.bmp

04.bmp

图 3-1-66　图片素材

2. 新建工程

相应设置如图 3-1-67 所示。

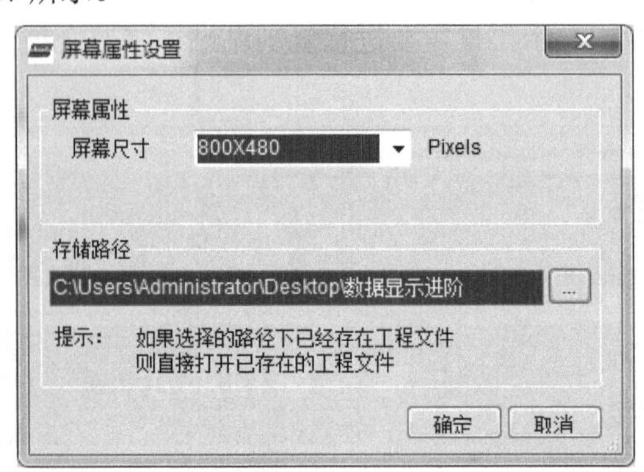

图 3-1-67　新建工程

3. 添加背景图片

将背景图片添加到工程中，如图 3-1-68 所示。

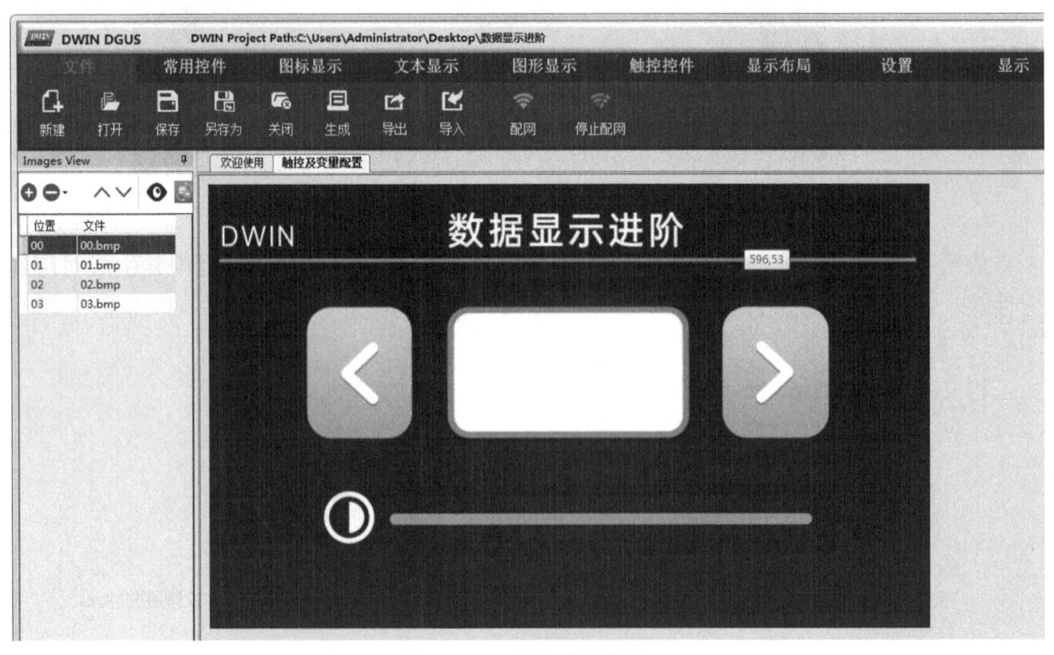

图 3-1-68　添加背景图片

4. 处理图片素材

通过 DWIN ICL 生成工具处理图片素材，如图 3-1-69 所示，注意文件命名不能冲突，存储在工程文件夹的“DWIN_SET”文件夹中。

图 3-1-69　图片 icl 文件

5. 组态功能

在这个工程中我们要实现的功能是多途径改变数据并显示，选择“文本显示”中的“数据变量”功能，在组态界面 00 页画出合适大小的控件，如图 3-1-10 所示。

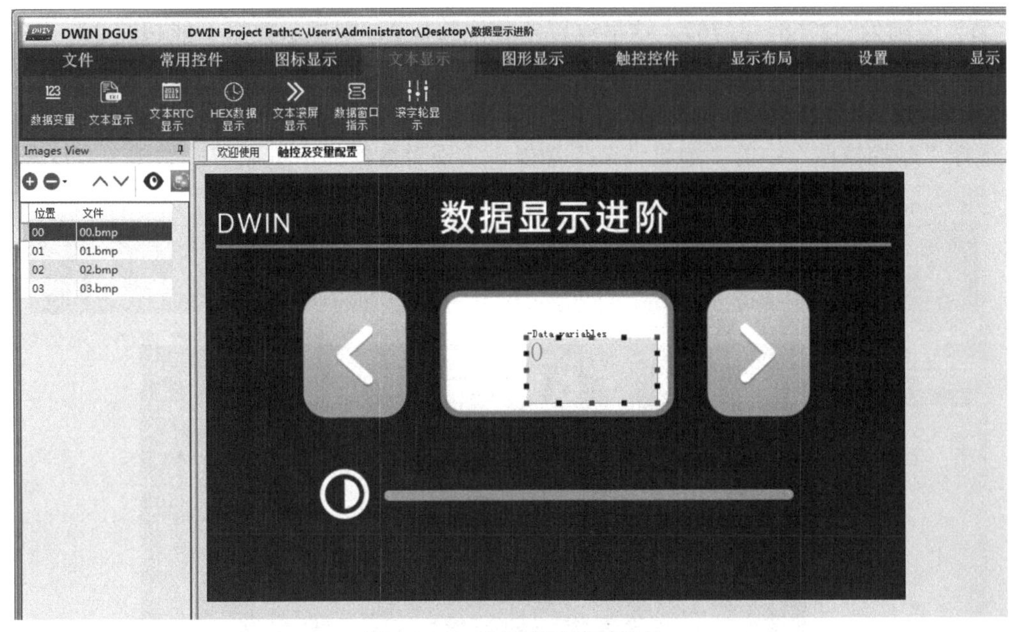

图 3-1-70　数据变量显示控件

数据变量显示控件参数设置如图 3-1-71 所示。

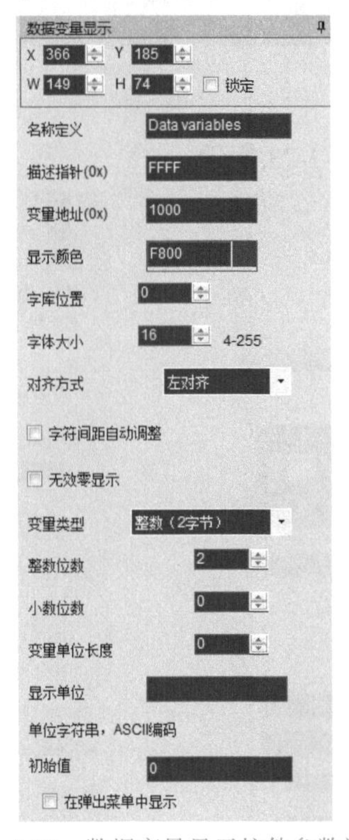

图 3-1-71　数据变量显示控件参数设置

字库位置：字库文件需要提前准备好，否则数据无法显示。

字体大小：显示字库的点阵的大小，可以进行调整。

对齐方式：只能在控件范围内进行对齐。

不同变量类型的数据范围不同，具体可参考《T5L_DGUS II 应用开发指南》，默认的整数

（2 字节）范围为-32768～32767，这里设置整数位数为 2，则显示数据不能超过 99。

可根据需要加入数据显示单位，单位字符串及长度需要参考《T5L_DGUS II 应用开发指南》中的 ASCII 编码。

选择“触控控件”中的“增量调节”功能，实现对数据的增量调节，如图 3-1-72 所示。

图 3-1-72　增量调节控件

增量调节控件参数设置如图 3-1-73 所示。

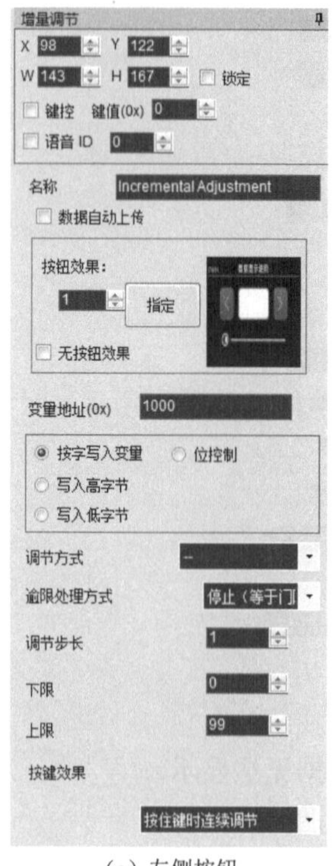

（a）左侧按钮　　（b）右侧按钮

图 3-1-73　增量调节控件参数设置

选择“图标显示”中的“滑动刻度显示”功能和“触控控件”中的“拖动调节”功能，实现对数据的拖动调节，如图 3-1-74 和图 3-1-75 所示。滑动刻度显示控件和拖动调节控件参数设置分别如图 3-1-76 和图 3-1-77 所示。

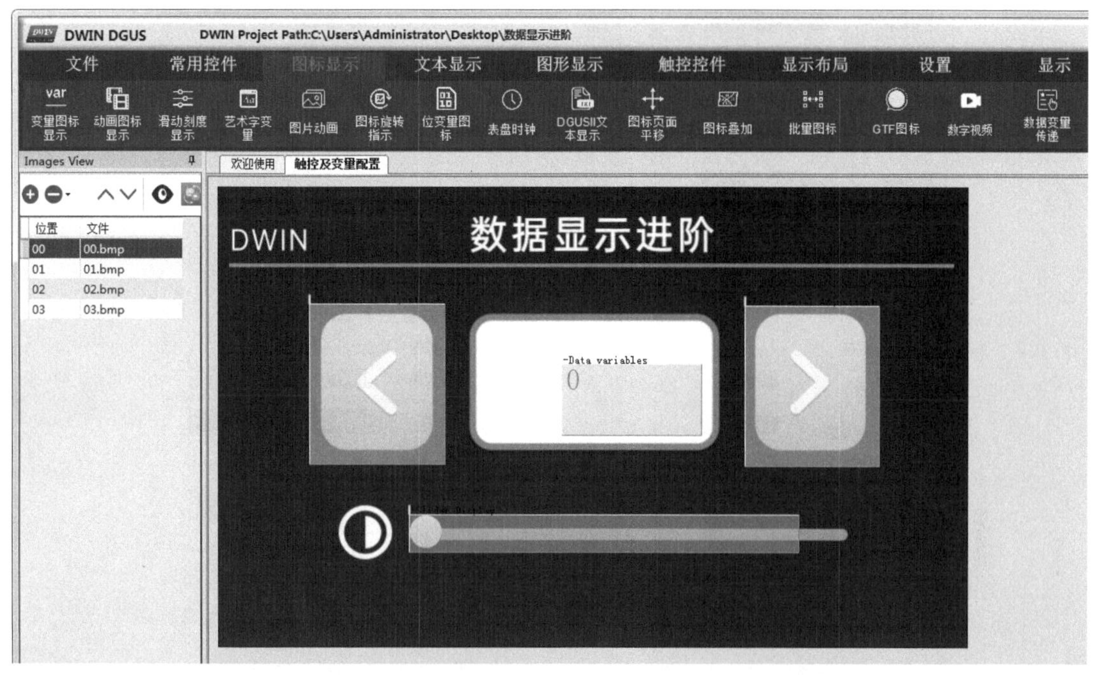

图 3-1-74　滑动刻度显示控件

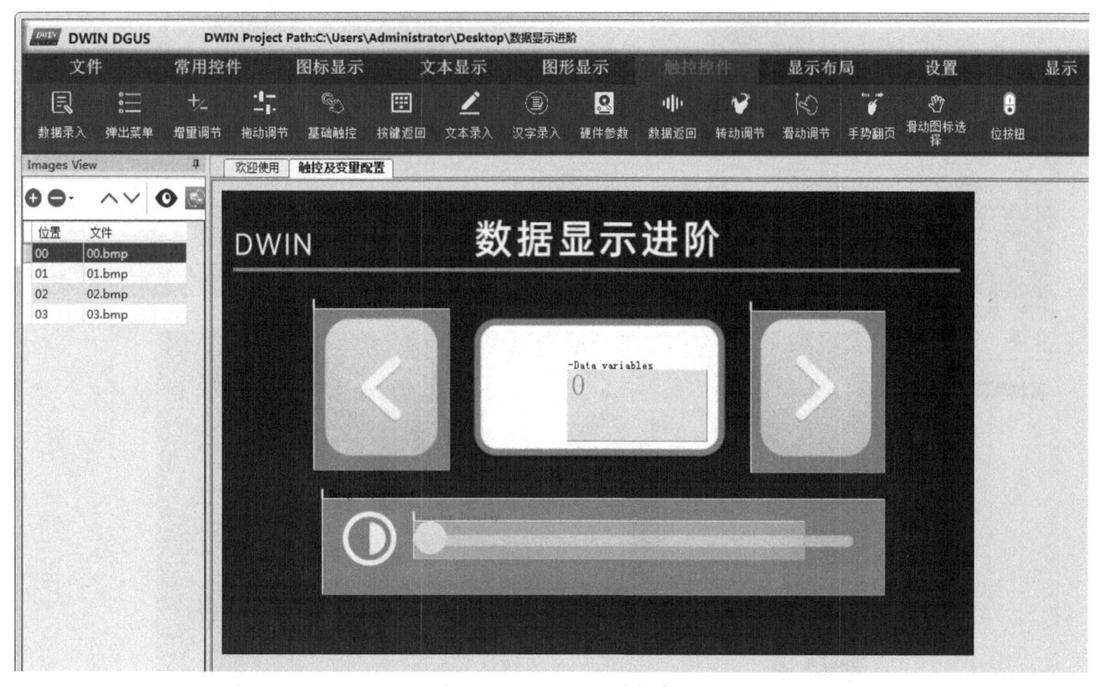

图 3-1-75　拖动调节控件

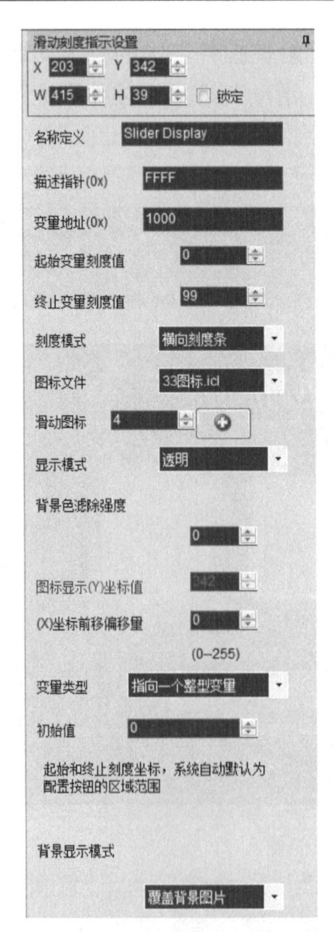

图 3-1-76 滑动刻度显示控件参数设置

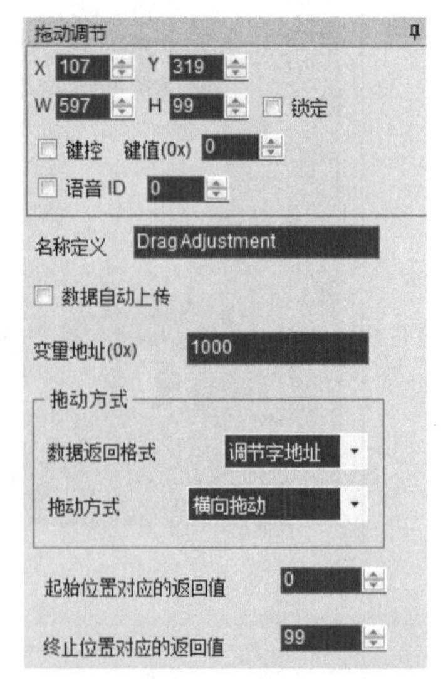

图 3-1-77 拖动调节控件参数设置

选择“触控控件”中的“数据录入”功能，实现对数据的录入，如图 3-1-78 所示。

图 3-1-78 数据录入控件

数据录入控件参数设置如图 3-1-79 所示。

整数位数、小数位数：数据录入时的位数，一般与数据显示控件一致。

显示位置：数据录入时显示的位置，建议在键盘设置完成后再进行设置，单击“设置”按钮会弹出窗口，勾选右下角的“Displayed Keyboard”会弹出设置的键盘，最后在录入显示区域确定坐标即可。

光标颜色：根据键盘背景确定选择黑色还是白色。

输入显示方式：用于密码登录场景时可以选择显示“*”。

单击“键盘设置”按钮后需要选择所在页面，确定页面后框选键盘区域，显示位置建议与键盘区域的左上角坐标一致，确保良好的弹出效果。键盘背景透明度可选择性设置，范围为 0～100。

数据录入时可以启用自定义范围限制。

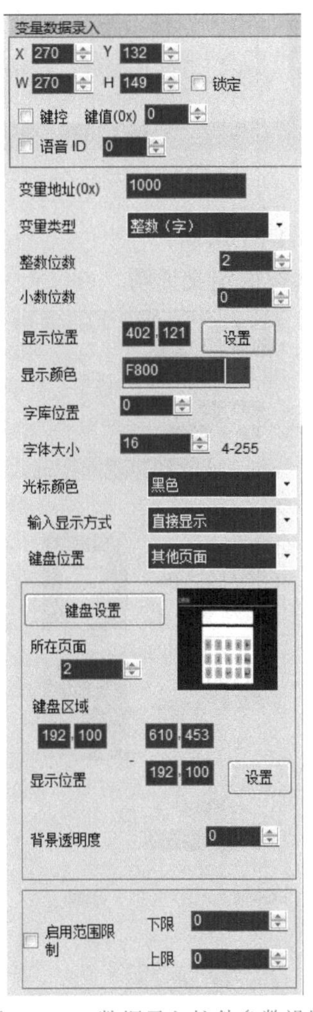

图 3-1-79　数据录入控件参数设置

最后，键盘所在页面的功能按键需要逐个定义，选择“触控控件”中的“基础触控”功能，实现键盘的录入功能，如图 3-1-80 所示。

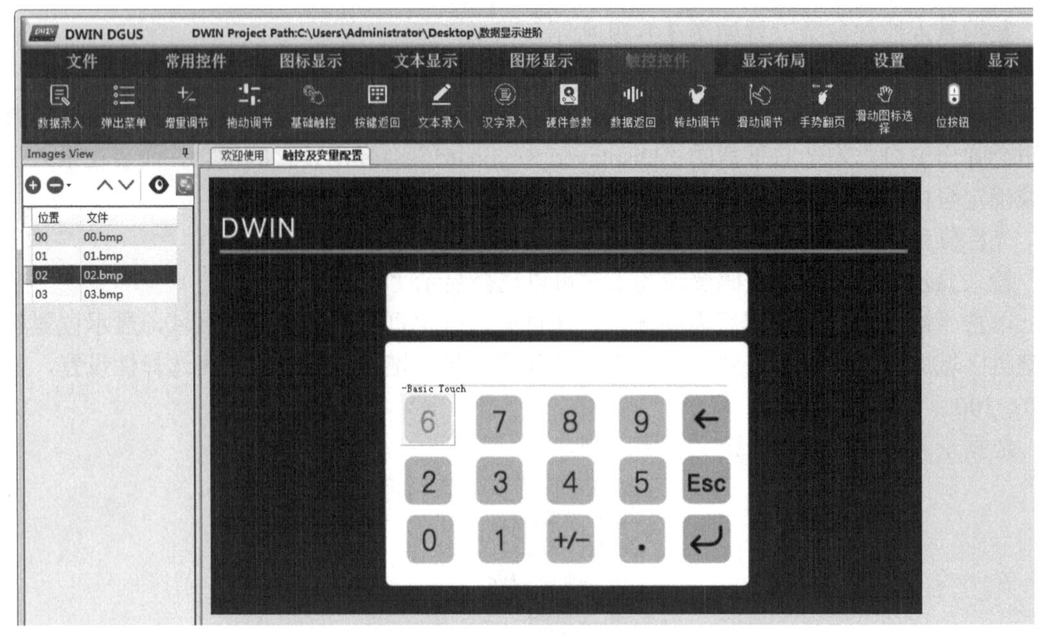

图 3-1-80　基础触控控件

基础触控控件参数设置如图 3-1-81 所示。

键值定义可参考其下方的数字按键定义说明。

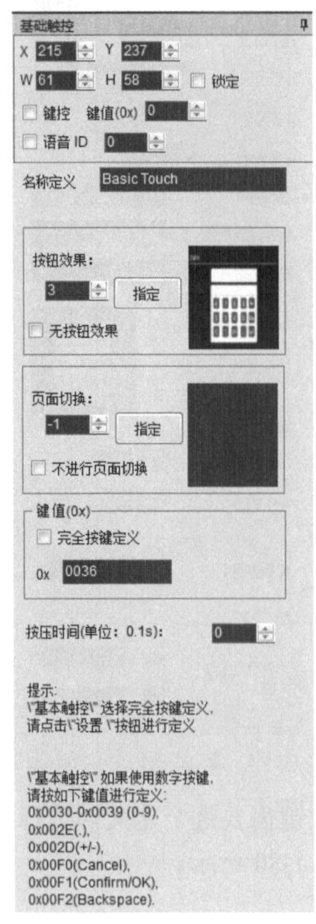

图 3-1-81　基础触控控件参数设置

完成所有设置后，将工程“保存”、“生成”，工程会被保存在存储路径中并生成对应的工程文件。

6．工程下载

工程文件如图 3-1-82 所示。

图 3-1-82　工程文件

3.2　开发进阶

3.2.1　仪表盘显示

1．准备图片素材

准备背景图片和图标图片素材，如图 3-2-1 所示。

00.bmp　　01.bmp

图 3-2-1　图片素材

2．新建工程

相应设置如图 3-2-2 所示。

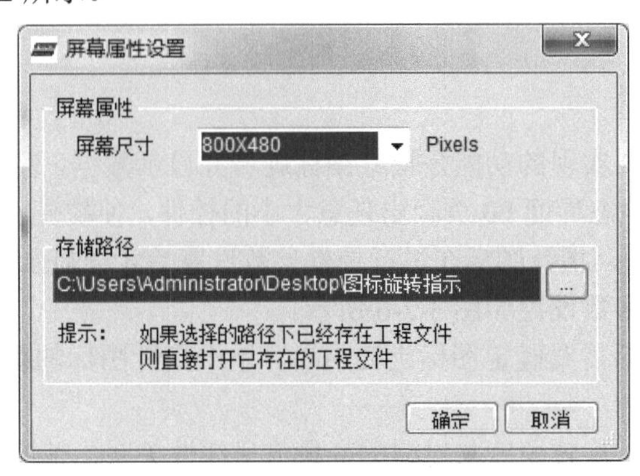

图 3-2-2　新建工程

3．添加背景图片

将背景图片添加到工程中，如图 3-2-3 所示。

图 3-2-3　添加背景图片

4. 处理图片素材

通过 DWIN ICL 生成工具处理图片素材，如图 3-2-4 所示，注意文件命名不能冲突，存储在工程文件夹的“DWIN_SET”文件夹中。

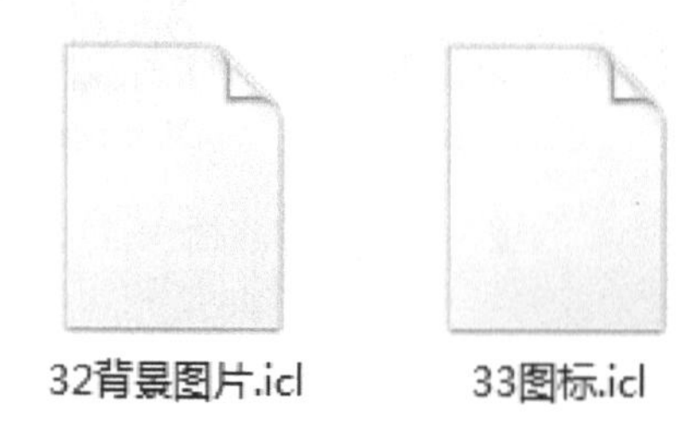

图 3-2-4　图片 icl 文件

5. 界面组态功能

在这个工程中我们要实现的功能是指针图标旋转并显示数据，选择“图标显示”中的“图标旋转指示”功能，在组态界面 00 页画出任意大小的控件，使控件左上角坐标尽量与表盘中心重合，如图 3-2-5 所示，指针图标在进行控件参数设置后才会显示。

图标旋转指示控件参数设置如图 3-2-6 所示。

选择图标文件，之后需要确定图标旋转中心，单击指针图标的圆心将其坐标作为旋转中心即可。

起始旋转角度和终止旋转角度与对应的变量值呈线性关系，范围可以根据需要确定。

起始旋转角度和终止旋转角度计算方式相同，都是以 12 点钟方向为 0°角开始进行顺时针旋转来确定起始旋转角度和终止旋转角度，一般情况下起始旋转角度大于终止旋转角度，需要注意的是控件中的参数单位为 0.5°，填入的数据应是实际角度的两倍。

图 3-2-5　图标旋转指示控件

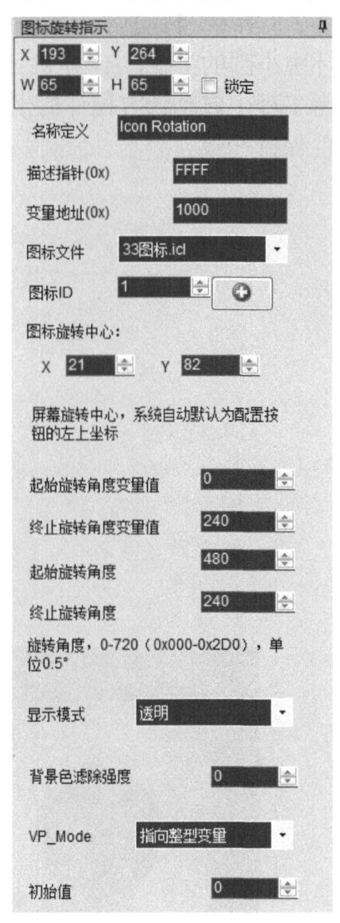

图 3-2-6　图标旋转指示控件参数设置

选择“触控控件”中的“转动调节”功能，实现对指针图标的转动调节，如图 3-2-7 所示。

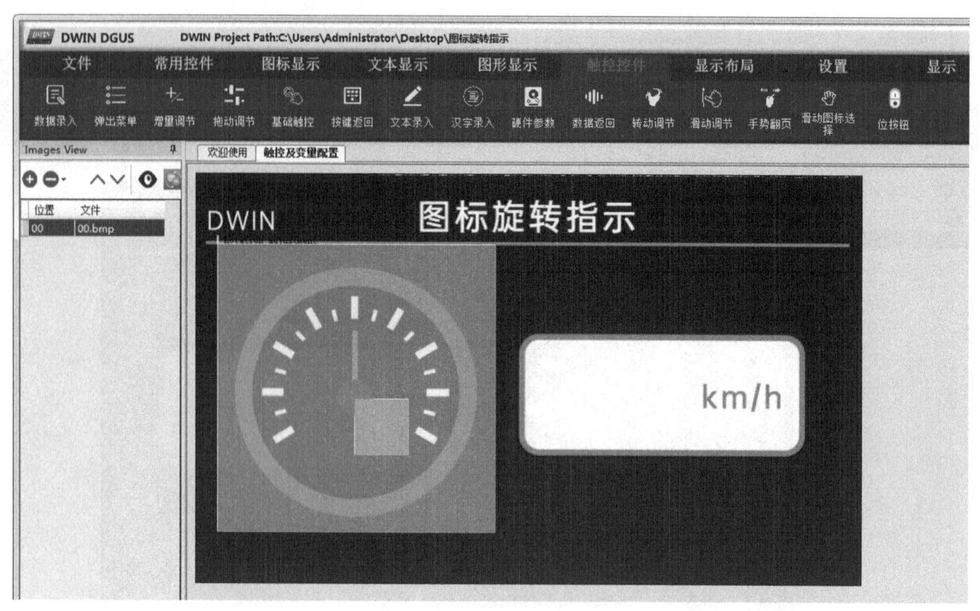

图 3-2-7　转动调节控件

转动调节控件参数设置如图 3-2-8 所示。转动调节的触摸区域是圆环，圆心一般为表盘的中心，如图 3-2-9 所示，R0 是圆环中小圆的半径，R1 是圆环中大圆的半径，可以根据实际需要的转动触摸区域确定，数据参考工程中转动调节控件的坐标（鼠标移动可见）。

其余参数与图标旋转指示控件保持一致。

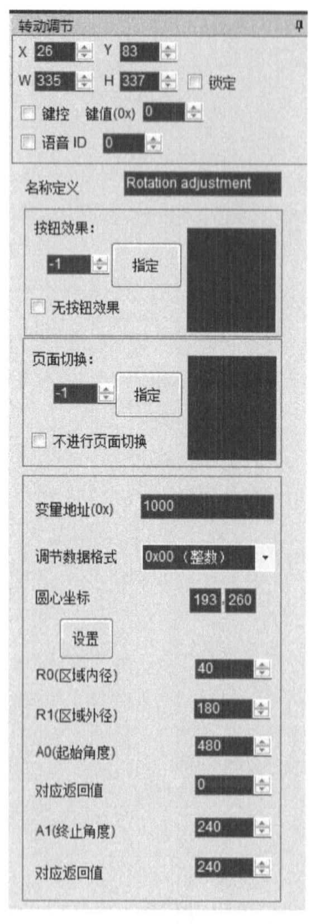

图 3-2-8　转动调节控件参数设置

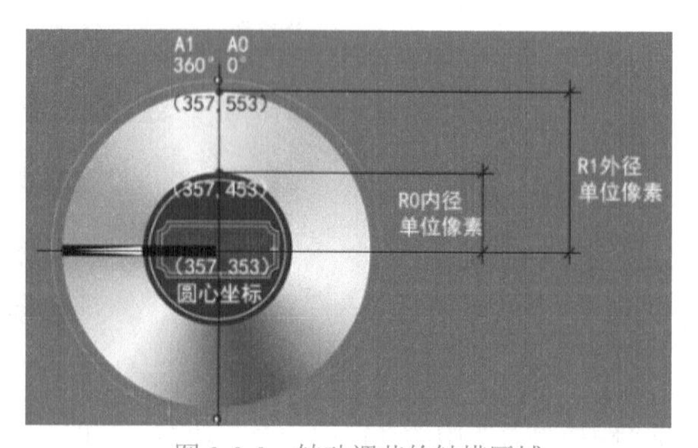

图 3-2-9　转动调节的触摸区域

选择“文本显示”中的“数据变量”功能，实现转动调节的数据变化，如图 3-2-10 所示。

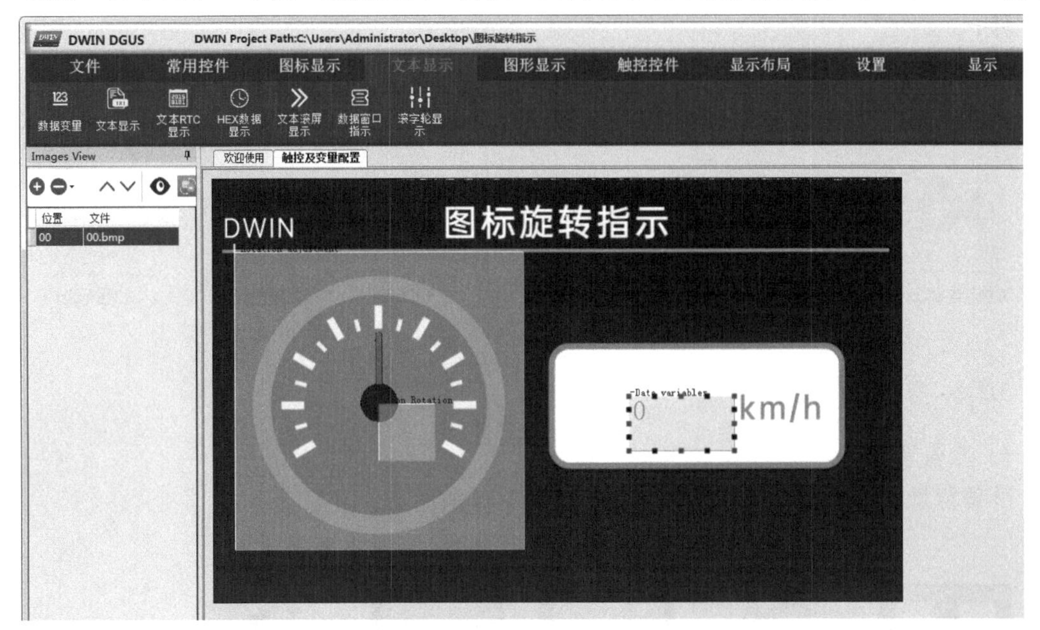

图 3-2-10　数据变量显示控件

数据变量显示控件参数设置如图 3-2-11 所示。

变量地址需要与图标旋转指示控件一致，否则数据不会随指针图标旋转而变化。整数位数需要与转动调节控件的返回值相匹配，否则数据显示不正常。

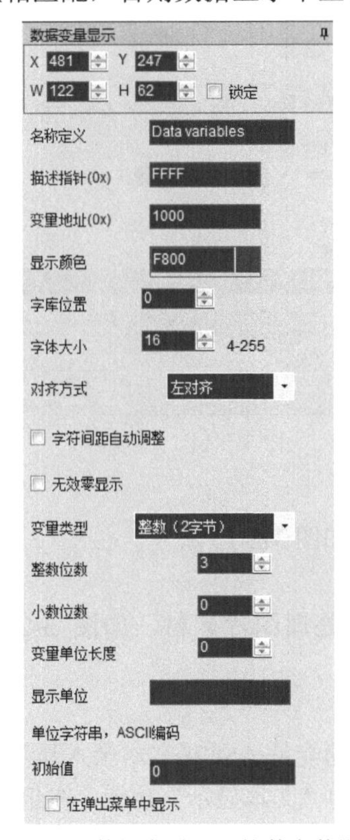

图 3-2-11　数据变量显示控件参数设置

完成所有设置后，将工程“保存”、“生成”，工程会被保存在存储路径中并生成对应的工程文件。

6. 工程下载

工程文件如图 3-2-12 所示。

0灰度字体.bin

13TouchFile.bin

14ShowFile.bin

22_Config.bin
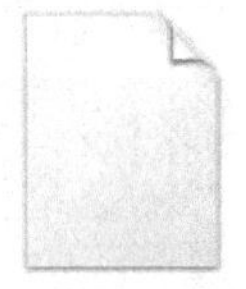
32背景图片.icl

33图标.icl

图 3-2-12　工程文件

3.2.2　文本录入显示

1. 准备素材

准备背景图片和字库文件等素材，如图 3-2-13 所示。

00.bmp

0灰度字体.bin
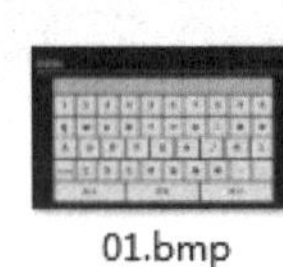
01.bmp
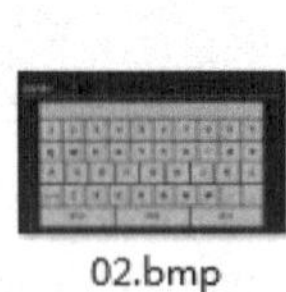
02.bmp

12_HZK.BIN

23_GBK24_宋体.HZK

图 3-2-13　素材文件

2. 新建工程

相应设置如图 3-2-14 所示。

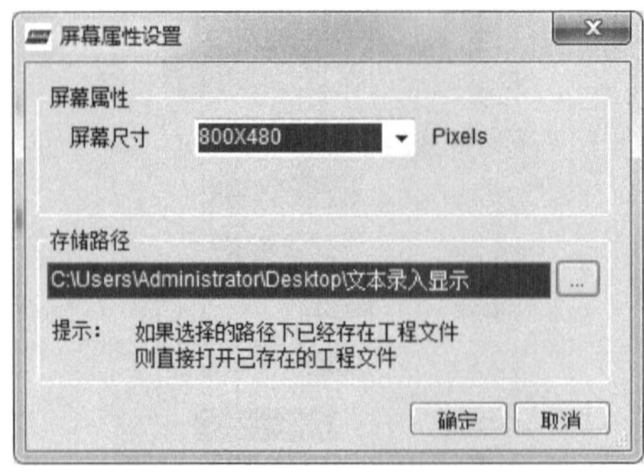

图 3-2-14　新建工程

3. 添加背景图片

将背景图片添加到工程中，如图 3-2-15 所示。

4. 处理图片素材

通过 DWIN ICL 生成工具处理图片素材，如图 3-2-16 所示，存储在工程文件夹的“DWIN_SET”文件夹中。

5. 组态功能

在这个工程中我们要实现的功能是 ASCII 文本录入显示和 GBK 文本录入显示，后者可以显示汉字。选择“文本显示”中的“文本显示”功能，在组态界面 00 页对应区域画出合适大小的控件，如图 3-2-17 所示。

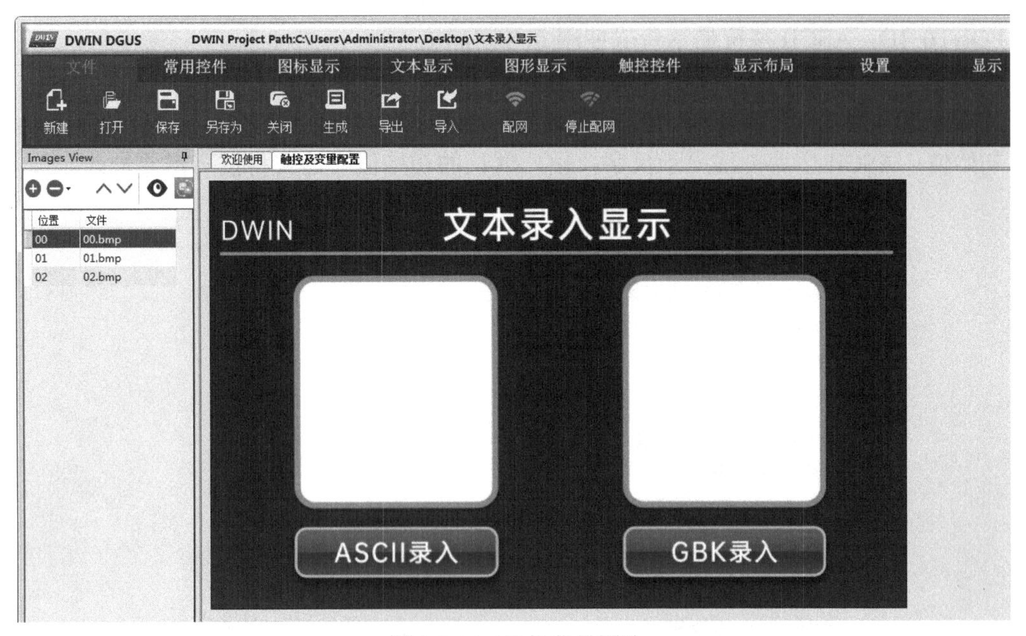

图 3-2-15　添加背景图片

图 3-2-16　图片 icl 文件

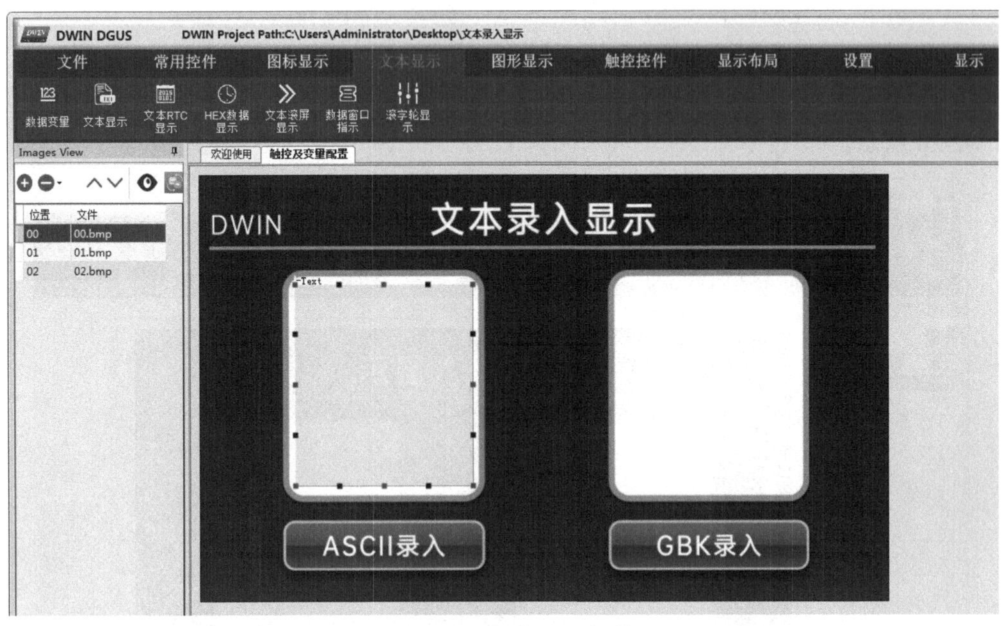

图 3-2-17　文本显示控件

文本显示控件参数设置如图 3-2-18 所示。

编码方式：在生成字库时决定，出厂字库编码为 GBK。

文本长度：以字节为单位，这里设置最大可以显示 100 字节的文本。

FONT0_ID：ASCII 字符显示一般使用 0 号字库。

FONT1_ID：非 ASCII 字符显示使用自定义字库。

X 方向点阵数、Y 方向点阵数：点阵数大小决定了字符显示的大小。

初始值：ASCII 字库无法显示汉字，出厂默认的初始值“迪文科技”需要修改。

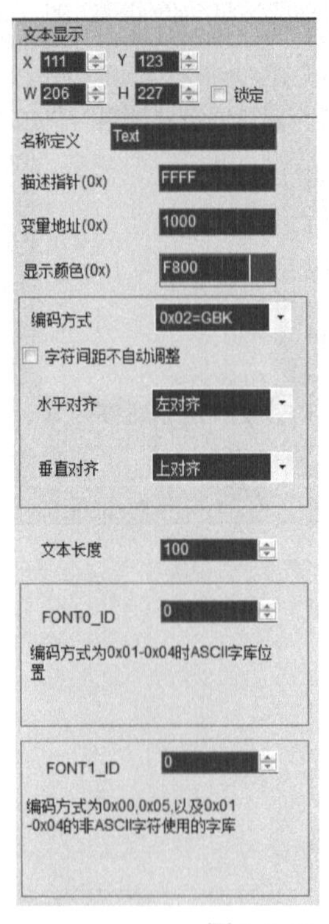

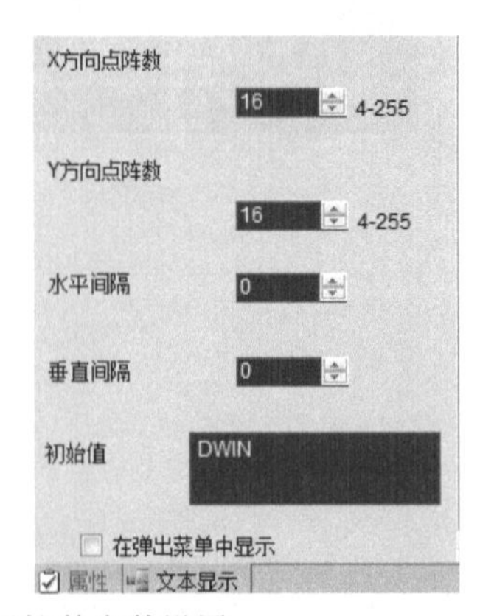

图 3-2-18　文本显示控件参数设置

复制“文本显示”控件，粘贴到 GBK 录入框区域，如图 3-2-19 所示。修改控件参数，如图 3-2-20 所示。

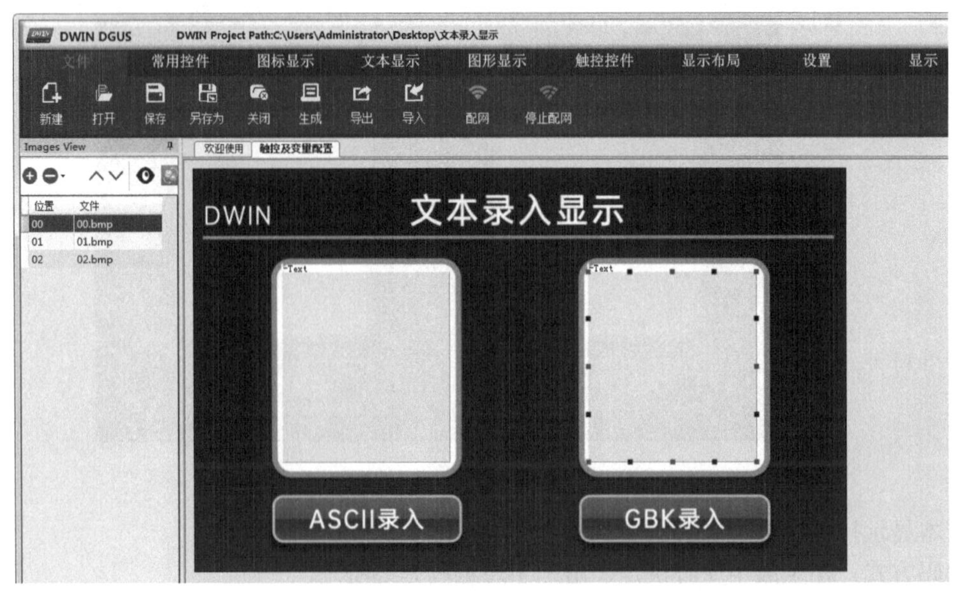

图 3-2-19　复制粘贴控件

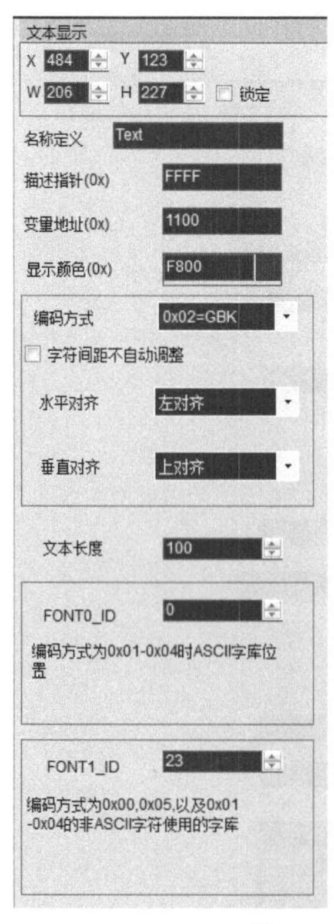

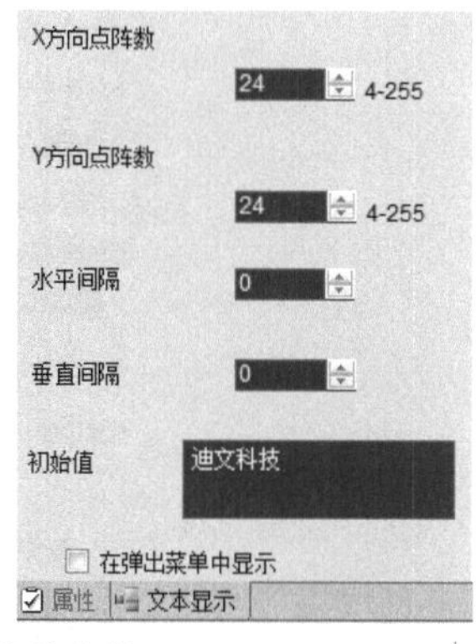

图 3-2-20　修改控件参数

变量地址：以字为单位，需要预留出足够的空间。

FONT1_ID：这里使用的是命名为 23 号的 GBK 汉字字库。

X 方向点阵数、Y 方向点阵数：点阵大小需要和字库文件一致。

初始值：GBK 汉字字库可以正常显示汉字，故可不修改出厂默认值。

选择“触控控件”中的“文本录入”功能，实现 ASCII 文本录入，如图 3-2-21 所示。

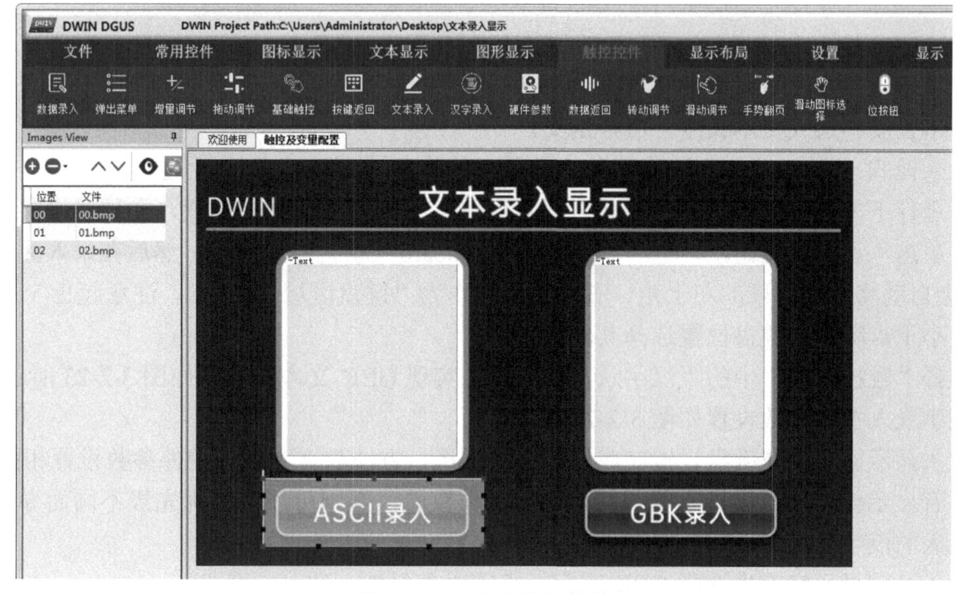

图 3-2-21　文本录入控件

文本录入控件参数设置如图 3-2-22 所示。

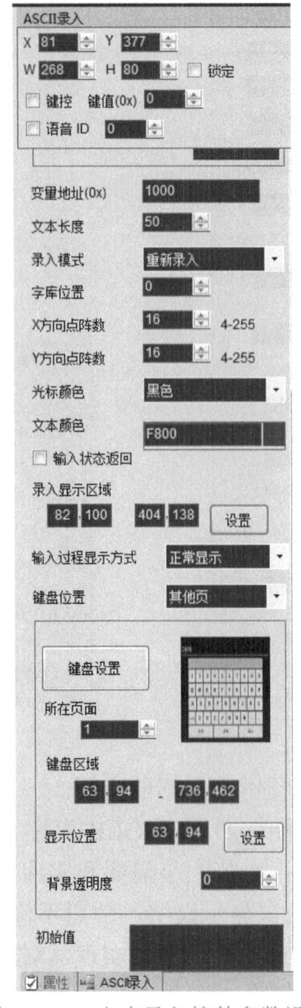

图 3-2-22　文本录入控件参数设置

变量地址：需要与对应的文本显示控件一致。

文本长度：录入文本长度，可自定义。

录入模式：“修改文本”不会清除之前录入的信息，“重新录入”反之。

先进行下方的键盘设置再确定录入显示区域，否则看不到弹出键盘，会导致设置的区域不对；单击“设置”按钮，勾选“Displayed Keyboard”就会弹出键盘，然后在录入区域框选（系统会自动将框选区域的左上角、右下角坐标作为“键盘区域”参数），注意起止 Y 坐标之差不能小于点阵数；键盘位置选择其他页。

选择“触控控件”中的“汉字录入”功能，实现 GBK 文本录入，如图 3-2-23 所示。

汉字录入控件参数设置如图 3-2-24 所示。

录入显示区域：在键盘设置完成后再进行框选，方法与文本录入控件参数设置相同。

拼音显示位置：该坐标不能与其他触控控件重叠，否则可能会因优先级不同而导致无法选择录入的汉字。

录入过程显示字库也选择 GBK 字库，点阵大小保持一致。

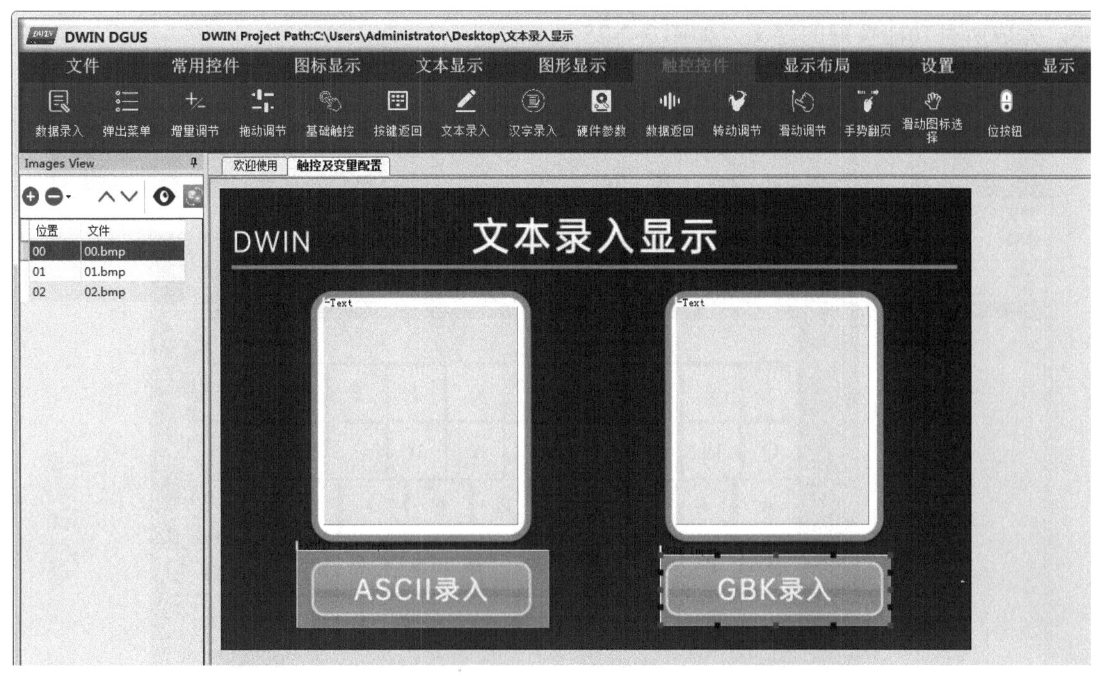

图 3-2-23　汉字录入控件

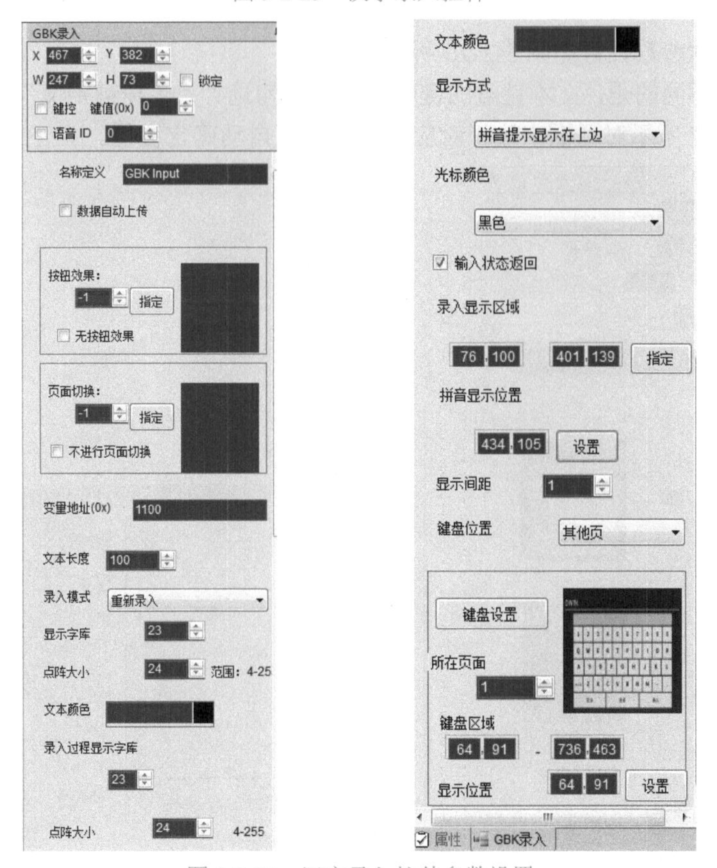

图 3-2-24　汉字录入控件参数设置

最后在组态界面 01 页完成文本键盘的功能定义，选择“触控控件”中的“基础触控”功能，完成所有功能按键的定义，如图 3-2-25 所示。

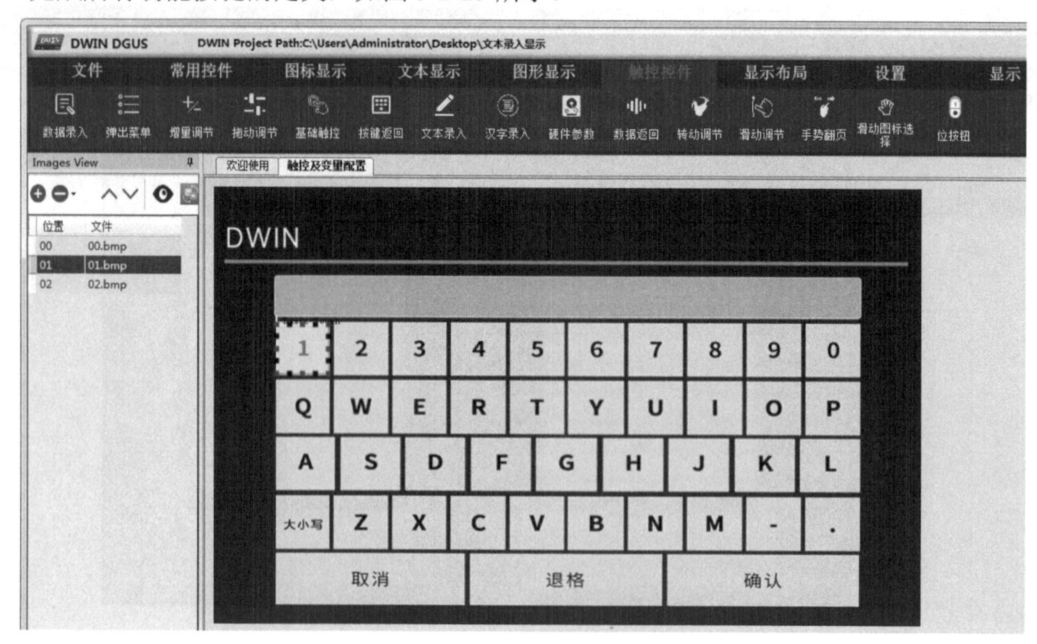

图 3-2-25　基础触控控件

基础触控控件参数设置如图 3-2-26 所示。

和数字键盘不同的是，文本键盘的键值栏中需要勾选“完全按键定义”选项，单击“Set”按钮，在图 3-2-27 所示对话框中选择对应的键位即可自动确定键值。

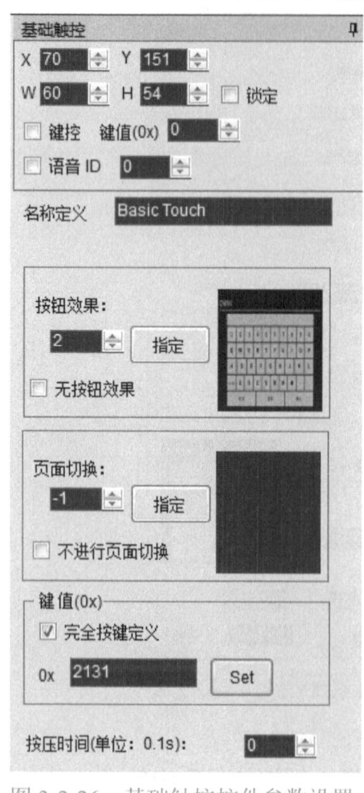

图 3-2-26　基础触控控件参数设置

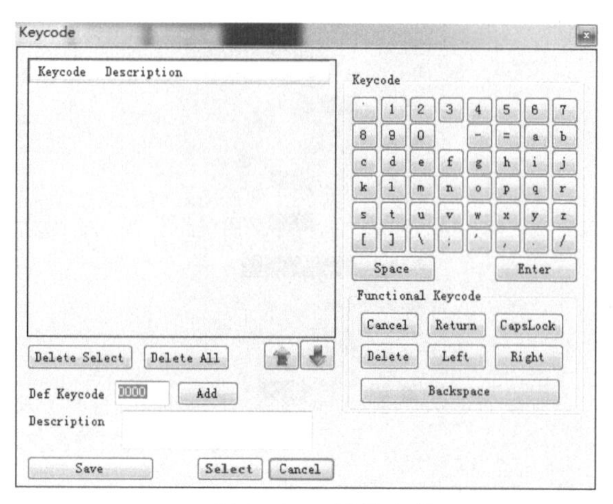

图 3-2-27　按键定义

完成所有设置后，将工程“保存”、“生成”，工程会被保存在存储路径中并生成对应的工程文件。

6．工程下载

工程文件如图 3-2-28 所示。

图 3-2-28　工程文件

3.2.3　音乐播放功能

1．准备素材

准备背景图片和音频素材，如图 3-2-29 所示。

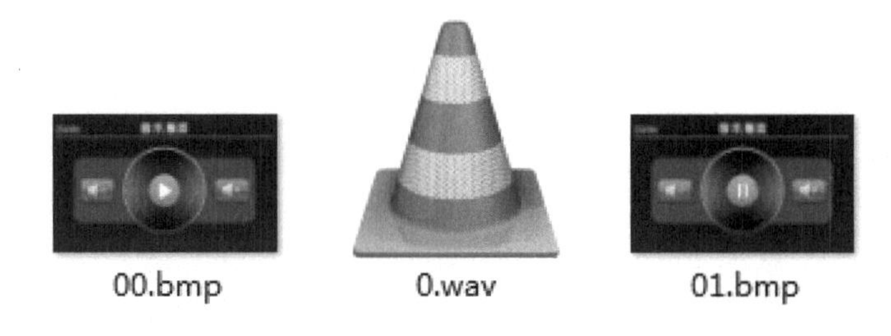

图 3-2-29　素材

2．新建工程

相应设置如图 3-2-30 所示。

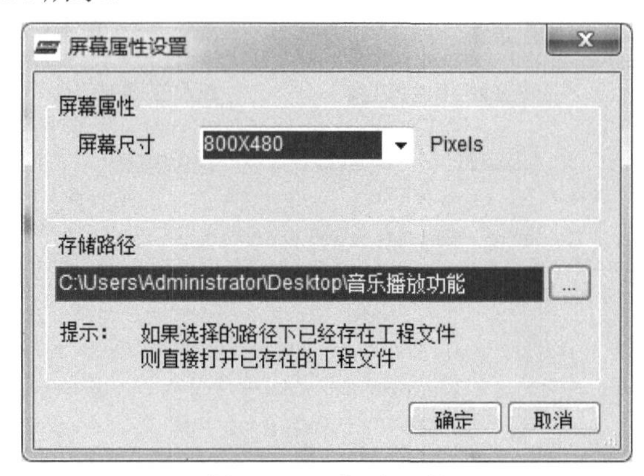

图 3-2-30　新建工程

3．添加背景图片

将背景图片添加到工程中，如图 3-2-31 所示。

4．处理图片素材

通过 DWIN ICL 生成工具处理图片素材，如图 3-2-32 所示，存储在“DWIN_SET”文件夹中。

图 3-2-31　添加背景图片

图 3-2-32　图片 icl 文件

5．处理音频素材

通过 DGUS 配置工具中的 WAE 生成工具（如图 3-2-33 所示）处理音频素材，处理后的音频文件命名同样不能与其他文件冲突，存储在“DWIN_SET”文件夹中。

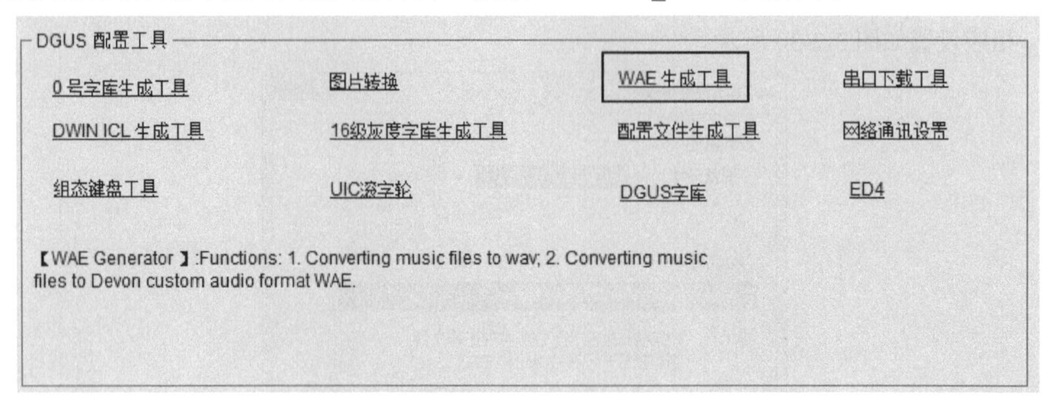

图 3-2-33　WAE 生成工具

音频素材如果不是 wav 格式，需要通过图 3-2-34 所示工具进行转换，然后单击“生成新 WAE”按钮，若电脑无法正常播放音频，则会导致音频文件生成失败；也可以同时处理多个 wav 格式的音频文件（0～255 个），生成同一个 wae 文件。

6．组态功能

在这个工程中我们要实现的功能是音乐播放控制与音量调节。选择“触控控件”中的“按键返回”功能，在组态界面 00 页播放区域画出合适大小的控件，如图 3-2-35 所示。

图 3-2-34　WAE 工具

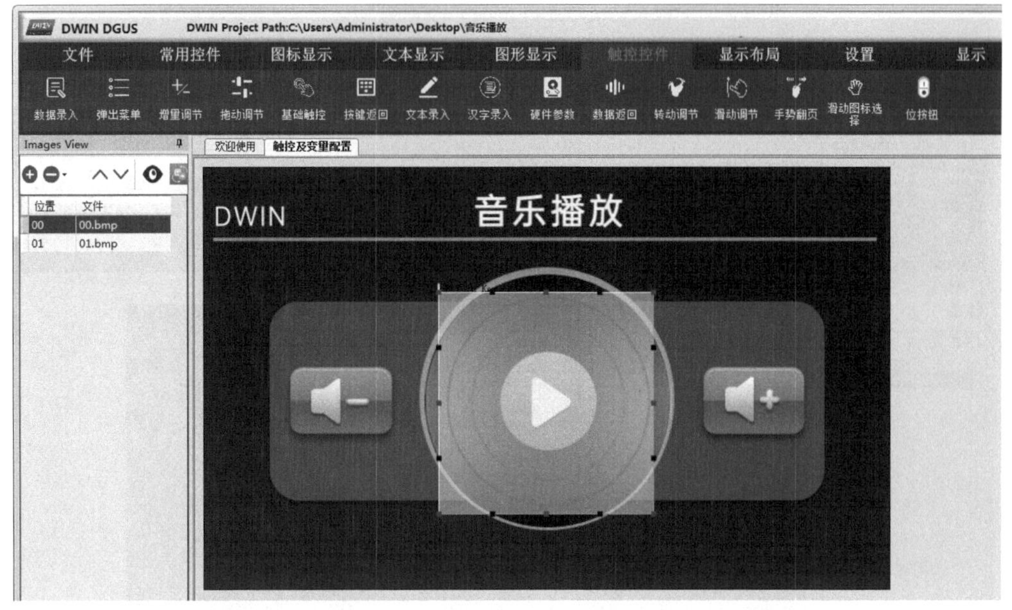

图 3-2-35　按键返回控件

按键返回控件参数设置如图 3-2-36 所示。

向变量地址 0x00A0 写入 2 字节的数据 0x0001 实现音乐播放功能，高字节写入 0x00 表示本次播放的段 ID 为 0（原 wav 文件的命名），低字节写入 0x01 表示本次播放的段数，固定为 0x01。

wae 文件播放需要使用变量地址 0x00A0。

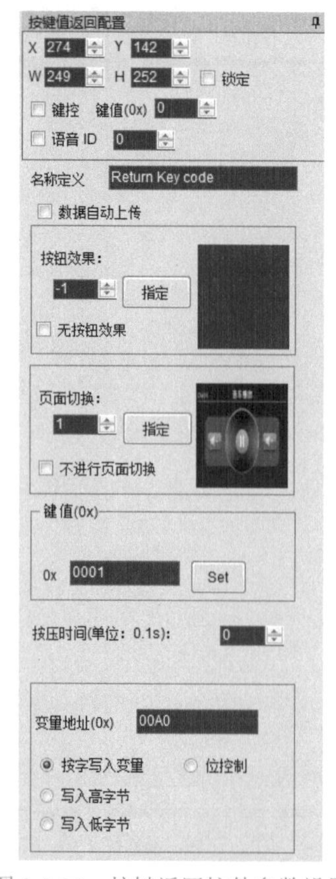

图 3-2-26　按键返回控件参数设置

将按键返回控件复制粘贴到组态界面 01 页，修改参数，实现音乐停止播放的效果，如图 3-2-37 所示。

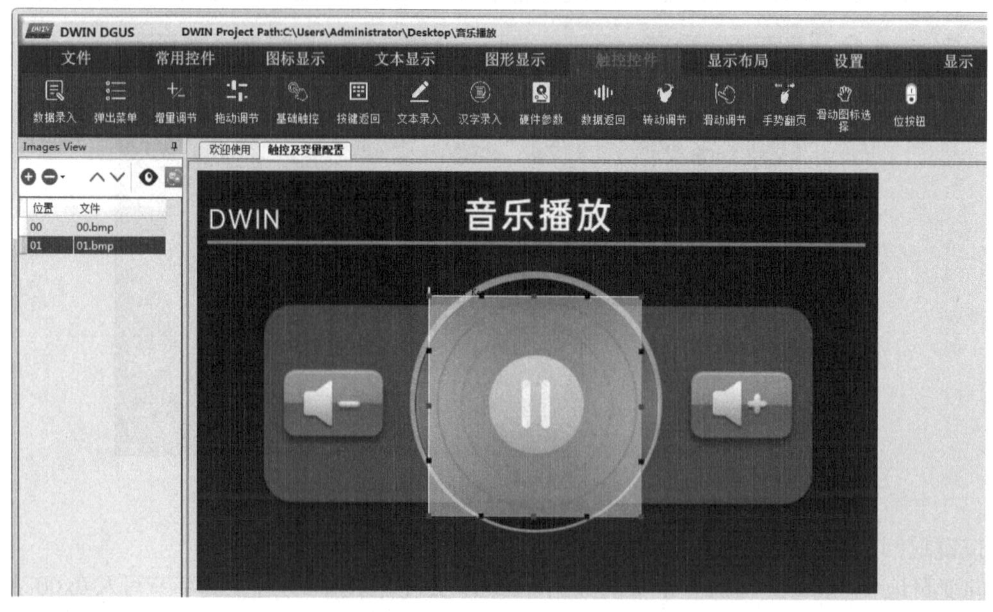

图 3-2-37　复制粘贴控件

按键返回控件参数修改如图 3-2-38 所示。

键值设置为 0x0101，高字节写入本次播放不存在的段 ID 0x01，实现音乐停止播放的效果。

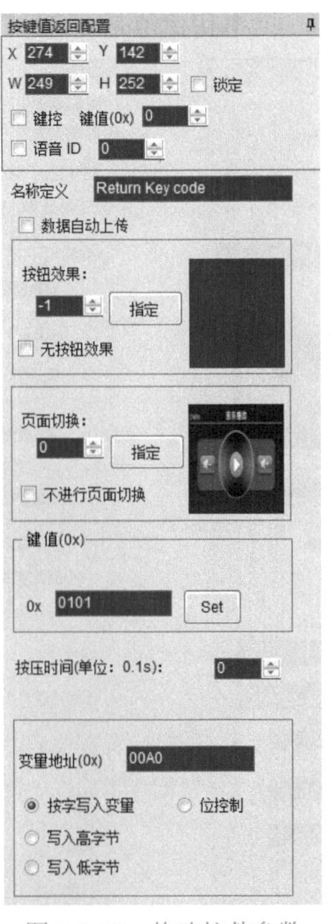

图 3-2-38　修改控件参数

选择“触控控件”中的“增量调节”功能，实现音量调节，如图 3-2-39 所示。

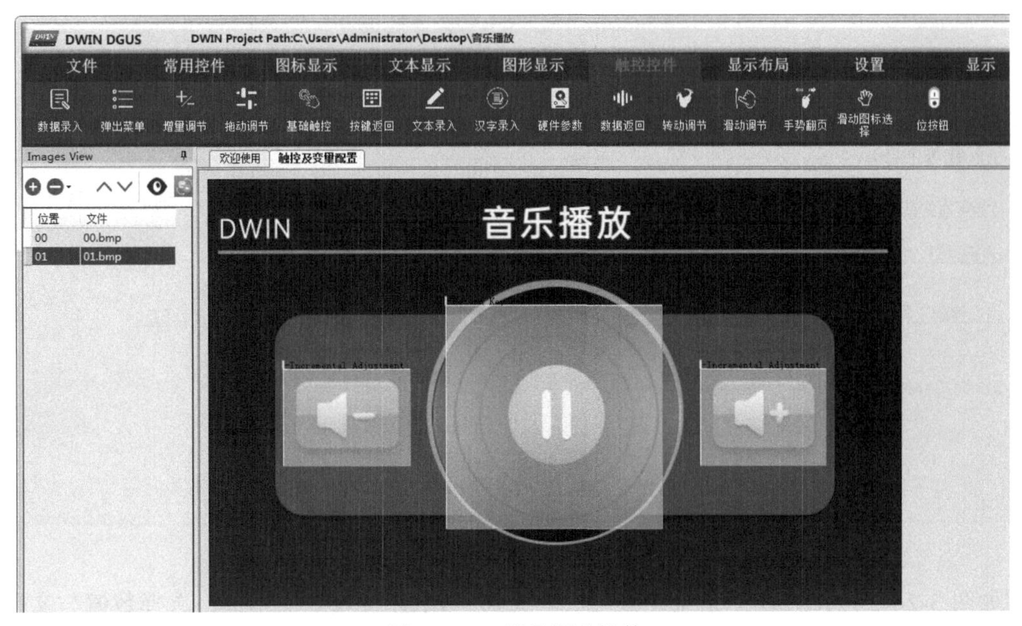

图 3-2-39　增量调节控件

增量调节控件参数设置如图 3-2-40 所示。

控制音乐播放音量使用变量地址 0x00A1，写入高字节数据实现音量调节。

播放音量调节的单位量为 1/64，上电初始值是 0x40（100%）。

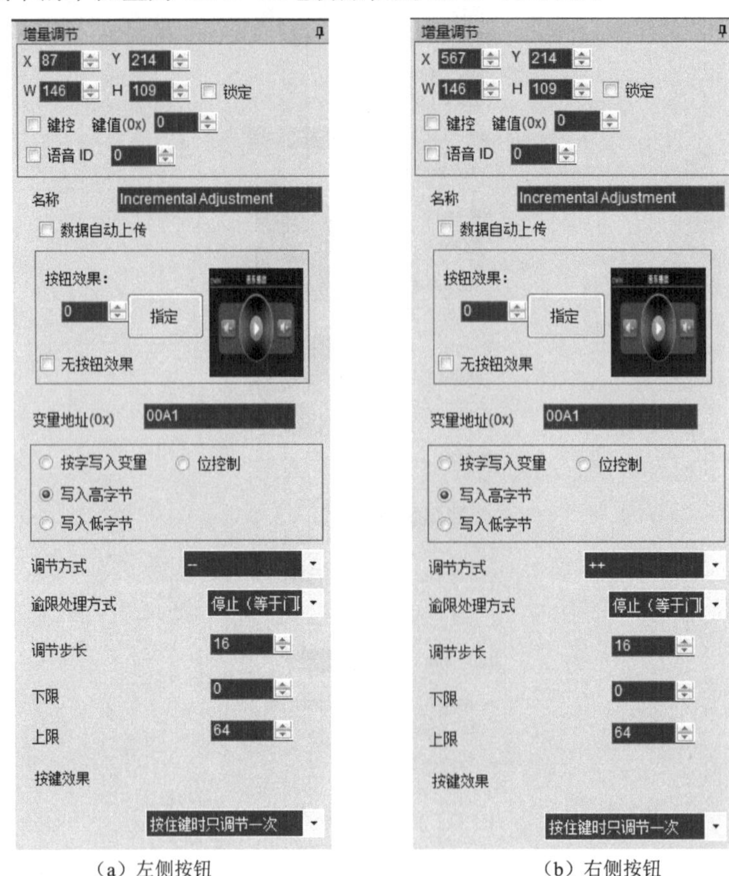

（a）左侧按钮　　（b）右侧按钮

图 3-2-40　增量调节控件参数设置

最后通过 DGUS 配置工具中的配置文件生成工具（如图 3-2-41 所示）生成新的 CFG 硬件配置文件，开启音乐播放功能。

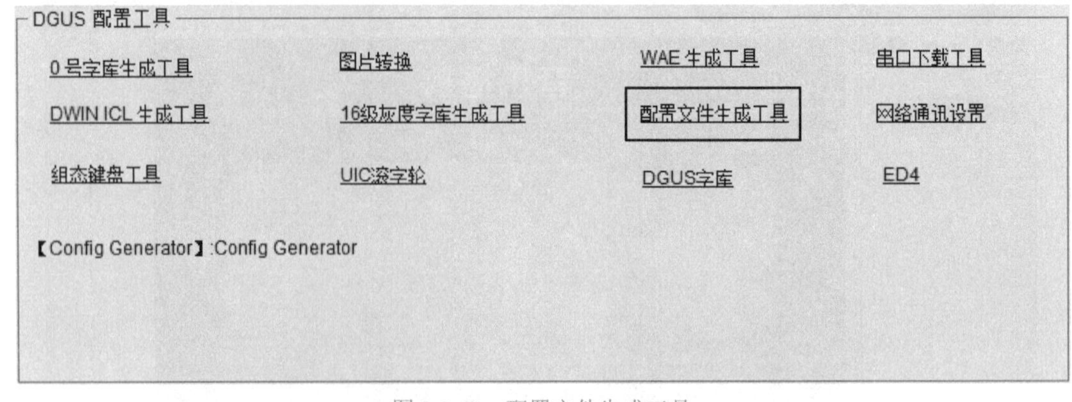

图 3-2-41　配置文件生成工具

如图 3-2-42 所示，在“系统设置”栏中找到“WAE 位置”文本框，选择数值与文件 ID 一致，然后在“蜂鸣器/音乐播放”栏中选择“音乐”选项，最后单击右下角“新建 CFG”按钮，将文件命名为“T5LCFG”，与其他工程文件一并下载。

DwinPCKits-CFG修改
ICL工具　WAE工具　CFG修改　T5L下载　SP指令　CRC校验　Movie工具
T5L
系统设置
CRC校验　关闭　开启
触摸屏伴音　关闭　开启
WAE位置 15
ICL位置 32
触摸屏报点率/Hz 10
串口波特率 115200
加载22文件　不加载　加载
触摸屏背光待机　关闭　开启
蜂鸣器/音乐播放　蜂鸣器　音乐
触控变量改变自动上传　不自动上传　自动上传
上电显示方向　0°　90°　180°　270°
系统设置2
背光PWM亮度控制
Flash扩展
Flash格式化
Flash容量（4Gbits）
擦除片外Flash
分辨率（16bit）
OS加密
下载时OS核是否运行
背光待机
正常工作及开机亮度 100
待机亮度 50
唤醒点亮时间/10ms 100
上电初始化变量文件ID配置
开启　初始文件ID 22
触摸屏设置
开启触摸屏配置
触摸屏模式 4线电阻触摸
电阻触摸屏测试 关闭
X轴数据选择 0-Xmax
Y轴数据选择 0-Ymax
XY交换 XY
触摸屏灵敏度 20
频段选择 0
时钟输出
开启时钟配置
时钟输出
输出时钟频率/Hz 3238250
蜂鸣器
开启蜂鸣器配置
蜂鸣器频率/Hz 68244
高电平占空比 DUTY 240 / DIV_2 3000
鸣叫时间/10ms 10
打开CFG
保存到CFG
新建CFG
尺寸分辨率
开启尺寸分辨率配置
类型
1024*600
系统时钟调节
开启　配置值 0x00
SD下载文件夹名称设置
开启　名称
上电背光延迟点亮时间配置
开启 10 *10ms
注意：不涉及触摸和液晶参数更新，请勿勾选触摸屏配置和开启尺寸分辨率配置

图 3-2-42　CFG 修改

完成所有设置后，将工程“保存”、“生成”，工程会被保存在存储路径中并生成对应的工程文件。

7. 工程下载

工程文件如图 3-2-43 所示。

13TouchFile.bin

14ShowFile.bin

15音频.wae

22_Config.bin

32背景图片.icl

T5LCFG.CFG

图 3-2-43　工程文件

3.2.4　视频播放功能

1. 准备素材

准备背景图片和视频素材，如图 3-2-44 所示。

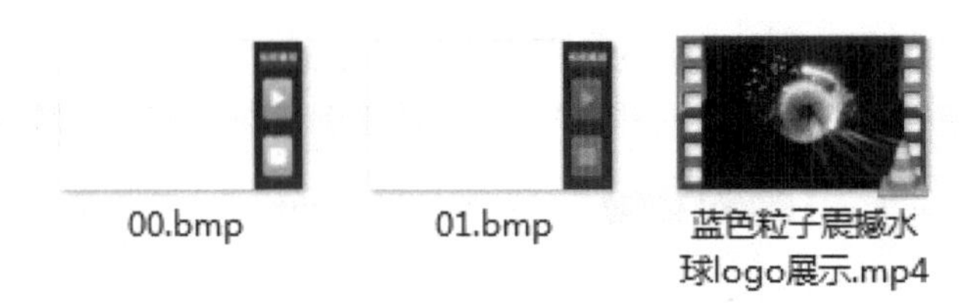

图 3-2-44　素材

2．新建工程

相应设置如图 3-2-45 所示。

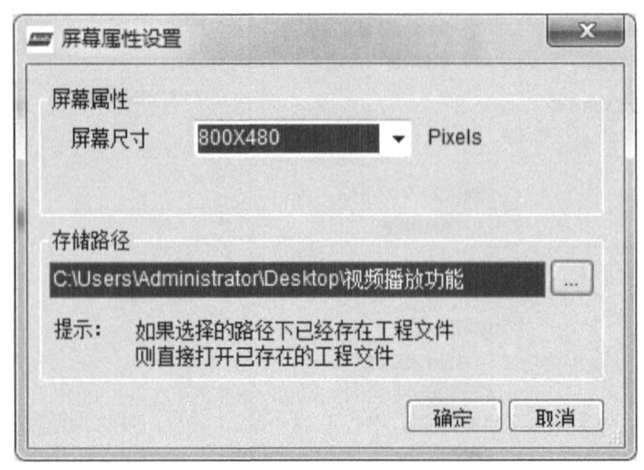

图 3-2-45　新建工程

3．添加背景图片

将背景图片添加到工程中，如图 3-2-46 所示。

图 3-2-46　添加背景图片

4．处理图片素材

通过 DWIN ICL 生成工具处理图片素材，如图 3-2-47 所示，存储在“DWIN_SET”文件夹中。

图 3-2-47　图片 icl 文件

5．处理视频素材

通过 DGUS 配置工具中的 Movie 工具处理视频素材，单击 WAE 生成工具进入 DGUS 配置工具界面后再选择 Movie 工具，如图 3-2-48 所示。

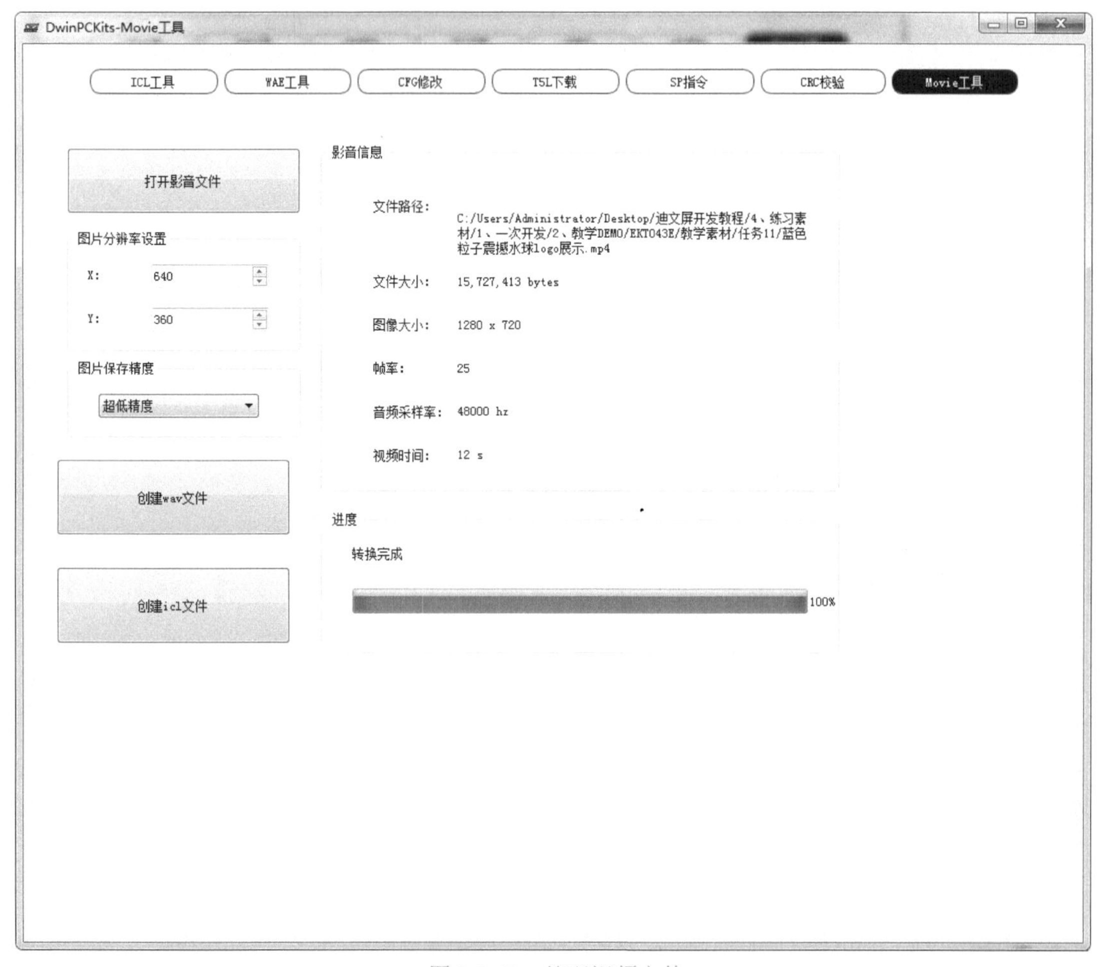

图 3-2-48　处理视频文件

视频素材一般为MP4格式，选择要处理的视频素材后需要确认在工程中显示的分辨率（画面大小），比例要与原视频图像大小一致；“图片保存精度”可根据需要进行选择，精度越高，创建的 icl 文件越大，视频显示越清晰，本工程中使用的 16MB Flash 标准屏选择超低精度即可；分别单击“创建 wav 文件”和“创建 icl 文件”按钮，将原视频的音频和图像画面进行分离，wav 文件必须命名为序号 0，否则会音画不同步，icl 文件命名不与其他文件冲突即可，如图 3-2-49 所示。

图 3-2-49　视频素材处理结果

接着使用WAE生成工具将0.wav文件生成DGUS智能屏能够识别的wae文件，如图3-2-50所示，“数据格式标识”需要选择“32KHz 16bit WAV”，命名不与其他文件冲突即可。

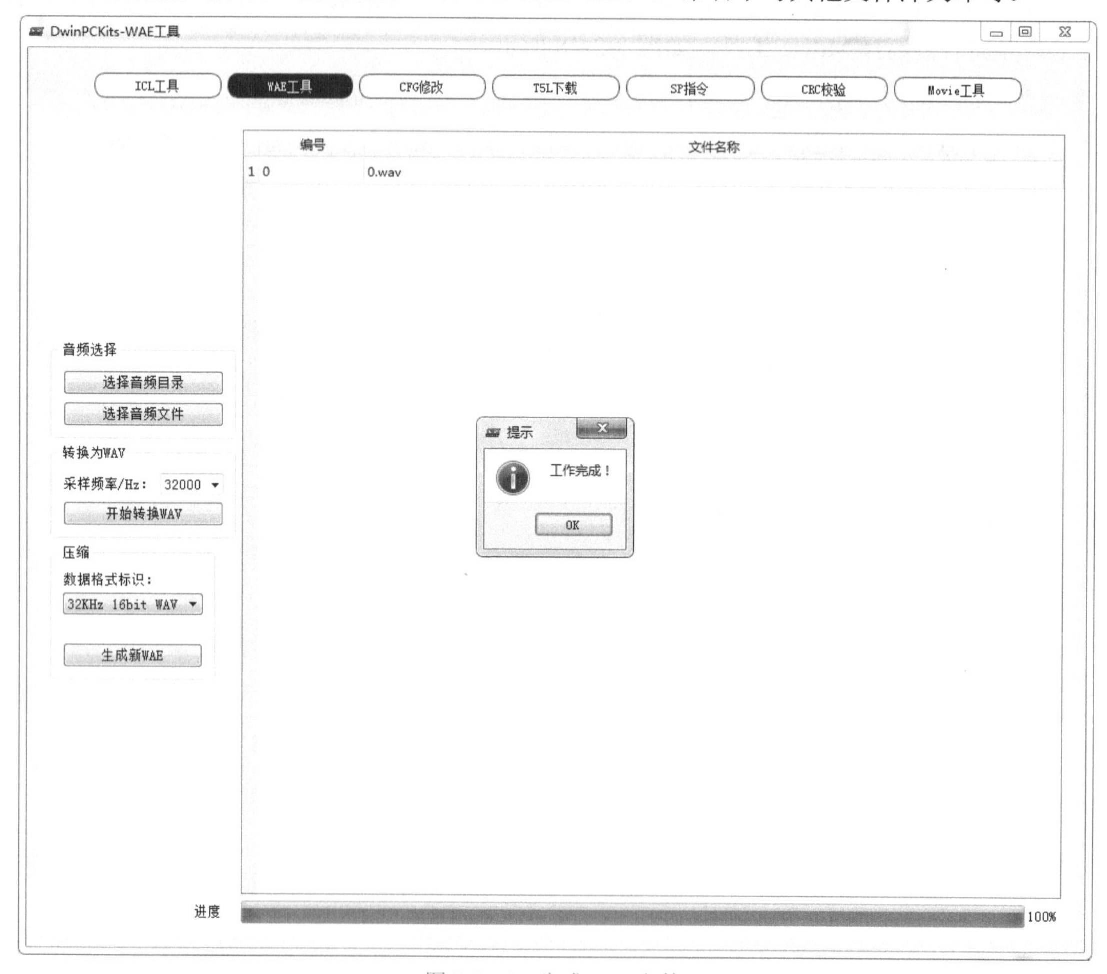

图 3-2-50　生成 wae 文件

6. 组态功能

在这个工程中我们要实现的功能是视频播放控制。选择“图标显示”中的“数字视频”功能，在组态界面 00 页播放区域画出合适大小的控件如图 3-2-51 所示。

数字视频控件参数设置如图 3-2-52 所示。

帧率需要与原视频帧率一致。

icl 文件 ID 与 wae 文件 ID 需要与生成的对应文件保持一致。

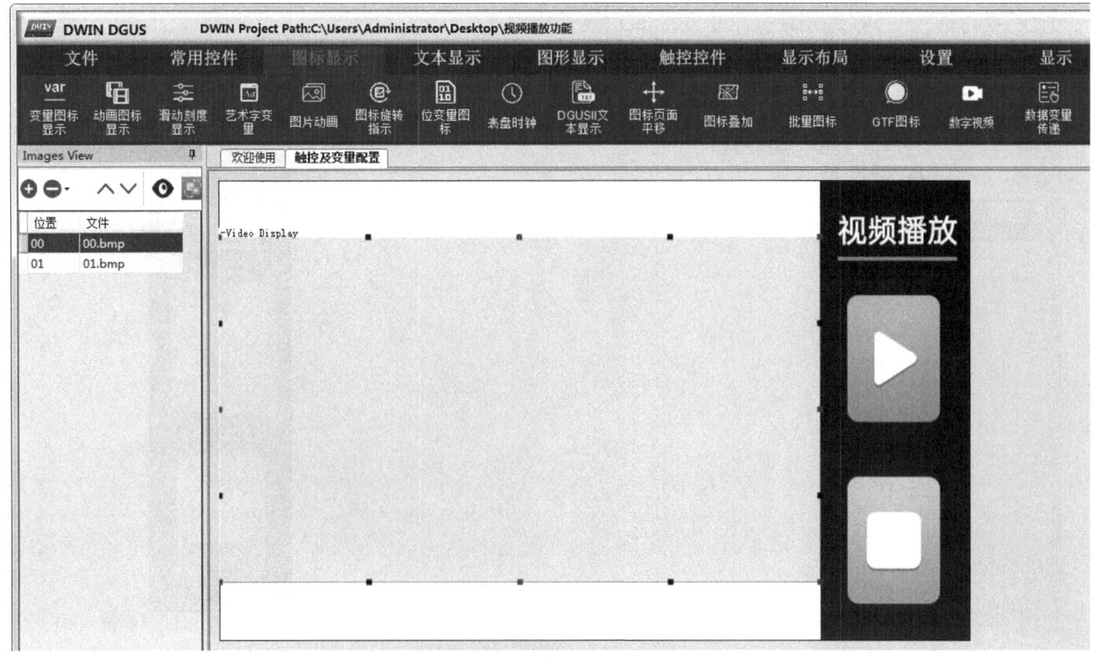

图 3-2-51　数字视频控件

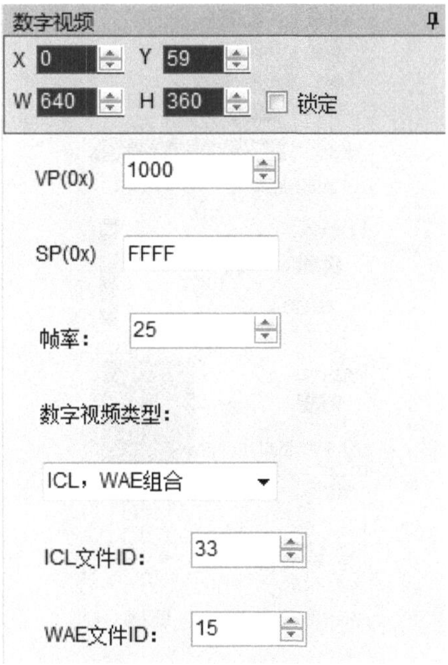

数字视频
X 0　Y 59
W 640　H 360　锁定
VP(0x) 1000
SP(0x) FFFF
帧率：25
数字视频类型：
ICL，WAE组合
ICL文件ID：33
WAE文件ID：15

图 3-2-52　数字视频控件参数设置

选择“触控控件”中的“按键返回”功能，实现播放视频的功能，如图 3-2-53 所示。

按键返回控件参数设置如图 3-2-54 所示。

键值为 0x5A03，第一个字节 0x5A 表示数字视频播放开启，其余表示关闭；第二个字节 0x03 表示从指定位置开始播放，单位为秒，未指定则从头开始播放。

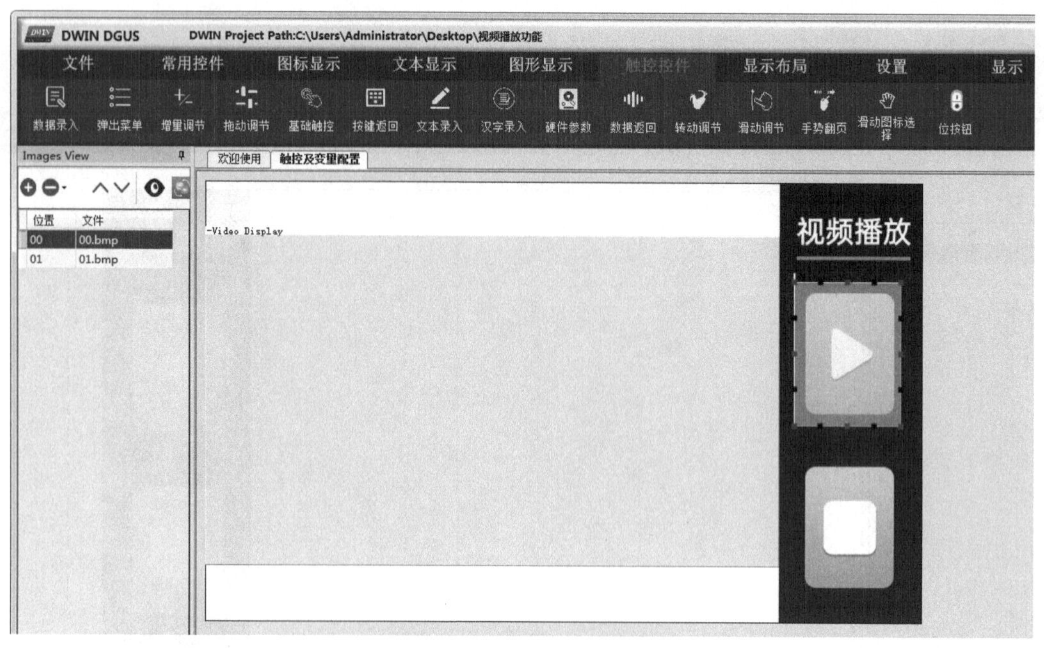

图 3-2-53　按键返回控件

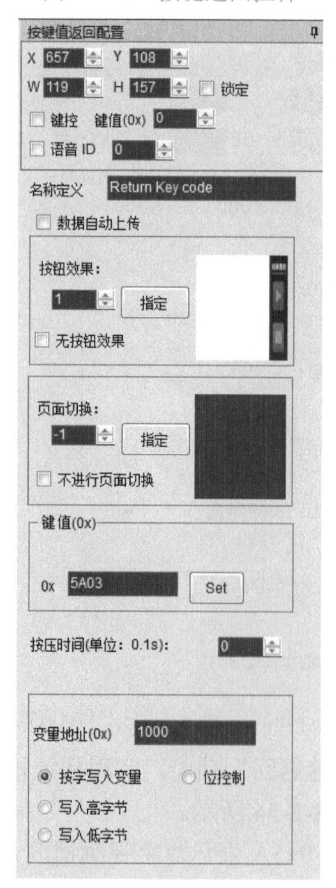

图 3-2-54　按键返回控件参数设置

复制按键返回控件，粘贴到停止按钮并修改参数，实现停止播放视频功能，如图 3-2-55 所示。

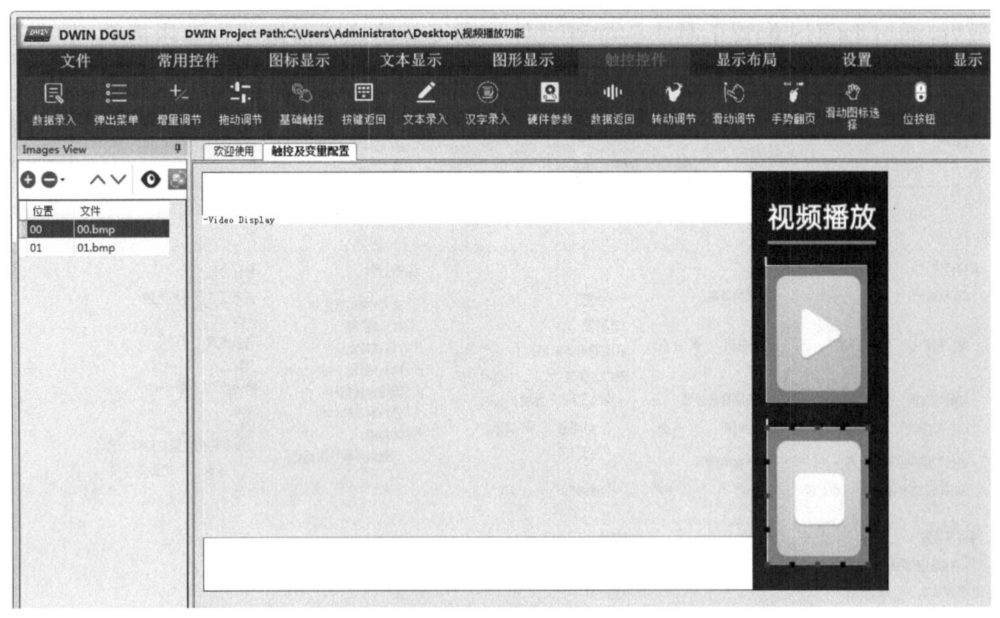

图 3-2-55　复制粘贴控件

按键返回控件参数修改如图 3-2-56 所示。

键值为 0x5A01，第一个字节 0x5A 表示数字视频播放开启，其余表示关闭；第二个字节 0x01 表示停止播放，画面停留在第一帧。

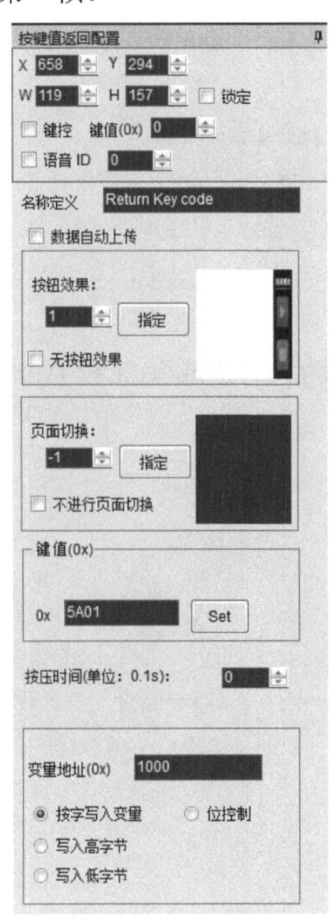

图 3-2-56　控件参数修改

最后，通过 DGUS 配置工具中的配置文件生成工具将蜂鸣器修改为音乐播放，如图 3-2-57 所示。新建的 CFG 文件命名为“T5LCFG”，保存在“DWIN_SET”文件夹中。

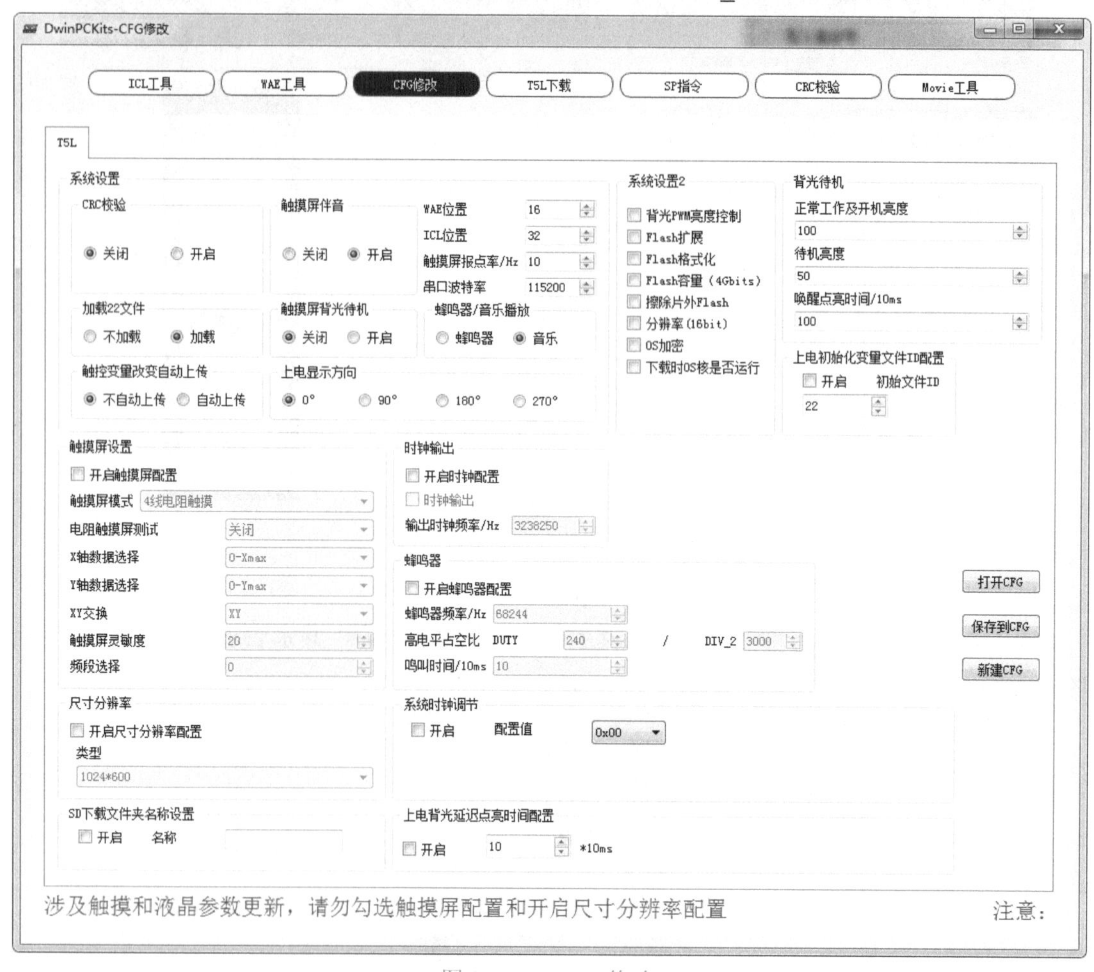

图 3-2-57　CFG 修改

完成所有设置后，将工程“保存”、“生成”，工程会被保存在存储路径中并生成对应的工程文件。

7. 工程下载

工程文件如图 3-2-58 所示。

图 3-2-58　工程文件

3.2.5　图形绘制功能

1. 准备图片素材

准备背景图片素材，如图 3-2-59 所示。

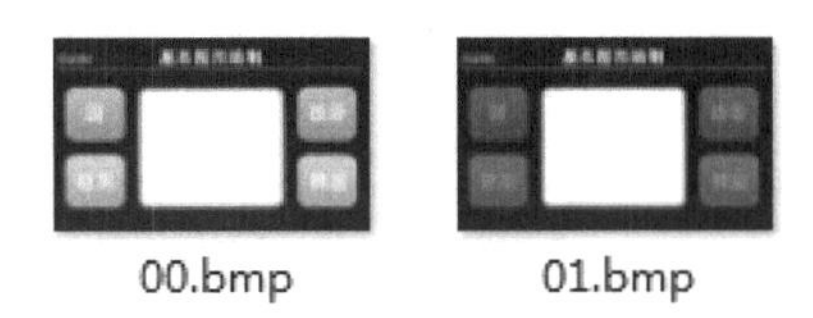

图 3-2-59　图片素材

2. 新建工程

相应设置如图 3-2-60 所示。

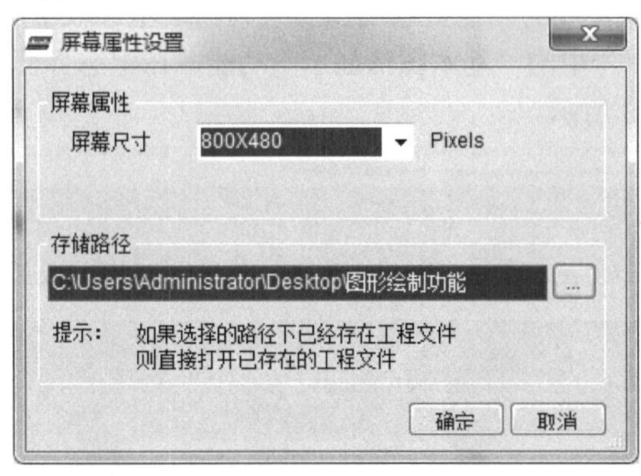

图 3-2-60　新建工程

3. 添加背景图片

将背景图片添加到工程中，如图 3-2-61 所示。

图 3-2-61　添加背景图片

4. 处理图片素材

通过 DWIN ICL 生成工具处理图片素材，如图 3-2-62 所示，存储在“DWIN_SET”文件夹中。

图 3-2-62　图片 icl 文件

5. 组态功能

在这个工程中我们要实现的功能是基础图形绘制，这里选取了圆、线段、矩形、椭圆作为示例。选择“图形显示”中的“基本图形显示”功能，在组态界面 00 页显示区域画出合适大小的控件，如图 3-2-63 所示。

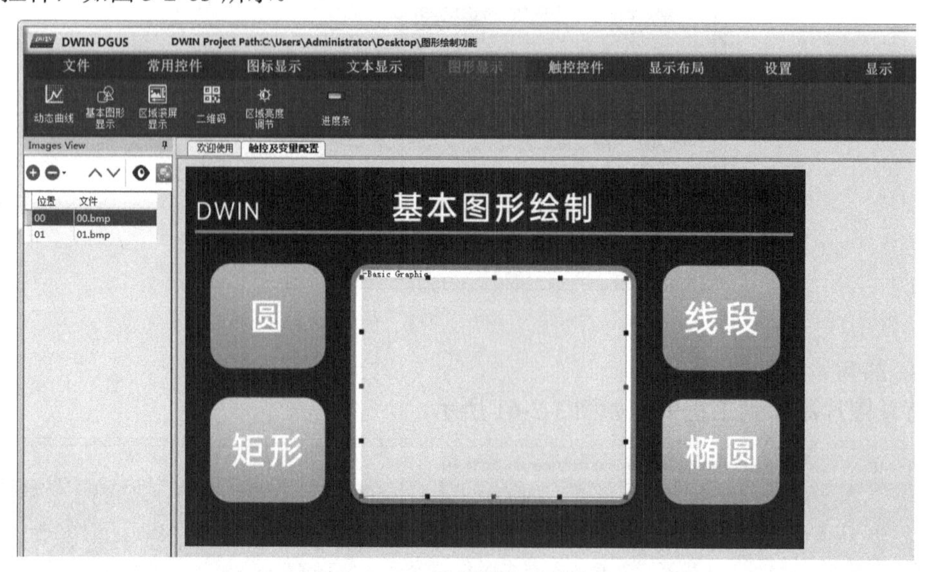

图 3-2-63　基本图形显示控件

基本图形显示控件参数设置如图 3-2-64 所示。

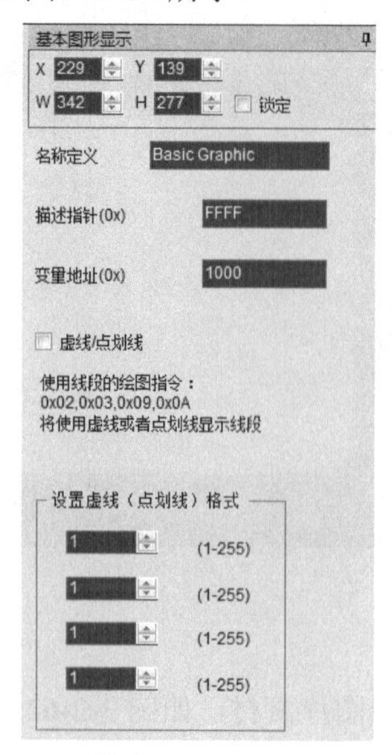

图 3-2-64　基本图形显示控件参数设置

描述指针在改变基本图形的大小、颜色等属性时需要用到，本工程只涉及基本图形的显示，使用变量地址即可。

勾选后“虚线/点划线”复选框将使用虚线或者点划线显示图形，默认不勾选，显示实线图形。

“设置虚线（点划线）格式”栏仅在勾选“虚线/点划线”复选框后生效。

选择“触控控件”中的“数据返回”功能，实现基本图形绘制的功能，如图 3-2-65 所示。

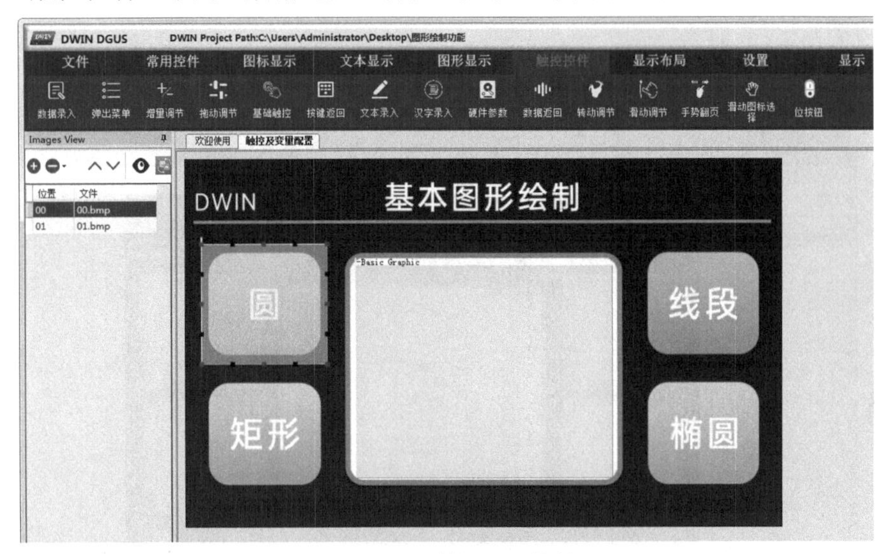

图 3-2-65　数据返回控件

数据返回控件参数设置如图 3-2-66 所示。

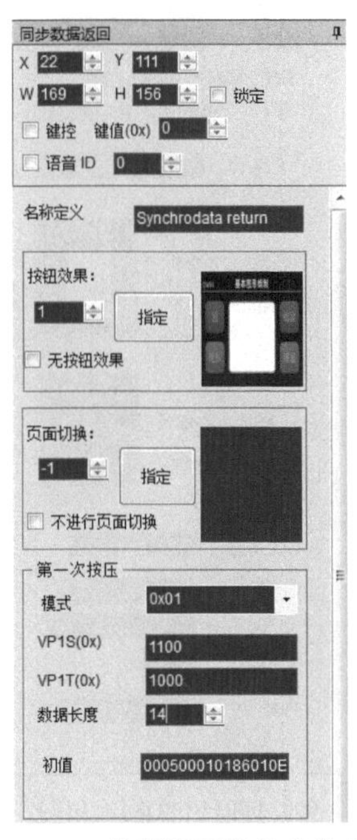

图 3-2-66　数据返回控件参数设置

数据返回控件有三种状态：第一次按压、持续按压、松开按压，分别向不同地址写入不同数据实现不同的功能。这里只需要实现一种绘图功能，使用第一次按压即可，模式选择 0x01。

VP1S 是写入数据（初值）的地址，这里我们参考《T5L_DGUS II 应用开发指南》的说明写入 0x000500010186010E0060F800FF00，数据长度是 14 字节，其中 0x0005 表示画圆，0x0001 表示绘制数量，0x0186 表示圆心横坐标，0x010E 表示圆心纵坐标，0x0060 表示半径，0xF800 表示红色，0xFF00 表示绘图操作结束。VP1T 则是目标地址，第一次按压后 VP1S 里的数据将会传输到 VP1T，实现绘图功能。

复制数据返回控件，粘贴至剩余绘图功能按钮，如图 3-2-67 所示，并完成参数修改，如图 3-2-68 所示。

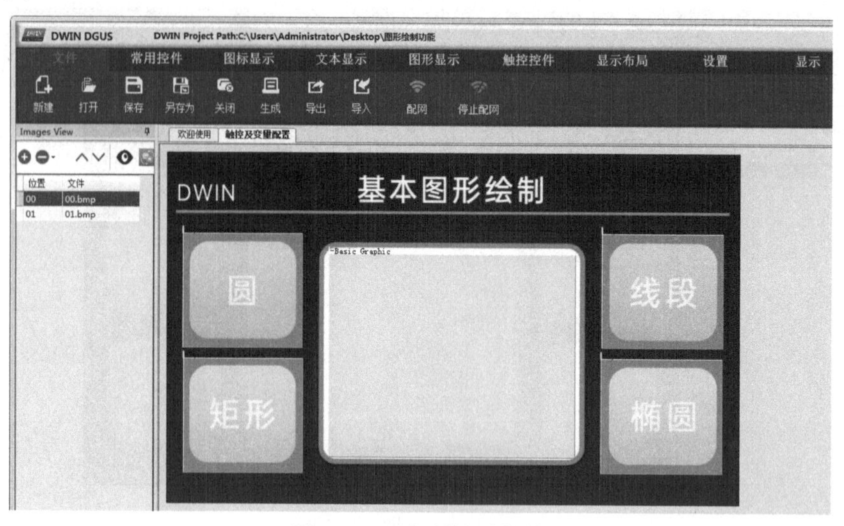

图 3-2-67　复制粘贴控件

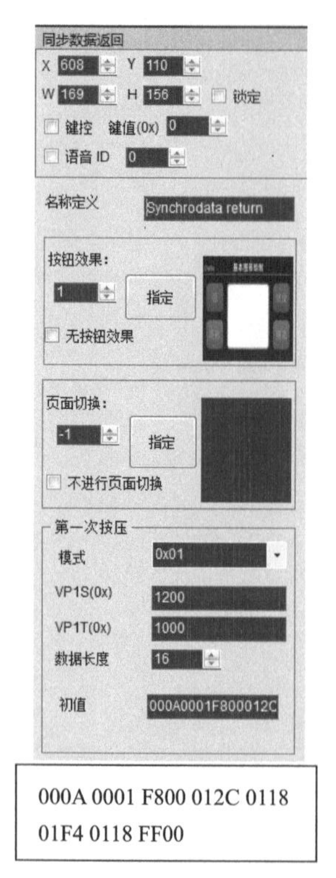

（a）线段

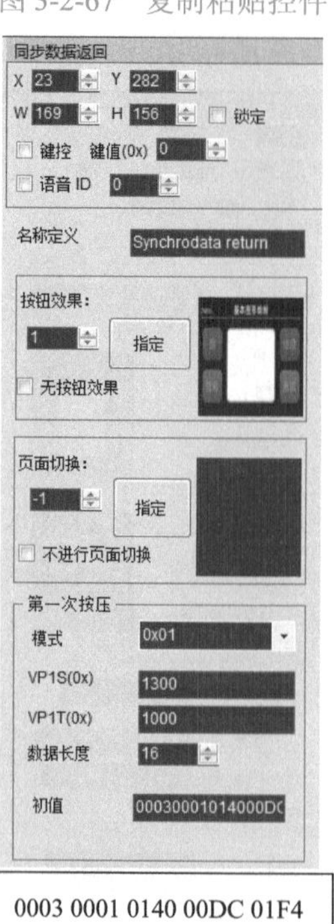

（b）矩形

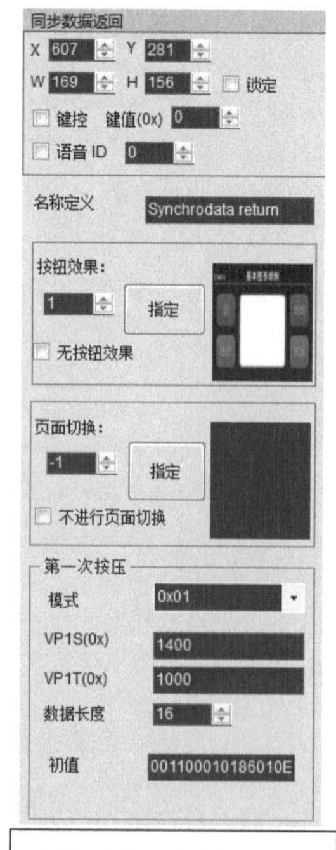

（c）椭圆

图 3-2-68　控件参数修改及对应绘制指令

对应绘图指令的具体数据（初值）含义可以参考《T5L_DGUS II 应用开发指南》。

完成所有设置后，将工程“保存”、“生成”，工程会被保存在存储路径中并生成对应的工程文件。

6．工程下载

工程文件如图 3-2-69 所示。

图 3-2-69　工程文件

3.2.6　Flash 读写功能

1．准备素材

准备背景图片和字库文件素材，如图 3-2-70 所示。

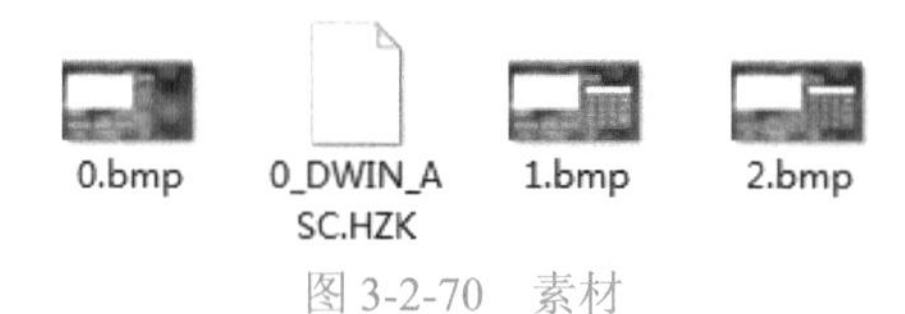

图 3-2-70　素材

2．新建工程

相应设置如图 3-2-71 所示。

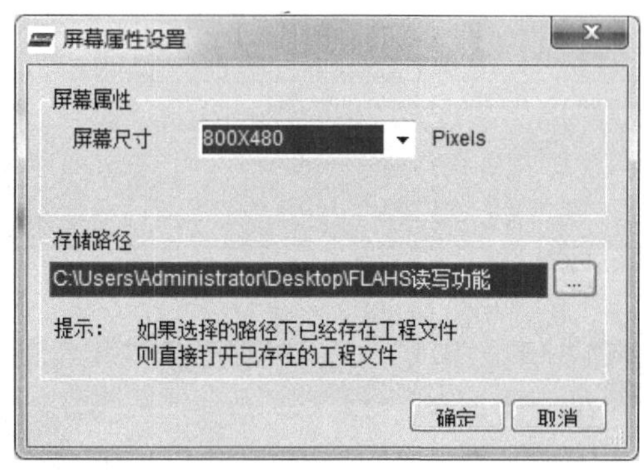

图 3-2-71　新建工程

3．添加背景图片

将背景图片添加到工程中，如图 3-2-72 所示。

4．处理图片素材

通过 DWIN ICL 生成工具处理图片素材，如图 3-2-73 所示，存储在“DWIN_SET”文件夹中。

5．组态功能

在这个工程中我们要实现的功能是 Flash 读写，首先实现数据在 Flash 中的读写，选择“文本显示”中的“数据变量”功能，在组态界面 00 页显示区域画出合适大小的控件，如图 3-2-74 所示。

图 3-2-72　添加背景图片

图 3-2-73　图片 icl 文件

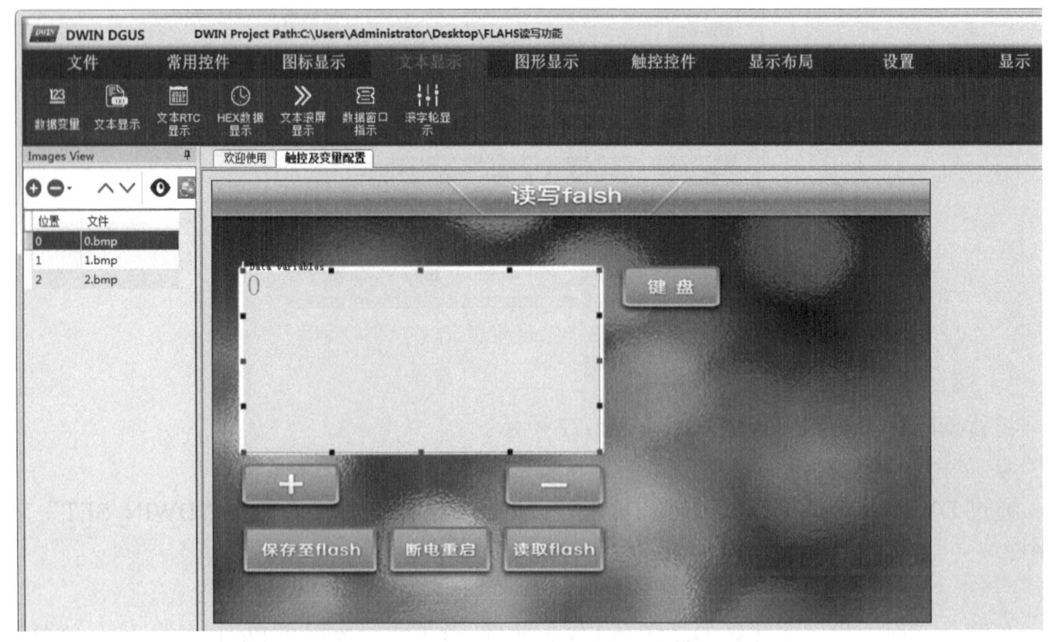

图 3-2-74　数据变量显示控件

数据变量显示控件参数设置如图 3-2-75 所示。

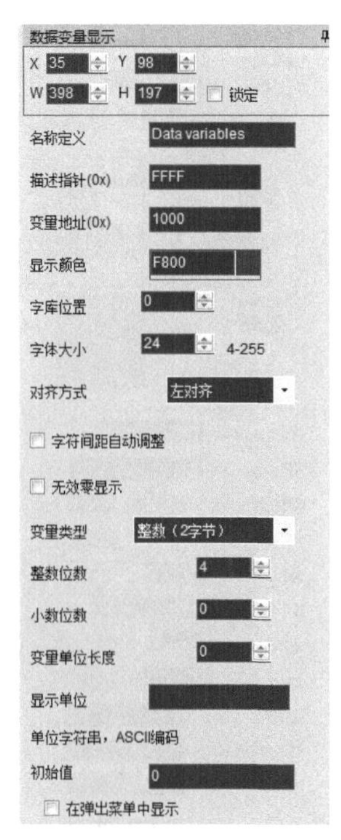

图 3-2-75　数据变量显示控件参数设置

根据《T5L_DGUS II 应用开发指南》上对 Flash 读写功能所使用的系统变量接口 0x0008 的说明，数据变量空间首地址必须是偶数。

变量类型根据需要进行选择，这里选择 2 字节的整数，设置整数位数为 4。

选择“触控控件”中的“数据录入”功能，实现用键盘录入数据，如图 3-2-76 所示。

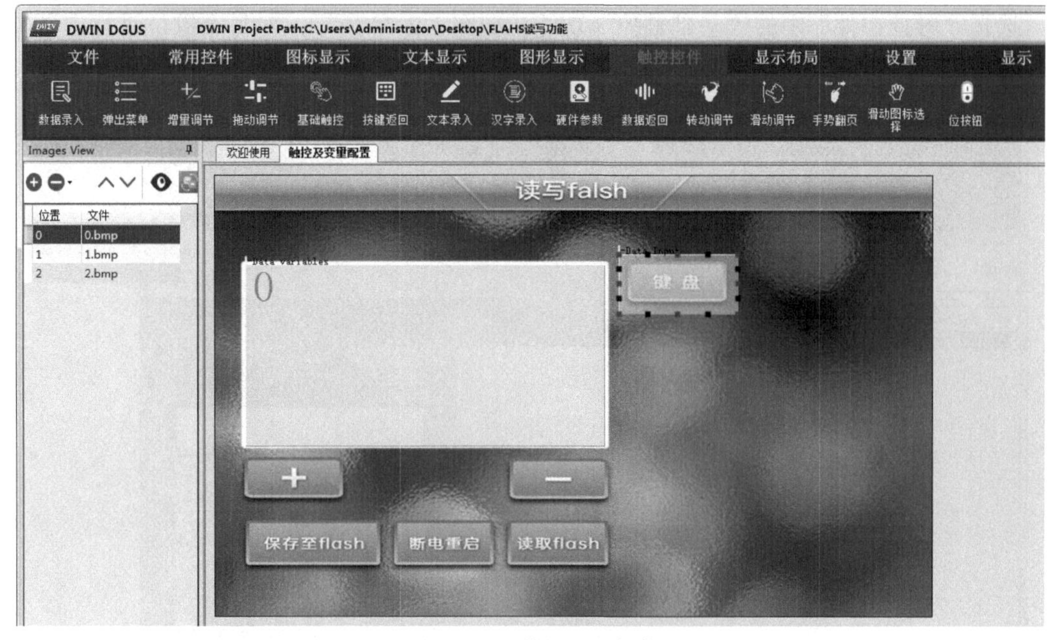

图 3-2-76　数据录入控件

数据录入控件参数设置如图 3-2-77 所示，可以参考 3.1.8 节数据录入显示中的配置方法，这里需要注意的是变量地址要与数据变量显示控件保持一致。

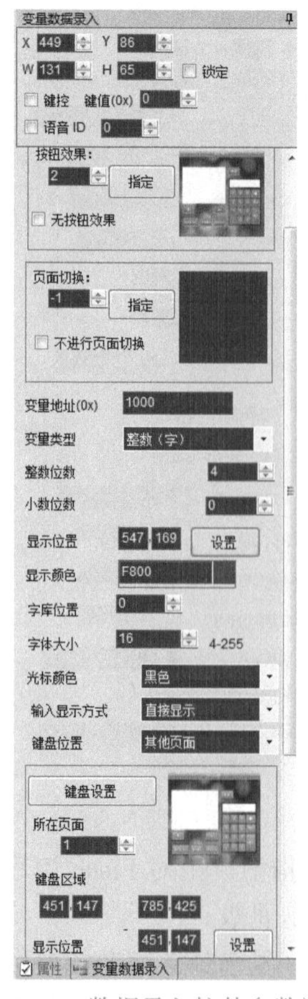

图 3-2-77　数据录入控件参数设置

选择“触控控件”中的“基础触控”功能，如图 3-2-78 所示，对每个键位进行定义，具体配置方法可参考 3.1.8 节数据录入显示。

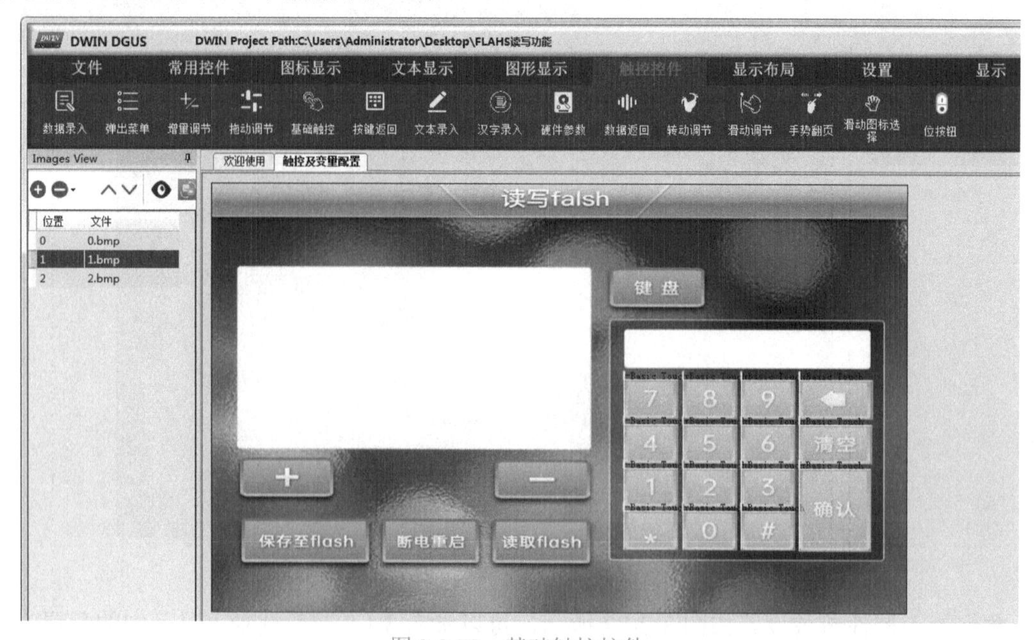

图 3-2-78　基础触控控件

选择“触控控件”中的“增量调节”功能，实现对数据的增减调节，如图 3-2-79 所示。

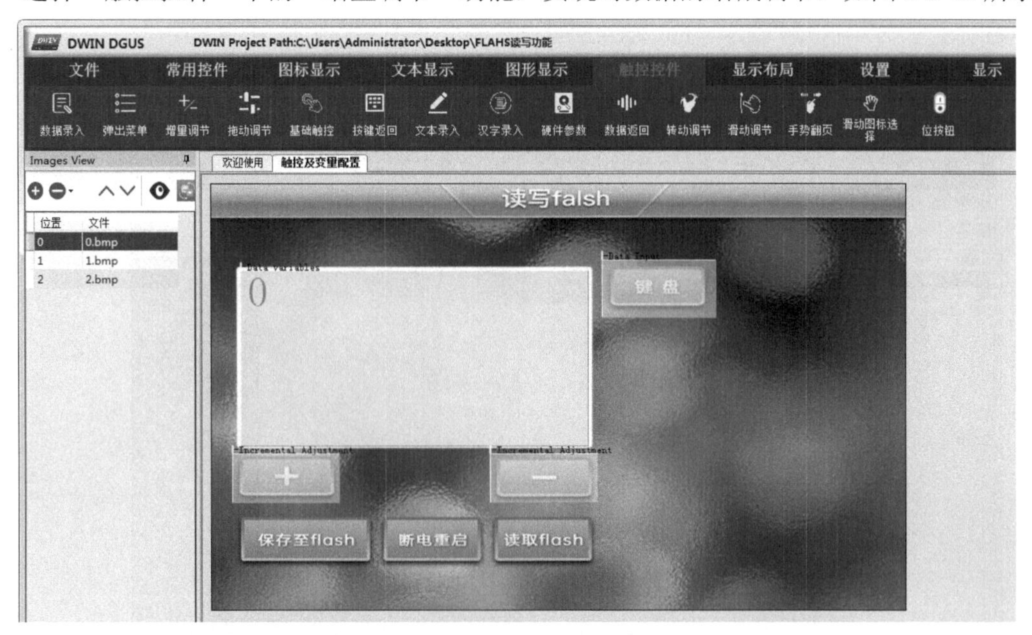

图 3-2-79　增量调节控件

两个按钮的增量调节控件参数设置分别如图 3-2-80（a）和（b）所示。

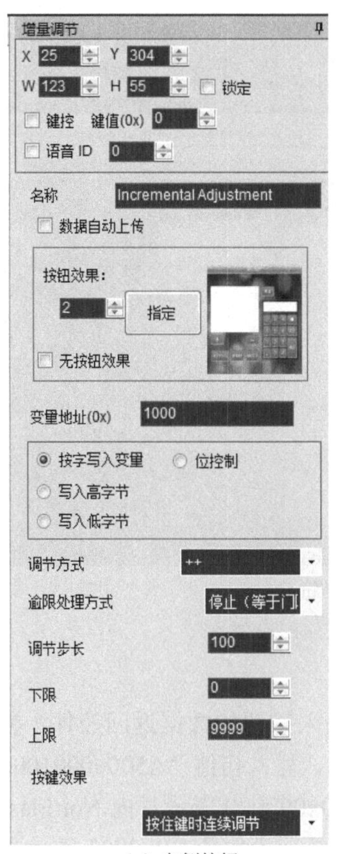

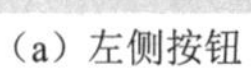
（a）左侧按钮

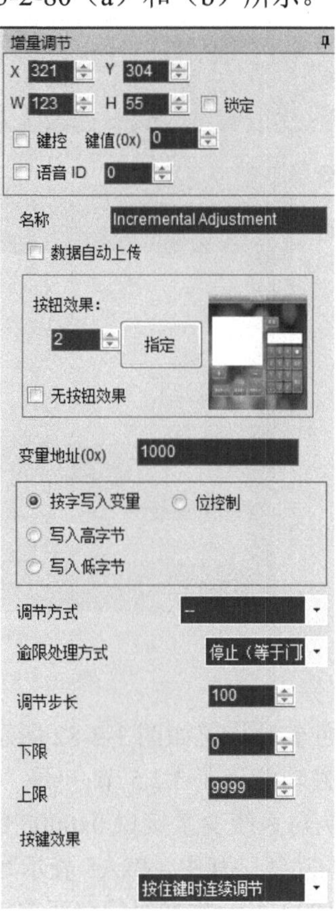

（b）右侧按钮

图 3-2-80　增量调节控件参数设置

选择“触控控件”中的“数据返回”功能，实现数据在 Flash 中的写入与读取，如图 3-2-81 所示。

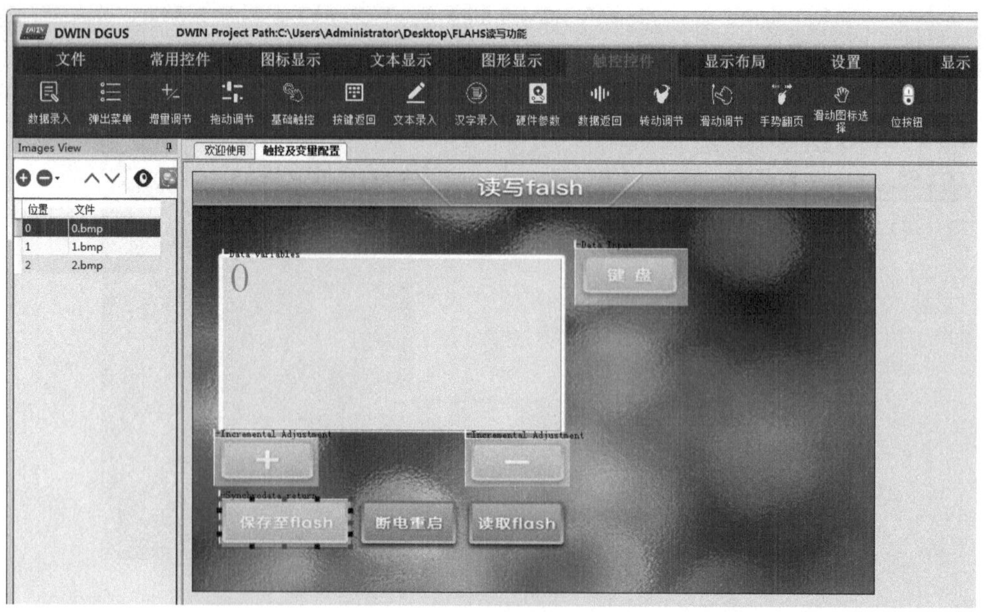

（a）写入按钮

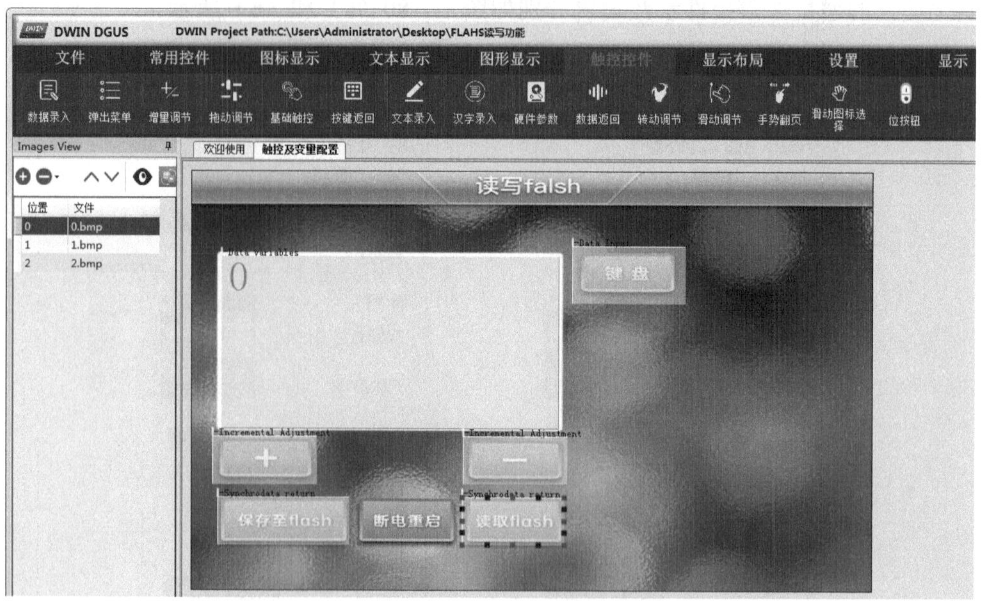

（b）读取按钮

图 3-2-81　数据返回控件

数据返回控件参数设置如图 3-2-82 所示。

数据返回控件功能已在 3.2.5 节介绍。对于写入按钮的数据返回控件，参考《T5L_DGUS II 应用开发指南》对系统变量接口 0x0008 的说明，写入初值“A500000010000002”即可实现数据写入 Flash 的功能。其中，0xA5 表示写入；0x000000 表示片内 Nor Flash 数据库首地址，必须为偶数；0x1000 表示数据变量空间首地址，必须为偶数；0x0002 表示读写长度，必须为偶数。

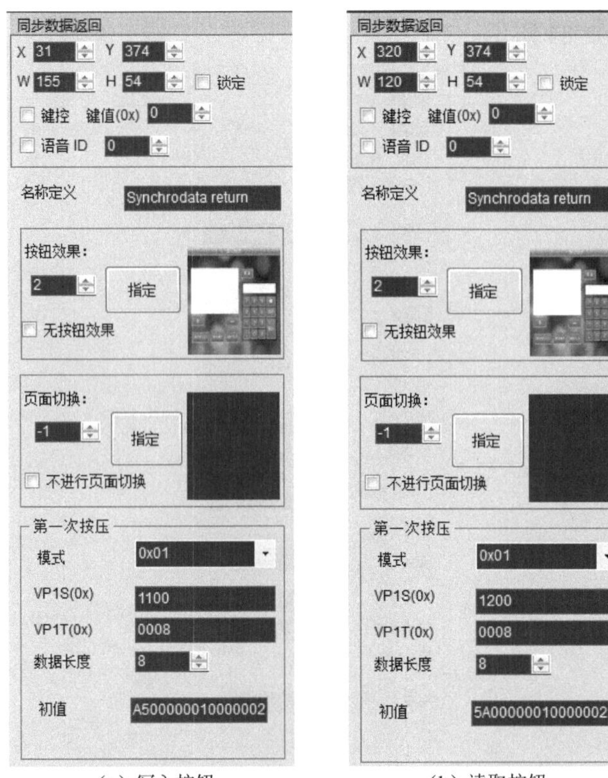

（a）写入按钮　　　　　　　　（b）读取按钮

图 3-2-82　数据返回控件参数设置

对于读取按钮的数据返回控件，VP1S 需要修改为不同的地址。初值中，0x5A 表示读取 Flash 中的数据，其余和写入按钮中一致。

同样选择“触控控件”中的“数据返回”功能，实现断电重启的效果，如图 3-2-83 所示。

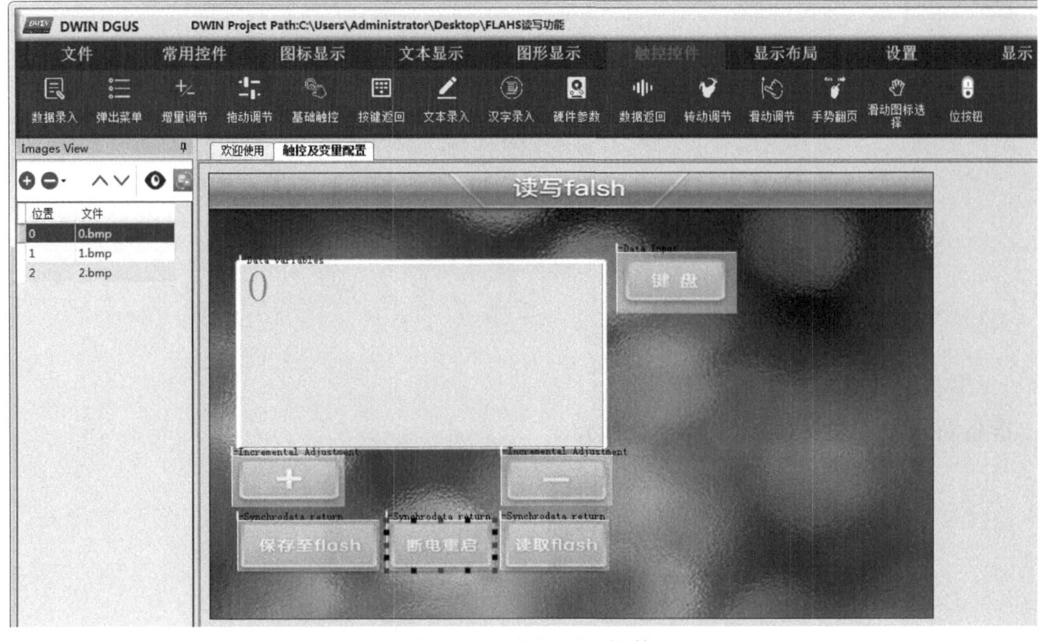

图 3-2-83　数据返回控件

其参数设置如图 3-2-84 所示。

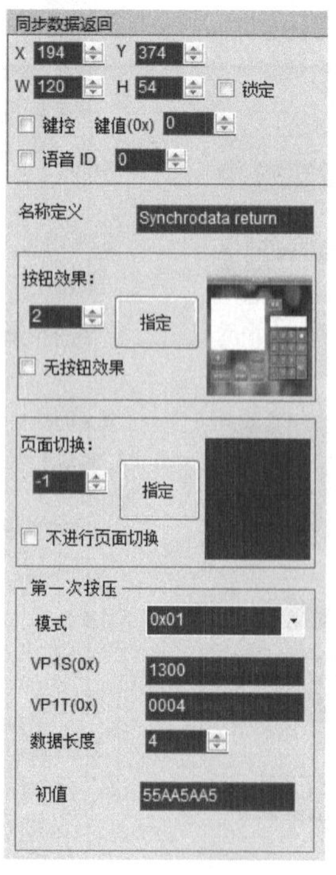

图 3-2-84 数据返回控件参数设置

参考《T5L_DGUS II 应用开发指南》中对系统变量接口 0x0004 的说明，写入初值 55AA5AA5 将复位 T5L CPU 一次。

完成所有设置后，将工程“保存”、“生成”，工程会被保存在存储路径中并生成对应的工程文件。

6. 工程下载

工程文件如图 3-2-85 所示。

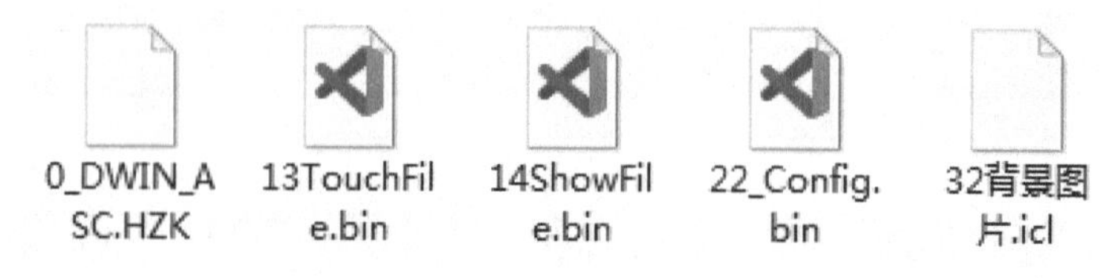

图 3-2-85 工程文件

3.2.7 数据曲线显示

1. 准备图片素材

准备背景图片素材，如图 3-2-86 所示。

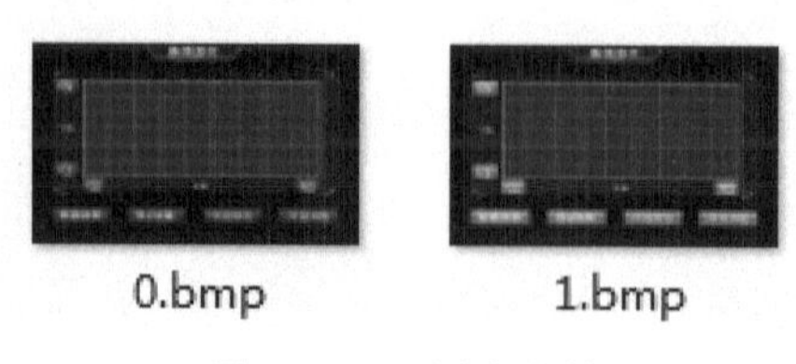

图 3-2-86 图片素材

2. 新建工程

相应设置如图 3-2-87 所示。

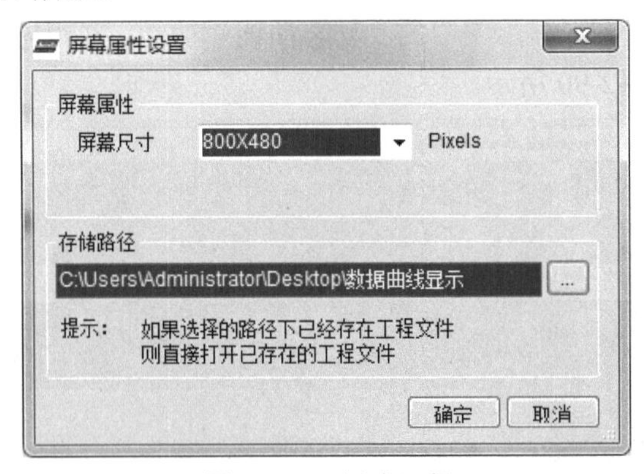

图 3-2-87　新建工程

3. 添加背景图片

将背景图片添加到工程中，如图 3-2-88 所示。

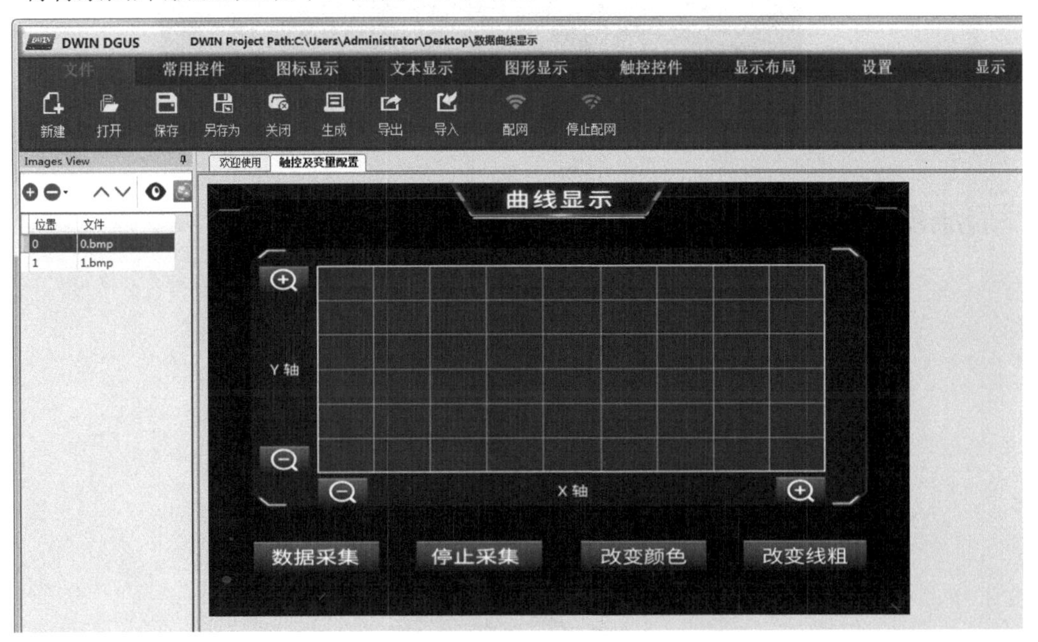

图 3-2-88　添加背景图片

4. 处理图片素材

通过 DWIN ICL 生成工具处理图片素材，如图 3-2-89 所示，存储在“DWIN_SET”文件夹中。

图 3-2-89　图片 icl 文件

5. 组态功能

在这个工程中我们要实现的功能是数据曲线显示，通过设置曲线通道自动采集数据，实现动态曲线显示。选择“图形显示”中的“动态曲线”功能，在组态界面 00 页显示区域画出合适大小的控件，如图 3-2-90 所示。

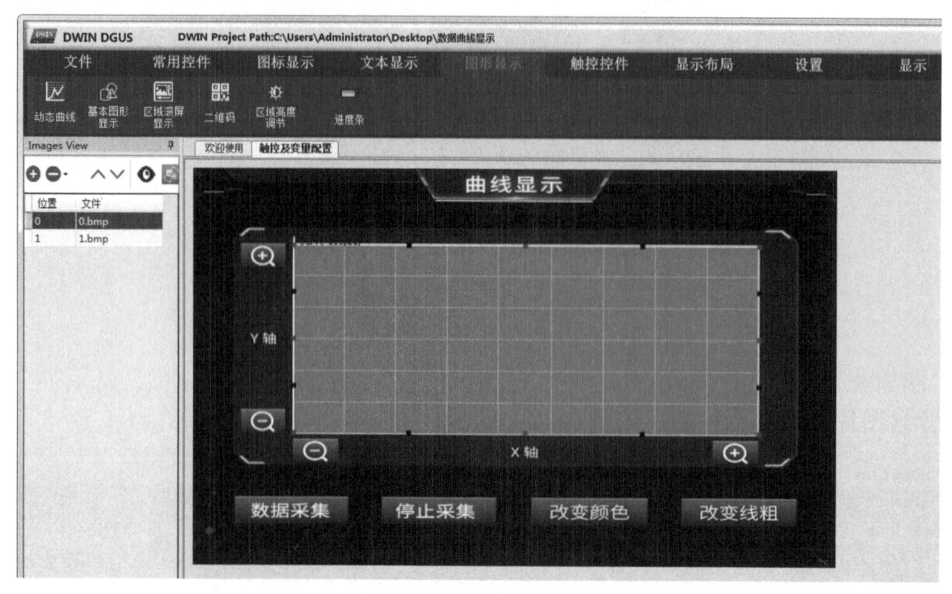

图 3-2-90　动态曲线控件

动态曲线控件参数设置如图 3-2-91 所示。

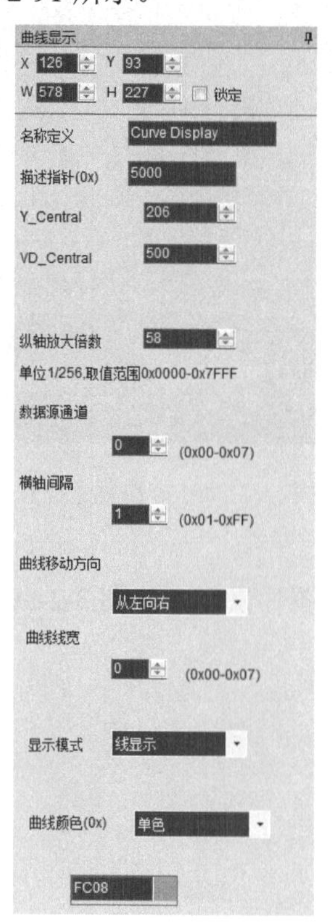

图 3-2-91　动态曲线控件参数设置

改变动态曲线的属性需要使用描述指针，由于 T5L 支持 8 通道曲线同时显示，每个通道可以存放 2048 字数据，故 0x1000～0x4FFF 作为 8 通道数据缓冲区，描述指针设置为 0x5000。

Y_Central 表示曲线中心轴位置，查看动态曲线控件侧边中心红点 Y 坐标即可确定；VD_Central 表示中心轴对应的曲线数据值，一般取数据最大值和最小值之和的一半，这里 Vmin=0，Vmax=1000，故取 500；纵轴放大倍数=控件高度（H）×256÷(Vmax−Vmin)，227×256÷1000≈58。

数据源通道共 8 个，为 0x00～0x07，这里默认使用通道 0；

横轴间隔的取值范围为 0x01～0xFF，间隔越大相邻数据显示距离越宽。

曲线线宽设置为 0x00 是 1 个像素点宽，依次增加，0x07 达到 8 个像素点宽。

曲线颜色推荐根据背景图片颜色确定，使用对比色让曲线显示更清晰。

选择“触控控件”中的“数据返回”功能，如图 3-2-92 所示，使第 1 通道曲线数据自动从变量空间读取，实现数据采集。

图 3-2-92　数据返回控件

数据返回控件参数设置如图 3-2-93 所示。

写入数据（初值）的地址 VP1S 为 0x6000，不与其他变量地址冲突即可；目标地址 VP1T 为 0x0380，是为第 1 通道曲线数据自动读取配置的系统变量接口；写入 4 字节初值 5A010032，开启自动读取 AD0 通道瞬时值的功能。

参考《T5L_DGUS II 应用开发指南》中对系统变量接口的说明，初值中 0x5A 表示开启第 1 通道曲线数据自动从变量空间获取，0x01 表示自动读取的时间间隔，单位为 10ms，0x0032 表示 AD0 通道的瞬时值。

复制数据返回控件，粘贴至停止采集按钮位置，如图 3-2-94 所示，并完成参数修改。

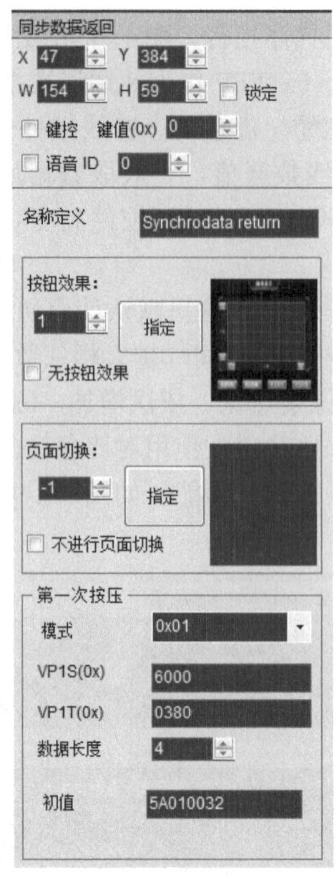

图 3-2-93　数据返回控件参数设置

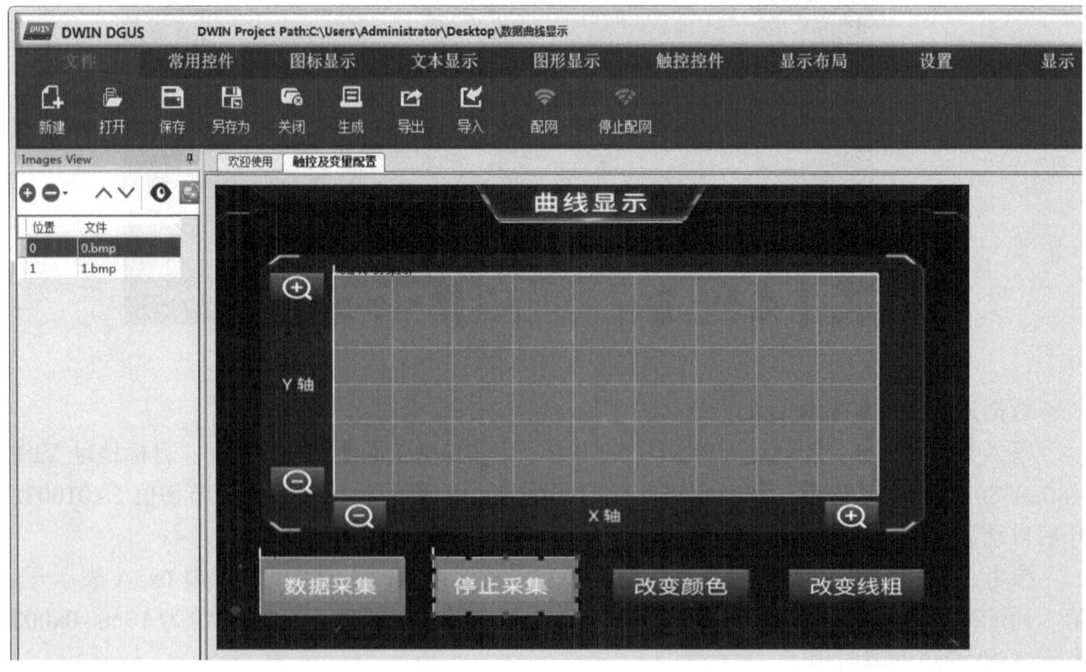

图 3-2-94　复制粘贴数据返回控件

修改数据返回控件的参数，实现停止曲线数据自动读取的功能，如图 3-2-95 所示。

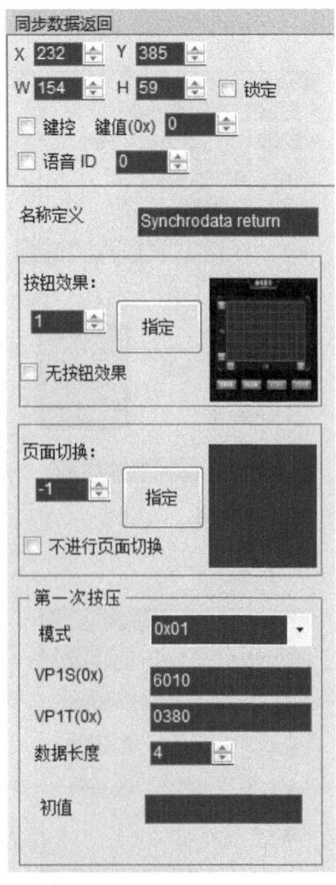

图 3-2-95　控件参数修改

向系统变量接口写入 4 字节数据（初值）0x00000000 即可停止采集，注意写入数据的地址 VP1S 不能与其他地址冲突，“初值”文本框中不写任何数据即默认为 0。

选择“触控控件”中的“增量调节”功能，实现改变曲线颜色，如图 3-2-96 所示。

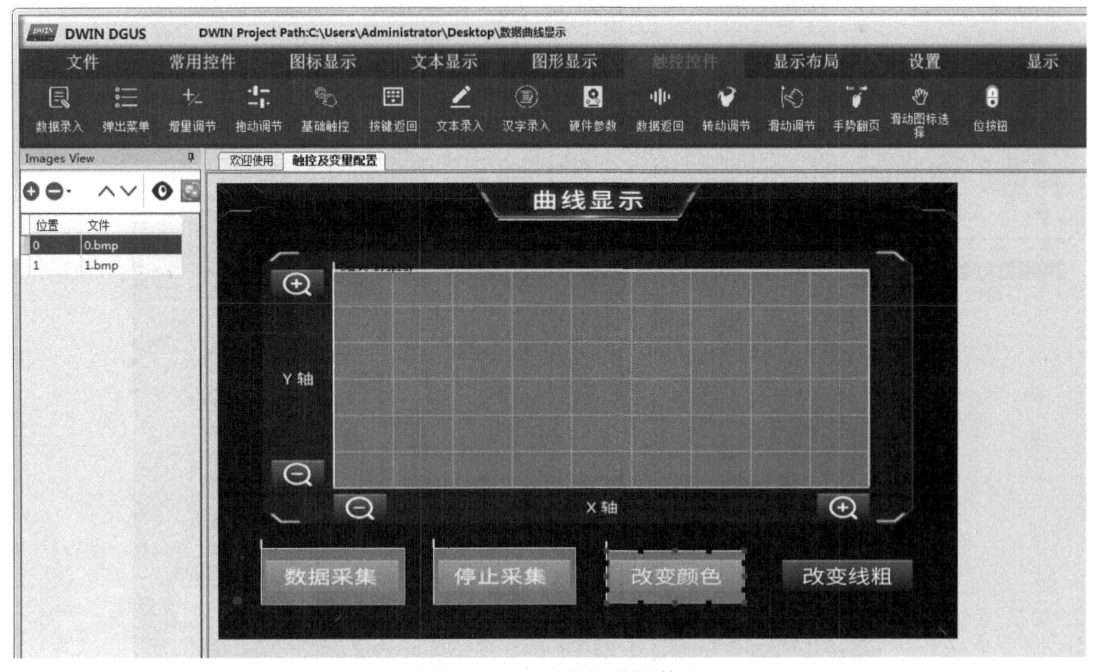

图 3-2-96　增量调节控件

其参数设置如图 3-2-97 所示。

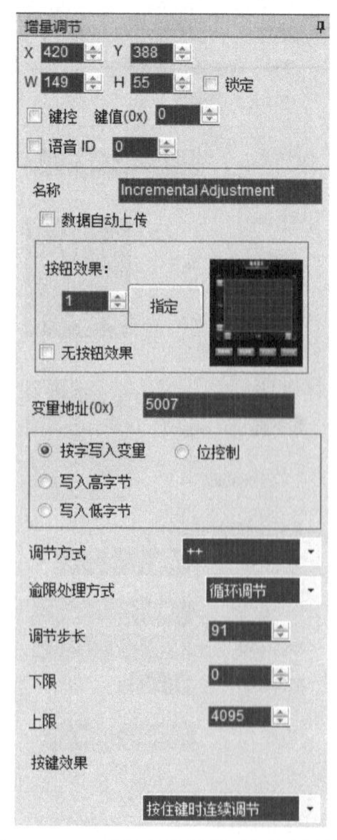

图 3-2-97　增量调节控件参数设置

向描述指针偏移 7 个地址写入数据可改变动态曲线的颜色，曲线最多 16 种颜色(65K 色)，这里将调节的下限和上限分别设置为 0 和 4095，在此范围内进行循环调节。

选择“触控控件”中的“增量调节”功能，改变曲线粗细，如图 3-2-98 所示。

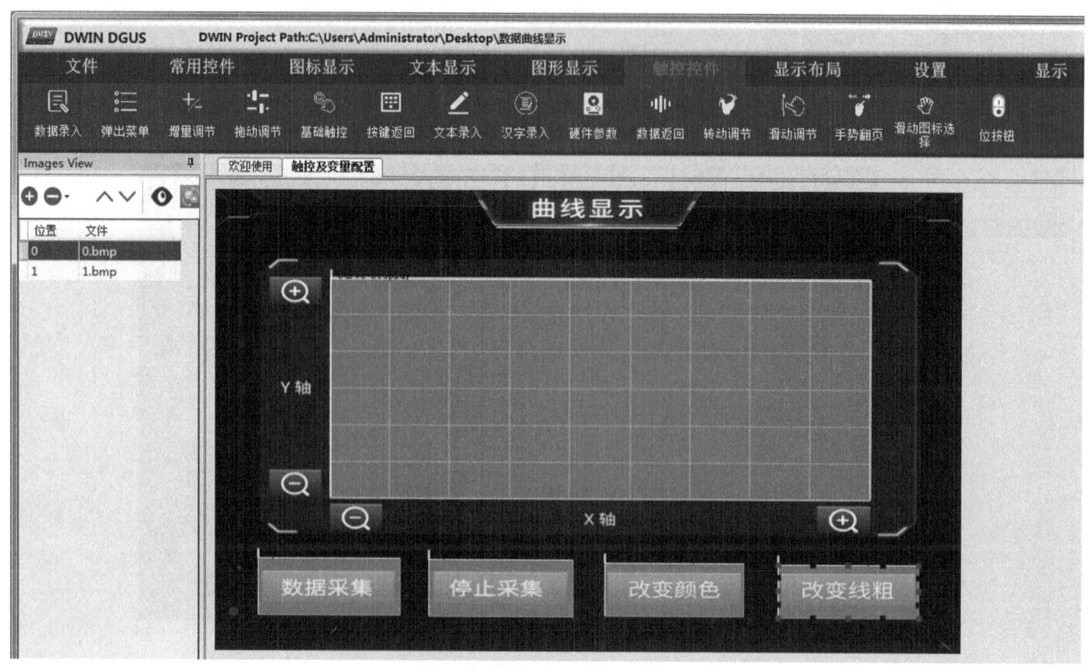

图 3-2-98　增量调节控件

其参数设置如图 3-2-99 所示。

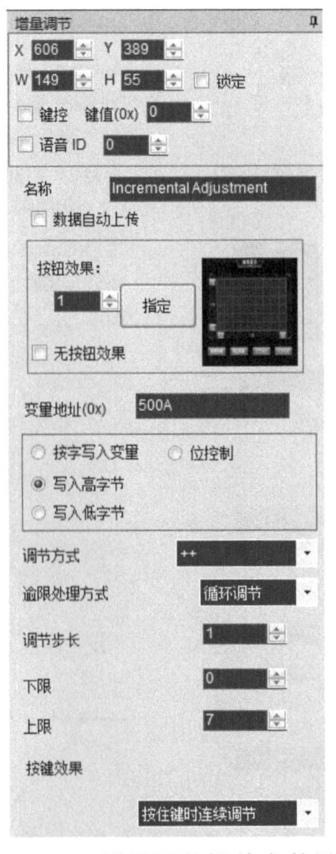

图 3-2-99　增量调节控件参数设置

向描述指针偏移 A 个地址写入高字节数据即可改变曲线的粗细，下限、上限分别设置为 0 和 7，对应曲线像素点阵大小 1×1 到 8×8。

选择“触控控件”中的“增量调节”功能，改变曲线纵轴（Y 轴）放大倍数，如图 3-2-100 所示。

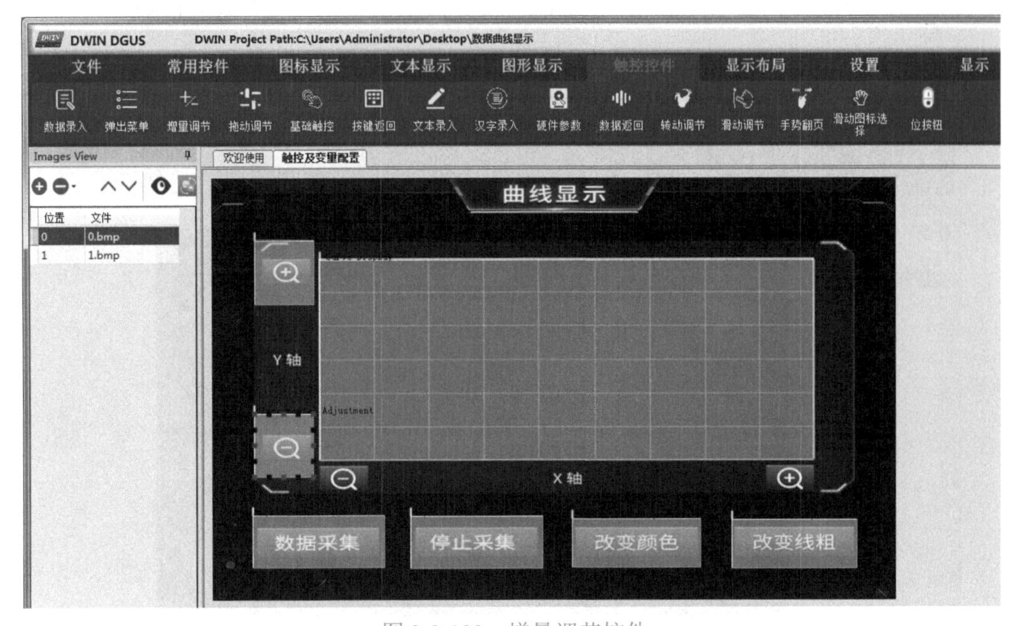

图 3-2-100　增量调节控件

两个按钮的增量调节控件参数设置如图 3-2-101 所示。

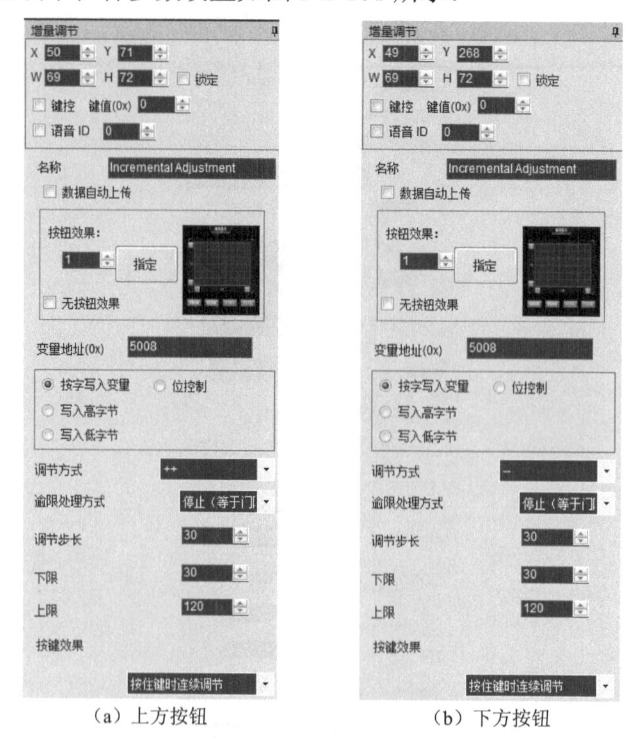

（a）上方按钮　　　　（b）下方按钮

图 3-2-101　增量调节控件参数设置

向描述指针偏移 8 个地址写入数据即可改变曲线纵轴放大倍数，从而实现纵轴方向数据显示范围的调节。

最大调节范围为 0x0000～0x7FFF，这里我们选择合理的放大倍数调节范围，下限设置为 30，上限设置为 120，实际应用中根据需要调整。

选择“触控控件”中的“增量调节”功能，改变曲线横轴（X 轴）放大倍数，如图 3-2-102 所示。

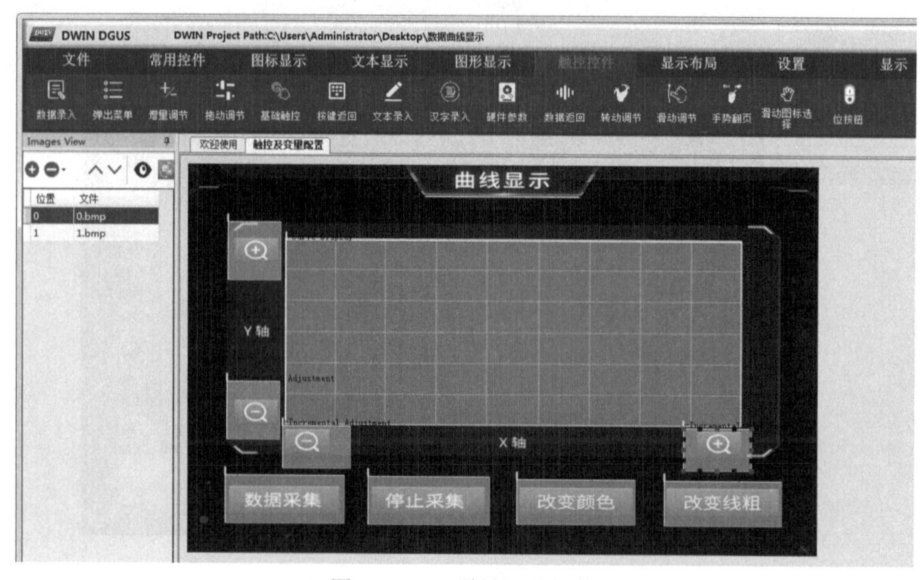

图 3-2-102　增量调节控件

两个按钮的增量调节控件参数设置如图 3-2-103 所示。

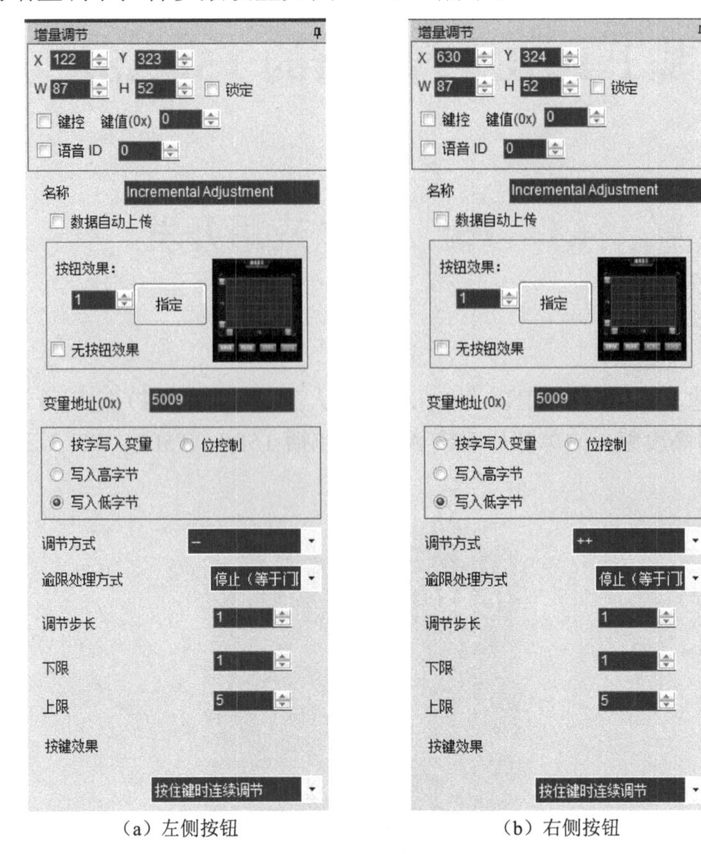

（a）左侧按钮　　　　（b）右侧按钮

图 3-2-103　增量调节控件参数设置

向描述指针偏移 9 个地址写入低字节数据即可改变曲线横轴放大倍数，从而实现横轴方向数据显示范围的调节。

最大调节范围为 0x01～0xFF，这里我们选择合理的横轴间隔调整，下限设置为 1，上限设置为 5，实际应用中根据需要调整。

完成所有设置后，将工程“保存”、“生成”，工程会被保存在存储路径中并生成对应的工程文件。

6．工程下载

工程文件如图 3-2-104 所示。

图 3-2-104　工程文件

第 4 章　基于 DGUS 智能屏的 T5L ASIC 应用开发

4.1　T5L ASIC 应用开发

4.1.1　概述

T5L ASIC 是迪文科技（DWIN）针对 AIoT（人工智能物联网）应用设计的低功耗、高性价比、GUI 和应用高度整合的单芯片双核 ASIC，包括 T5L0、T5L1、T5L2 三个版本，T5L1 芯片如图 4-1-1 所示。

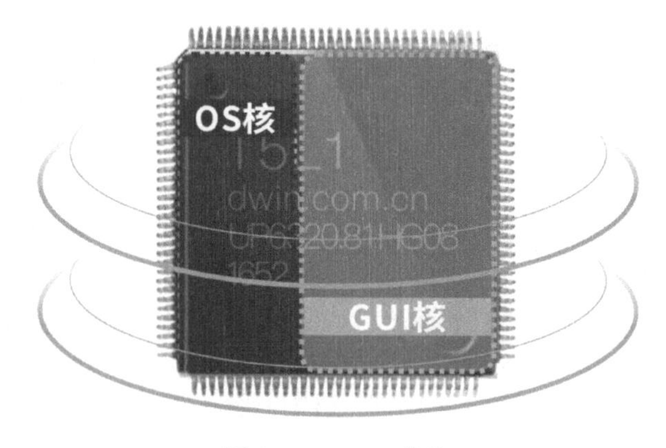

图 4-1-1　T5L1 芯片

其主要特点包括以下几点。

（1）采用应用最广泛、成熟和稳定的 8051 核，1T（单指令周期）高速工作，最高主频为 400MHz。

（2）单独 CPU 核（GUI CPU）运行 DGUS II 系统。

① 内置高速显存，2.4GB/s 显存带宽，18bit（T5L0）或 24bit（T5L1、T5L2）彩色显示分辨率支持 854×480（T5L0）、800×600（T5L1）、1366×768（T5L2）像素。

② 2D 硬件加速，JPEG 解压缩速度高达 200fps（帧每秒）@1280×800，以动画和图标为主的 UI 极其炫酷、流畅。

③ JPEG 压缩模式存储图片、图标，大幅度缩小外置存储器到低成本的 16MB SPI Flash。

④ 支持电阻或电容触摸屏，灵敏度可以调节，最快 400Hz 触控打点速度。

⑤ 高品质语音压缩存储和播放。

⑥ 128KB 变量存储器空间，存储器接口和 OS CPU 核交换数据，应用极其简单。

⑦ 2 路 10bit 800kHz DC/AC 控制器，简化 LED 背光，模拟电源设计并节约成本和空间。

⑧ 1 路 15bit 32kHz PWM 数字功放驱动扬声器，节约功放成本并获得高信噪比和音质还原。

⑨ 支持 PC 端组态开发和仿真，支持后台远程升级。

（3）单独 CPU 核（OS CPU）运行用户 8051 代码或 DWIN OS 系统，应用中省掉用户 CPU。

① 标准 8051 架构和指令集，64KB 代码空间，32KB 片内 RAM。

② 64bit 整数型数学运算单元（MDU），包括 64bit MAC 和 64bit 除法器。

③ 内置软件 WDT，3 个 16bit Timers，12 路中断信号支持最高四级中断嵌套。

④ 22 个 I/O 接口，4 路 UART 接口，1 路 CAN 接口，最多 8 路 12bit A/D 转换器，1 路 16bit 分辨率可调的 PWM。

⑤ 支持 IAP 在线仿真和调试，断点数量无限制；可以通过 DGUS 系统在线升级代码。

（4）1MB 片内 Flash，DWIN 专利加密技术，确保代码和数据安全。

（5）针对各种廉价的宽范围调谐阻抗晶体设计的振荡器和 PLL，降低晶体要求和 PCB 设计难度。

（6）3.3V I/O 电压，可以适应 1.8V、2.5V、3.3V 各种电平。

（7）支持 SD 接口或 UART1 下载和配置，支持 SD 卡文件的读取和改写。

（8）支持 DWIN WiFi 模块直接接入 DWIN 云，轻松开发各种云端应用。

（9）−40℃～+85℃工作温度范围（可定制−55℃～105℃工作温度范围）。

（10）功耗低，抗干扰能力强，可以稳定工作在双面 PCB 设计上，轻松通过 EMC/EMI 测试。

（11）采用 0.4mm ELQFP128 封装，制造加工难度低，成本低。

（12）针对行业客户提供“T5L IC+液晶屏+触摸屏+设计”支持的高性价比配套方案销售和全方位技术服务支持。

4.1.2　二次开发的意义

DWIN T5L 芯片的 OS 核就是一个增强的 8051 单片机，具有一定数量的外设硬件接口。通过对 OS 核进行二次开发，可以在一些简单的方案应用中替代 PIC、STC、GD 单片机作为主控直接控制外设硬件，也可以辅助 GUI 核实现一些复杂的功能或者效果。

4.1.3　二次开发方式

T5L 芯片的 OS 核二次开发方式分为两种：DWIN OS 汇编开发和 C51 开发，如表 4-1-1 所示。

表 4-1-1　二次开发方式

	C51 开发	DWIN OS 汇编开发
开发软件	Keil	OSBuild
开发语言	C51	DWIN OS 汇编语言
主要功能	控制外设硬件；辅助 DGUS 功能	控制外设硬件；辅助 DGUS 功能
环境搭建	需要	不需要
注意事项	Keil 程序需要转码，覆盖出厂 OS 程序，串口通信需要自定义	编译生成的文件无须转码，需要依托 DWIN OS 底层程序运行

C51 开发：C51 是专门为 8051 系列单片机设计的 C 语言，能够充分利用 8051 系列单片机的硬件特性。C51 开发为 8051 系列单片机的程序设计提供了强大而灵活的工具和方法，这也是目前大多数开发者选择的开发方式。

DWIN OS 汇编开发：分为虚拟机层和 DWIN OS 层，虚拟机层的内核固件（T5L_OS*.bin）由 DWIN 官方提供，DWIN OS 层的代码由用户自己编写，DWIN OS 层基于虚拟机层运行，必须下载好虚拟机层的内核固件后再下载 DWIN OS 层的程序；DWIN OS 层的程序可以采用 C 语言或汇编语言编写，当采用 C 语言编写时，需要用 DWIN 官方提供的 DWIN C Compiler 软件编译项目，当采用汇编语言编写时，需要用 DWIN 官方提供的 OSBuild 软件来编译项目。

4.1.4 开发环境搭建

1．安装 Keil 集成开发工具：编写 C51 程序。

2．安装 AGDI 驱动：使 Keil 支持 T5L 芯片开发。将它的安装位置选择为和 Keil C51 软件的安装位置一样，如果之前已经安装好了 Keil C51 软件，那么此驱动安装包可以自动扫描到安装位置。

3．安装 DownLoadFor8051 下载工具：将 C51 代码下载到 OS 核中。

4.2 空气温湿度测量方案：DHT11 温湿度传感器

4.2.1 概述

DHT11 温湿度传感器是一款温湿度一体化的数字传感器，如图 4-2-1 所示。该传感器包括一个电阻式测湿元件和一个 NTC 测温元件，并与一个高性能 8 位单片机相连。通过单片机等微处理器进行简单电路连接就能实时采集本地湿度和温度。DHT11 与单片机之间能采用简单的单总线进行通信，仅仅需要一个 I/O 口。传感器内部湿度和温度数据一次性传给单片机，并进行数据校验，有效保证数据传输的准确性。DHT11 功耗很低，在 5V 电源电压下，平均最大工作电流为 0.5mA。

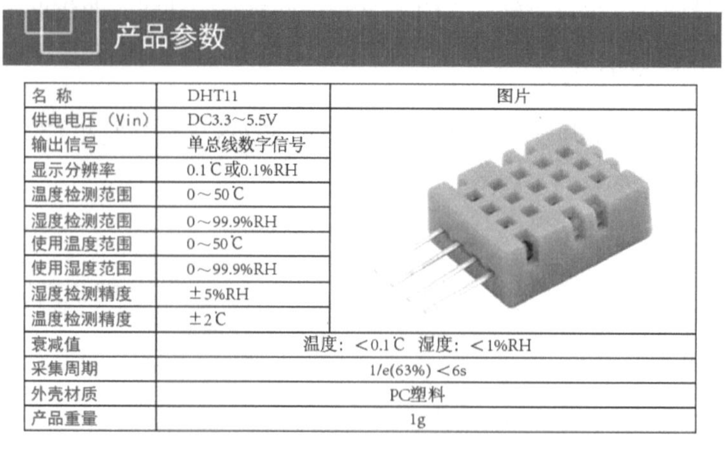

产品参数

名 称	DHT11	图片
供电电压（Vin）	DC3.3～5.5V	
输出信号	单总线数字信号	
显示分辨率	0.1℃或0.1%RH	
温度检测范围	0～50℃	
湿度检测范围	0～99.9%RH	
使用温度范围	0～50℃	
使用湿度范围	0～99.9%RH	
湿度检测精度	±5%RH	
温度检测精度	±2℃	
衰减值	温度：<0.1℃　湿度：<1%RH	
采集周期	1/e(63%) <6s	
外壳材质	PC塑料	
产品重量	1g	

图 4-2-1　DHT11 温湿度传感器产品参数

4.2.2 设计思路

基于 DWIN T5L 串口屏的 OS 核开发，通过简单电路连接 DHT11 温湿度传感器，实现对当前环境温湿度数据的实时读取与显示，接线原理如图 4-2-2 所示。

DHT11 温湿度传感器的连接方法极为简单。引脚 1 接电源正端，引脚 4 接电源地端，数据端为引脚 2，可直接接主机（单片机）的 I/O 口。为提高稳定性，建议在数据端和电源正端之间接一只 4.7kΩ的上拉电阻。引脚 3 为空脚，悬空不用。接线方式如图 4-2-3 所示。

引脚	颜色	名称	描述
1	红色	VDD	电源（3.3～5.5V）
2	黄色	DATA	串行数据，双向口
3		NC	空脚
4	黑色	GND	地

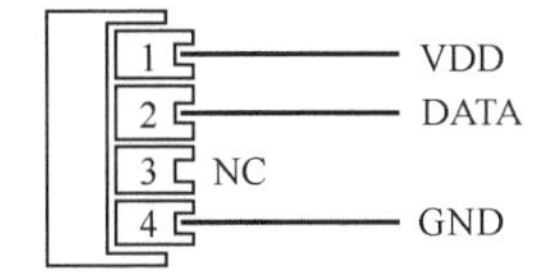

图 4-2-2　接线原理

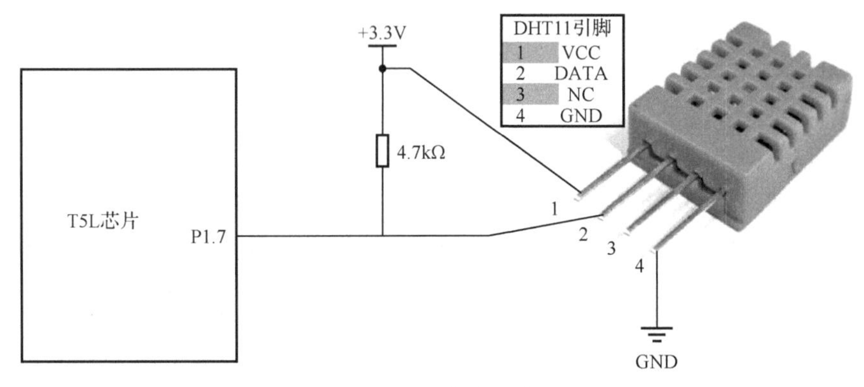

图 4-2-3　接线方式

4.2.3　开发过程

GUI 核界面开发如图 4-2-4 所示。

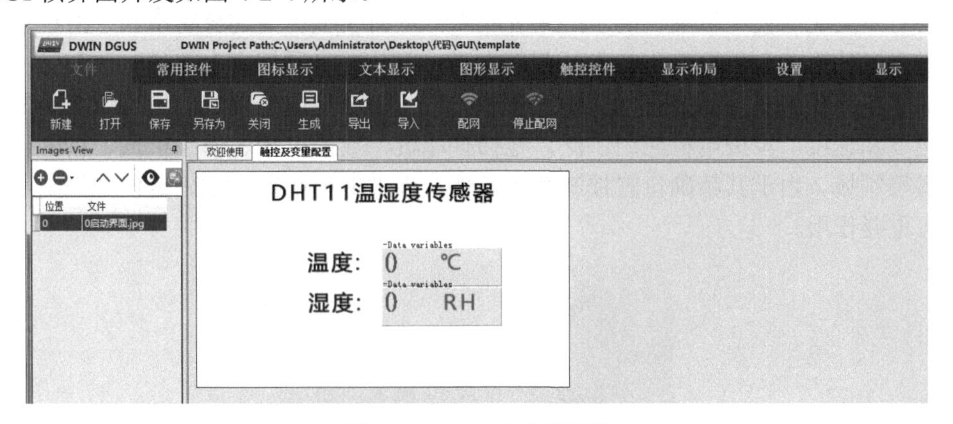

图 4-2-4　GUI 核界面开发

OS 核 C51 开发（主函数代码）如下。

```
void main(void)
{
	sys_init();						//系统初始化
```

```
    dht11_init();
    while(1)
    {
        sys_delay_ms(1000);
        if(dht11_read_data(&temp,&humidity)==0)
        {
            val = temp;
            sys_write_vp(START_WIN_TEMP_VP,(u8*)&val,1);
            val = humidity;
            sys_write_vp(START_WIN_HUMIDITY_VP,(u8*)&val,1);
        }
    }
}
```

4.3 空调扇叶开合：28BYJ-48 步进电机

4.3.1 概述

步进电机是一种特殊的电机（见图 4-3-1），其主要特点是可以按照固定的步进角度进行旋转运动。与其他类型的电机相比，步进电机在位置控制和速度控制方面具有较高的精度和可靠性，因此在许多应用中得到广泛使用。步进电机通常由转子、定子和驱动电路组成。转子是电机的旋转部分，定子是不动的部分。转子上通常带有一组电磁线圈，这些线圈按特定的顺序激活，以产生磁场。通过改变电流的激活顺序和大小，可以控制步进电机的位置和速度。步进电机的旋转角度通常以步进角度表示，常见的步进角度包括 1.8°（200 步/转）和 0.9°（400 步/转）。控制电流的激活顺序可以使步进电机按照指定的步进角度旋转。步进电机的步进角度决定了其位置控制的分辨率。

步进电机的工作方式通常分为全步进模式和半步进模式两种模式。在全步进模式下，电流按照特定的顺序激活，使电机按照一个完整的步进角度旋转。在半步进模式下，电流的激活顺序会有所变化，使电机旋转的步进角度减半，从而实现更高的分辨率和平滑运动。为了控制步进电机的运动，需要使用特定的驱动电路。驱动电路通常由电流控制器和脉冲信号发生器组成。电流控制器用于控制电流的大小和方向，而脉冲信号发生器则提供脉冲信号以控制步进角度和速度。步进电机应用广泛，包括打印机、数控机床、纺织机械、精密仪器、自动化设备等领域。由于其精确位置控制和可靠性，步进电机在需要准确定位和控制运动的场景中具有重要作用。

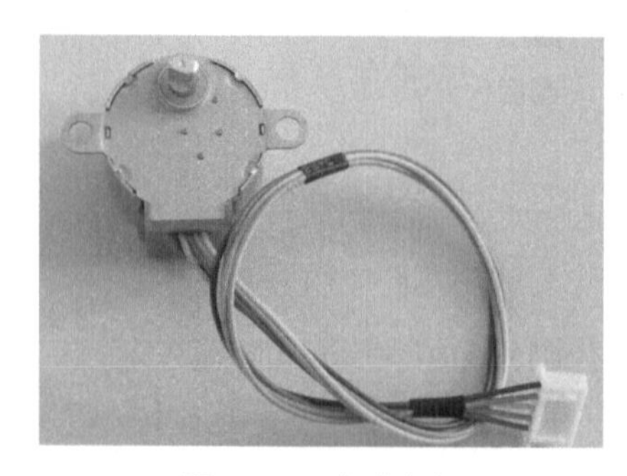

图 4-3-1　步进电机

4.3.2　设计思路

基于 DWIN T5L 串口屏的 OS 核开发，通过简单电路连接 28BYJ-48 步进电机控制板，实现对 28BYJ-48 步进电机的精准控制。

步进电机的工作原理基于电磁学中的磁场相互作用。它通过在定子和转子之间施加电流来产生磁场，从而实现转子的旋转。步进电机的转子上通常带有一组电磁线圈，这些线圈按特定的顺序激活，以产生磁场。通过改变电流的激活顺序和大小，可以控制步进电机的位置和速度。步进电机的工作原理如表 4-3-1 所示。

表 4-3-1　步进电机的工作原理

正转	步序	绕组 A	绕组 B	绕组 C	绕组 D	反转
	1	1	0	0	0	
	2	0	1	0	0	
	3	0	0	1	0	
	4	0	0	0	1	

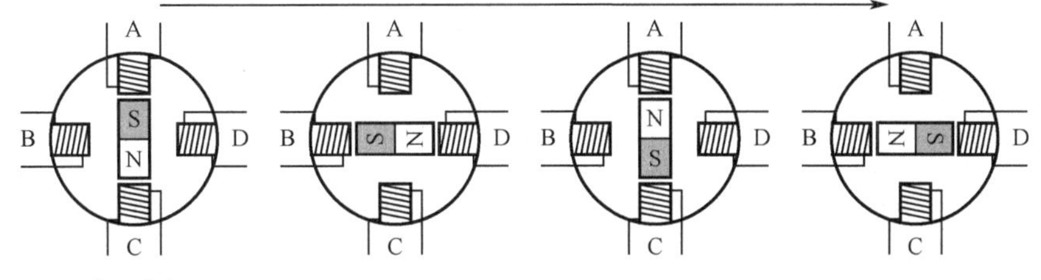

4.3.3　开发过程

步进电机开发界面如图 4-3-2 所示。

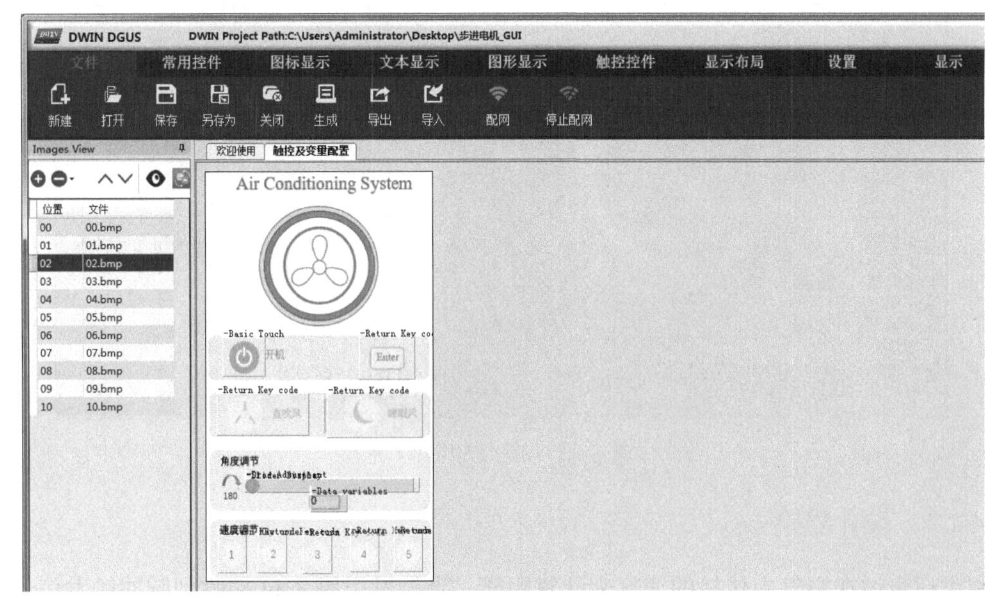

图 4-3-2　步进电机开发界面

OS 核 C51 开发（主函数代码）如下。

```
void main(void)
{
        sys_init();        //系统初始化
        uart4_init(9600);
        timer0_init();
        uart4_send_byte(0xFF);
        gpio_init();
        motor_init();
        screen_init();

        while(1)
        {
            val_addr_handler();
        }
}
```

4.4 接近报警：HC-SRO4 超声波测距模块

4.4.1 概述

超声波测距模块是一种用于测量物体与传感器之间距离的设备，如图 4-4-1 所示。它通过发射超声波脉冲并测量其返回时间来计算距离。这种装置通常由超声发射器、接收器和控制电路组成。超声波脉冲发射后，会在物体表面反射并返回接收器。通过测量脉冲的往返时间，可以计算出物体与传感器之间的距离。当测量的距离小于设定值时，启动蜂鸣器报警。

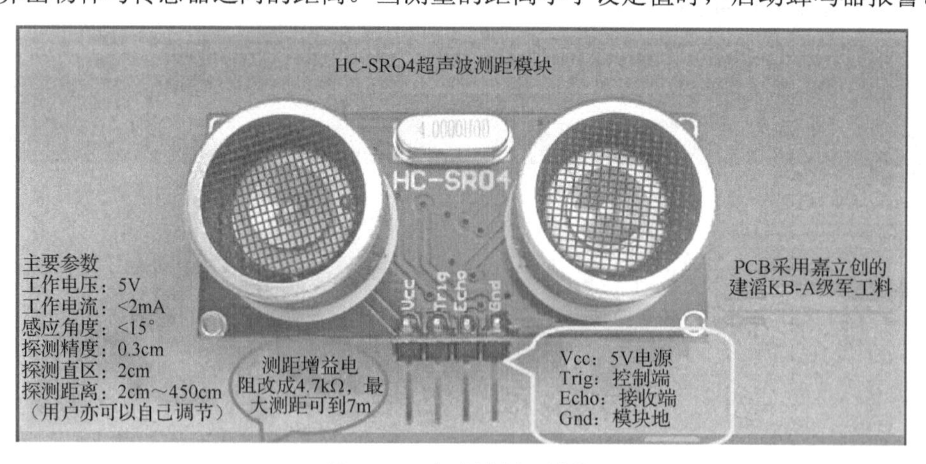

图 4-4-1　超声波测距模块

4.4.2 设计思路

利用超声波在空气中传播的速度来计算距离。当触发引脚 Trig 接收到脉冲触发信号时，模块内部将发出 8 个 40kHz 周期电平并检测回波，一旦检测到有回波信号就输出回响信号。回响信号的脉冲宽度与所测的距离成正比。因此，由发射信号到收到回响信号的时间间隔可以计算得到距离。

公式：距离=高电平时间×声速（340m/s）÷2。

具体步骤如下。

1．发送脉冲：通过控制模块上的引脚 Trig，向传感器发送一个短时的高电平脉冲。这个脉冲触发了超声波发射器的工作。

2．接收回波：超声波在遇到障碍物后会被反射回来。模块上的引脚 Echo 会产生一个脉冲，其宽度代表了超声波从发射到返回的时间。

3．计算距离：通过测量 Echo 脉冲的宽度，可以得到超声波往返的时间。通过已知的声速（在空气中约为 340m/s），可以计算出目标物体与传感器之间的距离。

4．距离报警：在程序中设定所需的报警值，当测量距离小于报警值时，通过函数给蜂鸣器地址赋值，实现蜂鸣器工作。

4.4.3　开发过程

超声波测距模块开发界面如图 4-4-2 所示。

图 4-4-2　超声波测距模块开发界面

OS 核 C51 开发（主函数代码）如下。

```
#include "sys.h"
#include "stdio.h"

sbit TRIG = P2^1;
sbit ECHO = P2^0;

float distance1,time;
u32 distance[5];
u32 distance2;
u16 str[1];
```

```
u8 j;

void time1_init()                          //定时 0s
{
    TMOD &= 0X0F;
    TMOD |= 0X10;                          //定时器方式选择 16 位
    TR1 = 0;
    ET1 = 1;
    EA  = 1;
    TH1 = 0;
    TL1 = 0;
}

void hc_sr04_init()
{
    P2MDOUT = 0x03;                        //开 Trig、Echo
    PORTDRV = 0x02;                        //输出电流 16mA
}

void hc_sr04()
{
    static u8 i=0;
    TRIG = 0;
    TRIG = 1;
    sys_delay_about_us(10);
    TRIG = 0;
        /*****************测距****************/
    while(ECHO==0);
    TR1 = 1;
    while(ECHO==1);
    TR1 = 0;
    distance1 = 9/(11.0592*14)*0.017*(TH1*256+TL1);
    distance[i] = (u32)(distance1*100);
    i++;
    if(i==5)
    {
        i=0;
        distance2 = (distance[0] + distance[1] + distance[2] + distance[3] + distance[4])/5;//求平均值

        /*****************报警****************/
        if(distance2<1000)             //小于 10cm
        {
            while(j)
                j--;
            sys_delay_ms(100);
            sys_write_vp(0x00A0,(u8*)&str,1);
        }
        else if(distance2<2500)        //小于 25cm
```

```
        {
            while(j)
                j--;
            sys_delay_ms(500);
            sys_write_vp(0x00A0,(u8*)&str,1);
        }
        else                                            //大于 25cm
        {
            while(j)
                j--;
            sys_delay_ms(1000);
            sys_write_vp(0x00A0,(u8*)&str,1);
        }
    }
    TH1 = 0;
    TL1 = 0;

    sys_write_vp(0x2000,(u8*)&distance2,2);
    sys_write_vp(0x1000,(u8*)j,1);

    /*****************图片切换***************/
    if (distance2>0 && distance2<1000)                  //近距离
    {
        sys_write_vp(0x2700,0x0000,1);
        sys_write_vp(0x2500,0x0001,1);
        sys_write_vp(0x2600,0x0001,1);
    }
    else if(distance2>1000 && distance2<2500)           //中距离
    {
        sys_write_vp(0x2600,0x0000,1);
        sys_write_vp(0x2500,0x0001,1);
        sys_write_vp(0x2700,0x0001,1);
    }
    else
        //远距离
    {
        sys_write_vp(0x2500,0x0000,1);
        sys_write_vp(0x2600,0x0001,1);
        sys_write_vp(0x2700,0x0001,1);
    }


}
```

```
void main(void)
{

    sys_init();          //系统初始化
    time1_init();
    hc_sr04_init();
    distance2 = 0;
    j=20;
    str[0]=0x10;
    while(1)
    {
        hc_sr04();
    }
}

void time1() interrupt 3
{


}
```

4.5 遥控小车转向：SG90 舵机

4.5.1 概述

SG90 舵机是一种位置（角度）伺服的驱动器，如图 4-5-1 所示，适用于需要角度不断变化并可以保持的控制系统。在机器人机电控制系统中，舵机控制效果是影响性能的重要因素。舵机可以在微机电系统和航模中作为基本输出执行机构，其简单的控制和输出使得单片机系统非常容易与之相接。

图 4-5-1 SG90 舵机

4.5.2　设计思路

SG90 舵机上有三根线，分别是 GND（棕色线）、VCC（红色线）和 SIG（黄色线），也就是地线、电源线和信号线（连接到单片机输出 PWM 的引脚）。

舵机的控制一般需要一个 20ms 的时基脉冲，该脉冲的高电平部分一般为 0.5～2.5ms 范围内的角度控制脉冲部分，对应控制 180°舵机的 0～180°，呈线性变化。

以 180°角度伺服为例，对应的控制关系如下（*t* 为高电平时间）：

t=0.5ms（占空比 2.5%）——0°；

t=1.0ms（占空比 5%）——45°；

t=1.5ms（占空比 7.5%）——90°；

t=2.0ms（占空比 10%）——135°；

t=2.5ms（占空比 12.5%）——180°。

4.5.3　开发过程

舵机开发界面如图 4-5-2 所示。

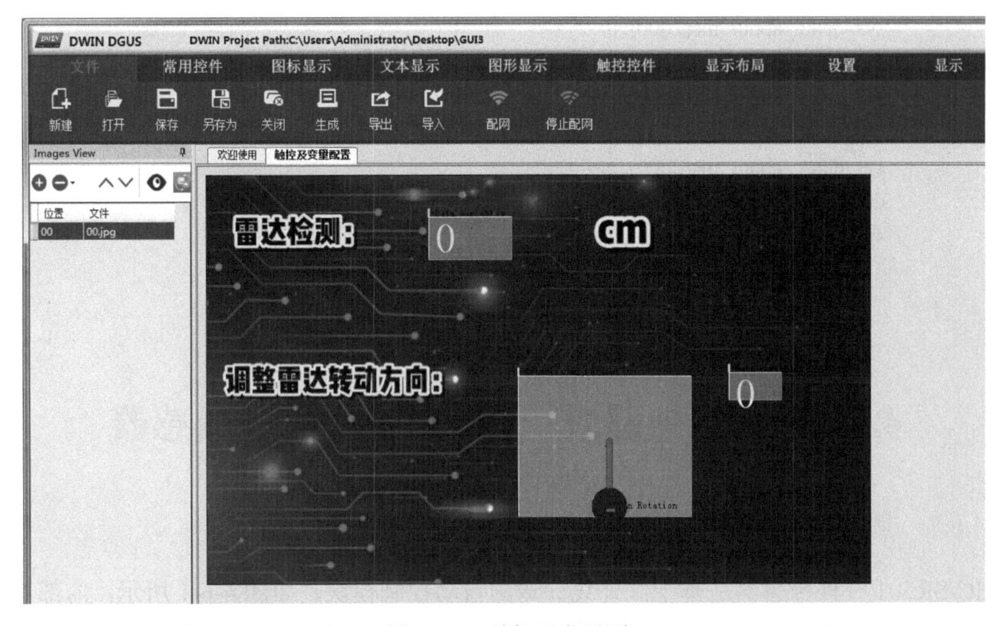

图 4-5-2　舵机开发界面

OS 核 C51 开发（主函数代码）如下。

```
#include "sys.h"
#include "chaoshengbo.h"
#include "duoji.h"
#define START_WIN_TEMP_VP                0x2000    //控件：数据变量
#define START_WIN_TEMP0_VP               0x1004    //控件：数据变量
u16 val;
u16 val0;
u16 angleC=0;                    //角度变量
```

```
void main(void)
{
    sys_init();                         //系统初始化
    time0Init();                        //超声波定时器 0 初始化
    Timer1Init();                       //舵机定时器 1 初始化
    while(1)
    {
        Get_Val();
        if(val)                                                  //如果数据有效
        {
            sys_write_vp(START_WIN_TEMP_VP,(u8*)&val,1);         //将数据显示在控件中
        }
        sys_read_vp(START_WIN_TEMP0_VP,(u8*)&val0,1);            //读取仪表盘的值
        Use_Duoji(val0);                                         //根据数值控制舵机
        sys_delay_about_ms(300);

//测试代码
//      duojitiao(45);
//      sys_delay_about_ms(2000);
//      duojitiao(90);
//      sys_delay_about_ms(2000);
//      duojitiao(135);
//      sys_delay_about_ms(2000);
//      duojitiao(180);
//      sys_delay_about_ms(2000);sys_delay_about_ms(2000);

    }
}
```

4.6 人体红外感应：HC-SR501 红外传感器

4.6.1 概述

HC-SR501 红外传感器是基于红外线计数的自动控制模块，如图 4-6-1 所示，内部具有一个红外探测单元和一个信号处理单元。红外探测单元包括一个红外辐射接收器和一个镜头。当有人或物体进入传感器感应范围时，人体发出的红外辐射会被镜头聚焦，然后被红外辐射接收器接收，接收到的信号通过信号处理单元进行放大和滤波处理，然后输出一个电平信号，用于触发其他设备或系统。如果有人进入其感应范围则输出高电平，人离开感应范围则自动延时关闭高电平，输出低电平。该模块具有光敏控制（可选择）、温度补偿（可选择），可调节触发方式（通过跳线选择），可调节感应封锁时间（默认 2.5s），可调节灵敏度（感应距离 3～7m），可调节延时（感应时间 0.5～300s）等功能。它性能稳定，既节能又环保，适用于宾馆、公寓、商场、走廊、厕所等场所。其相关参数包括，直流电源：4.5～20V，电平输出：高 3.3V/低 0V，感应角度：小于 100°锥度。

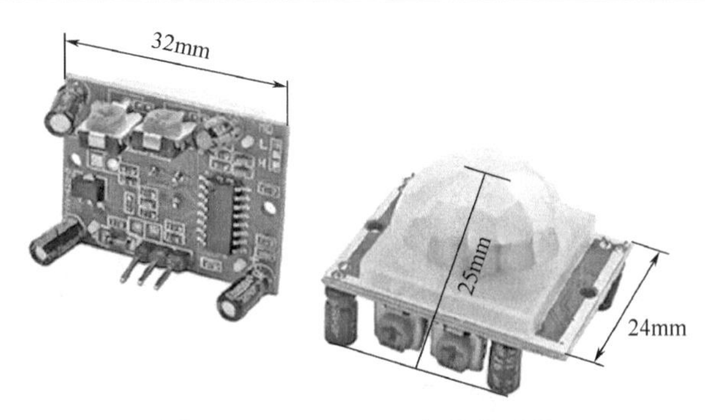

图 4-6-1　HC-SR501 红外传感器

4.6.2　设计思路

人体都有恒定的体温（一般在 37℃），会发出特定波长（10μm 左右）的红外线，HC-SR501 红外传感器采用热释电元件，这种元件在接收到人体红外辐射后温度发生变化时会失去电荷平衡，向外释放电荷。当人进入探测区域内时，传感器上的菲涅耳透镜会将热释的红外信号折射（反射）在 PIR（热释电红外传感器）上，并且将检测区分为若干个明区和暗区，使进入检测区的移动物体能以温度变化的形式在 PIR 上产生变化热释红外信号，这样 PIR 就能产生变化电信号，同时使 PIR 灵敏度大大增加。本部分基于 DWIN T5L 串口屏的 OS 核开发，通过简单电路连接 HC-SR501 红外传感器，检测人体的存在，如图 4-6-2 所示。

如图 4-6-2 所示，电源正极接 5V，负极接 GND，信号输出引脚可直接接主机（单片机）的 I/O 口（如 P2.1）。为提高稳定性，建议在数据端和电源正极端之间接一只 4.7kΩ的上拉电阻。

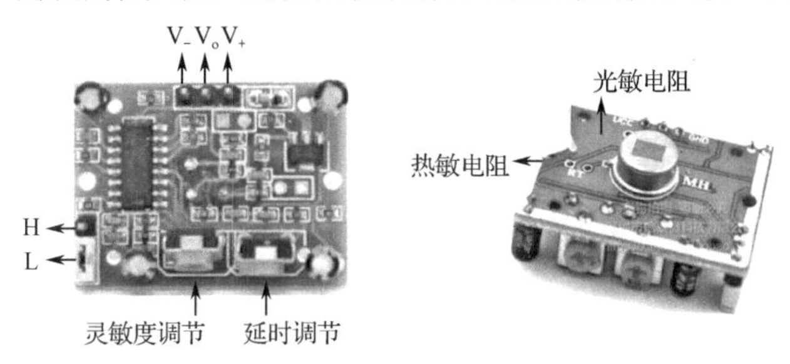

图 4-6-2　HC-SR501 模块描述

注意事项如下。

1. 感应模块通电后有一分钟左右的初始化时间，在此期间模块会间隔地输出 0～3 次，一分钟后进入待机状态。

2. 应尽量避免灯光等干扰源近距离直射模块表面的透镜，以免引进干扰信号，产生失误动作；使用环境尽量避免流动的风，风也会对感应器造成干扰。

3. 红外线热释电传感器对人体的敏感程度还和人的运动方向关系很大。PIR 对径向移动反应最不敏感，而对横切方向（即与半径垂直的方向）移动则最为敏感。在现场选择合适的安装位置是避免红外探头误报、求得最佳检测灵敏度极为重要的一环。

4. 调节灵敏度电位器顺时针旋转，感应距离增大（约 7m），反之，感应距离减小（约 3m）。

5. 调节延时电位器顺时针旋转，感应延时加长（约 300s），反之，感应延时减短（约 5s）。

6. 触发方式：H 为可重复触发端口，L 为不可重复触发端口。

4.6.3 开发过程

红外传感器开发界面如图 4-6-3 所示。

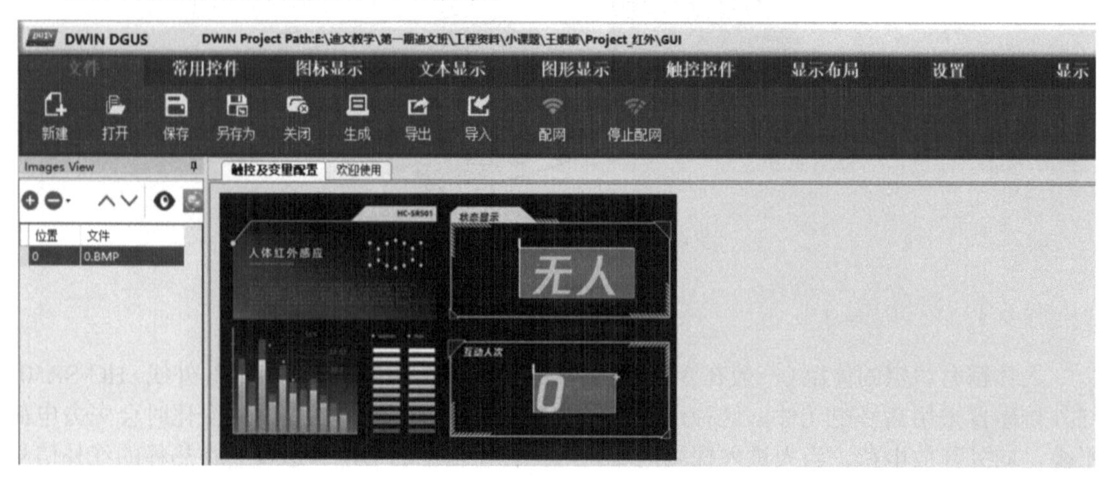

图 4-6-3 红外传感器开发界面

OS 核 C51 开发（主函数代码）如下。

```
void main( )
{
        sys_init();
        io_init();
        KEY = key_sta = 0;
        num = 0;
        while(1)
        {
                if(key_sta != KEY)
                {
                        invoke();
                }
                sys_write_vp(0x1000,(u8*)&key_sta,1);
        }
}
```

第 5 章　基于 DGUS 智能屏的物联网应用

5.1　基于 DGUS 智能屏的温控器

5.1.1　前言

DWIN 自研生产的 TC040C11W04 温控器基于 C 语言开发，把温控器作为一个强大的单片机，不仅能够采集获取传感器数据，进行复杂的逻辑处理，还能在屏上进行人机对话。

相对于传统的开发，这种开发有两大明显优势。

优势一：安全、快速。因为传统的 0x5AA5 开发通过串口传输数据，往往会出现波特率、硬件电平干扰等问题；而这种内核开发方式，只要按照 DWIN 的格式设计，就可以有效避免以上问题。

优势二：便捷、便宜。因为传统开发往往要设计单片机电路，外加 DWIN 屏，成品还要考虑外壳等一系列成本；而温控器是 DWIN 的标准产品，稳定可靠，比自己设计更加快捷、便宜，且普通场景无须外加单片机。

5.1.2　产品特点

TC040C11W04 温控器如图 5-1-1 所示。其产品特点如下。

图 5-1-1　TC040C11W04 温控器

（1）4.0 寸 IPS 屏，分辨率为 480×480 像素，能满足绝大多数场景需求，适合智能家居；

（2）1 路 RS485 接口，主从模式都能定义，适应场景较广，理论上可以接入 32 个从机设备；

（3）Nor Flash 320KB，方便用户存储历史数据；

（4）自带蜂鸣器，可以播放音乐，以及有报警作用；

（5）背光亮度可以调节；

（6）支持温度测量。

5.1.3 开发过程

温控器开发界面如图 5-1-2 所示。

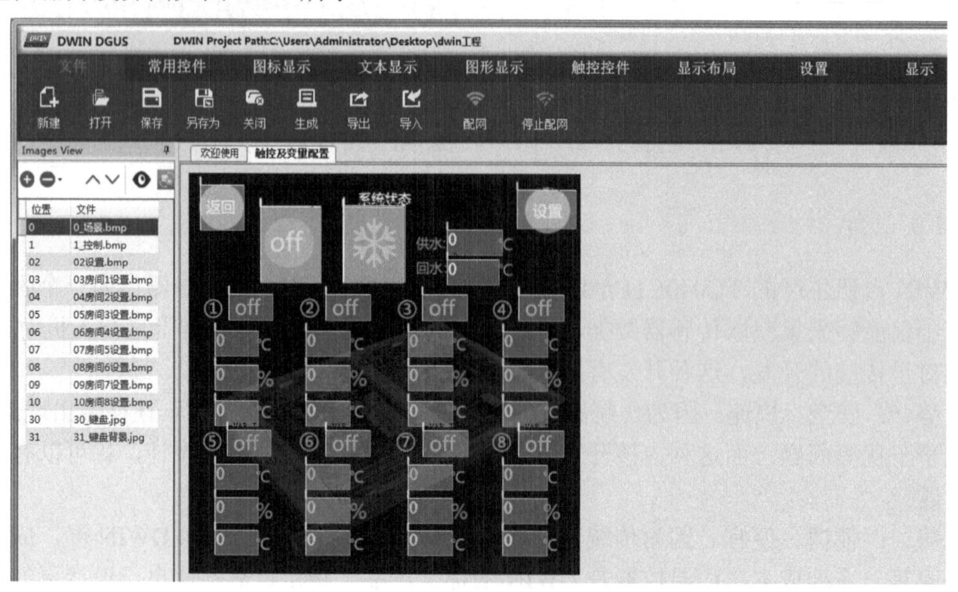

图 5-1-2　温控器开发界面

C51 开发过程如下。

1．第一块：初始化

系统外设初始化：系统时钟，I/O 口，定时器，以及串口；

用户参数初始化：系统全局的变量初始化，因为未加载 22 初始值文件，所以系统变量不一定都是 0，读取 Flash，以及用户需要保存的数据。

```
int main(void)
{
 INIT_CPU();
 PORT_Init();
 POWER_ON();
 To_Init();
 T1_Init();
 T2_Init();

 UART5_Init();
 UART5_SendStr(test,sizeof(test));
 UART5_rx_count0;
 WDT_ON();
 write_dgus_vp(LED_CONFIG,led_on,2);   //打开屏幕
 System_Parm_Init();                   //初始化参数，私有的1～8房间地址
 Sys_run_state=0;                      //0关闭，1打开
 Sys_run_mode=0;                       //0制冷，1制热
 Para_init();
 Dwinsleep_time=0;
}
```

2．第二块：主函数

处理息屏，定时时间到，关闭背光，软件控制，需要把 CFG 的功能关闭；

解码 485 数据，根据协议解码，成功后在 DWIN 屏显示；

DWIN 屏为主机模式，请求 485 的数据；

处理 DWIN 按钮触发的数据。

```
while(1)
{
  Sleep_Control();
  Deal_receive_485_data();      //处理485数据
  Ask_room_data();              //请求房间数据
  Button_set_dwin_data();
}
```

3．第三块：串口细节

发送细节比较简单，不做介绍，需要介绍的是串口 5 为 485，P0.1 是方向使能；

针对接收部分，网上方法很多，有用循环数据的方法。这里采用的是比较简单的超时功能；

需要注意的是 deal_uart5_buff 要放入 1ms 定时器里面计时，一般为 9600 的波特率，建议使用 40ms，主要考虑对方发送数据不连续。

```
u8 receive_finish_flag=0;
u8 xdata deal_uart5_Rx[UART5_MAX_LEN];
u16 deal_uart5_len=0;
Char uart5_start=0;
Char uart5_start_time=0;
Void deal_uart5_buff(char time)
{
  if(uart5_start==1)
  {
    uart5_start_time++;
    if(uart5_start_time>time)
    {
      uart5_start=0;
      uart5_start_time=0;
      Receive_finish_flag=1;
      memcpy(deal_uart5_Rx,Uart5_Rx,uart5_rx_count);
      Deal_uart5_len_uart5_rx_count;
      uart5_rx_count=0;
    }
  }
  else
  {
    uart5_start_time=0;
  }
}
Void UART5_RX_ISR_PC(void)    interrupt 13
{
```

```
  u8 res=0;
  EA=0;
  if((SCON3R&0x01)==0x01)
  {
    res=SBUF3_RX;
    uart5_Rx[uart5_rx_count]=res;
    uart5_rx_count++;
    if(uart5_rx_count>UART5_MAX_LEN)
    uart5_rx_count=0;
    SCON3R&=0xFE;
    uart5_start=1;
    uart5_start_time=0;
  }
  EA-1;
}
```

4．第四块：串口解码以及屏显示部分

解码：收到完整的一帧数据，receive_finish_flag 标志会变成 1，然后根据协议解码 deal_uart5_Rx[]；

显示：write_dgus_vp 表示此函数为内核函数，详细内容可了解源码。

```
u16 sys_run_state=0;    //0关闭，1打开
u16 sys_run_mode=0;     //0制冷，1制热
void deal_receive_485_data(void)
{
  u8 i=0;
  if(receive_finish_flag==0) return;
  Receive_finish_flag=0;
  //40118 主机系统总开关
  if(deal_uart5_Rx[1]==0x03 &&deal_uart5_Rx[2]==52 )
  {
    u8 i=0;
    for(i=0;i<26;i++)
    {
      Zhuji_shezhi[i]=(deal_uart5_Rx[i*2+3]<<8)+deal_uart5_Rx[i*2+4];
    }
  //memcpy(zhuji_shezhi,&deal_uart5_Rx[3],52);
  }
  Sys_run_state=zhuji_shezhi[0];    //0关闭，1打开
  Sys_run_mode=zhuji_shezhi[1];     //0制冷，1制热

  Write_dgus_vp(0x2200,(u8 *)&zhuji_shezhi[0],26);
  Room_open_close(sys_run_state);
  Room_heat_cold(sys_run_mode);
}
```

5．第五块：DWIN 屏触发下发控制

读取对应的变量地址；清空变量地址的数据；执行自己的控制逻辑。

```
Void button_set_dwin_data(void)    //用于选择开关设备，设定房间的编号
{
  u16 p_data=0;
  u32 password=0;
  u16 set_id=0;
  u8 i=0;

  read dgus_vp(0x4201,(u8*)&password,2);
  if(password==987654)
  {
    password=0;
    Write_dgus_vp(0x4201,(u8*)spassword,2);
    Sys_page_change(1);
  }
}
```

6．第六块：调试技巧

第一种：在支持仿真调试的 DWIN 屏上运行程序并调试，最后移植到产品上；

第二种：通过串口打印出数据，效率比较低，但是也最能体现性能。

5.2　基于 DGUS 智能屏的电子桌牌

5.2.1　前言

本方案在常规黑白色电子桌牌的基础上，设计一款智能桌面助理，除了能够显示信息，还有拓展功能，例如智能电源、温湿度监测、语音遥控、家庭电器开关无线遥控等。如图 5-2-1 所示，电子桌牌与充电插座采用分体设计，通过连接线连接在一起，更容易使用。

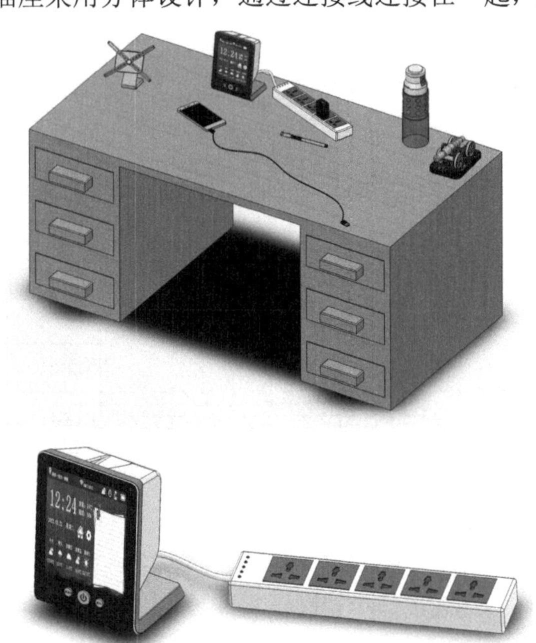

图 5-2-1　电子桌牌

5.2.2 产品特点

电子桌牌组成如图 5-2-2 所示，产品特点如下。

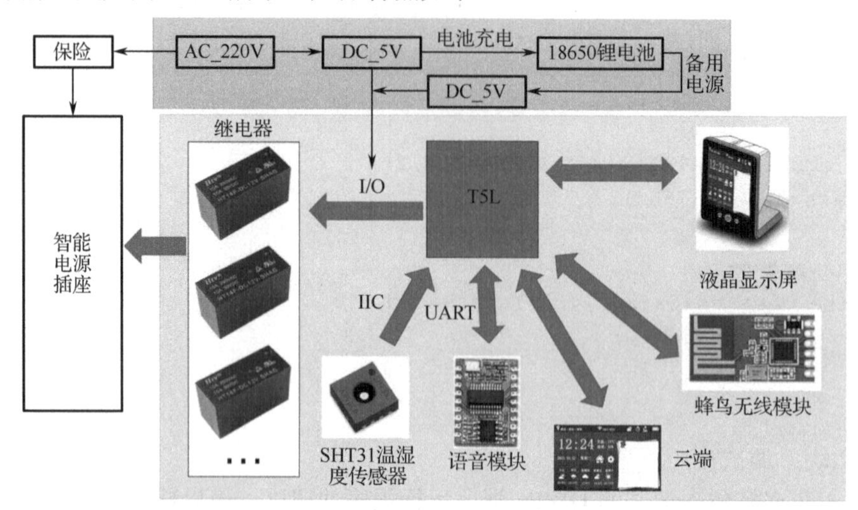

图 5-2-2 电子桌牌组成

（1）液晶显示屏部分可在 DWIN 温控器的基础上进行开发，方便快捷，成本极低；

（2）两串 18650 锂电池作为备用电源；

（3）有云端、多信息显示、备忘录功能；

（4）有智能电源插座；

（5）有温湿度监测；

（6）有无线遥控+语音遥控；

（7）86 型无线开关。

5.2.3 电路原理图

两串锂电池 5V 充电电路如图 5-2-3 所示。

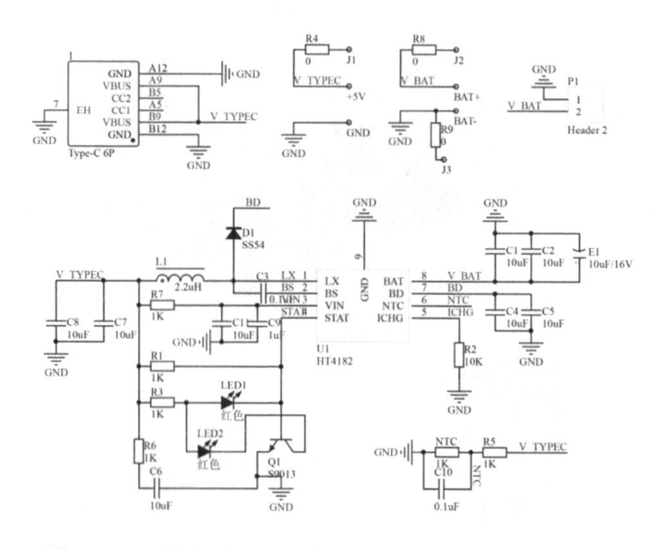

图 5-2-3 两串锂电池 5V 充电电路（支持 Type-C 充电）

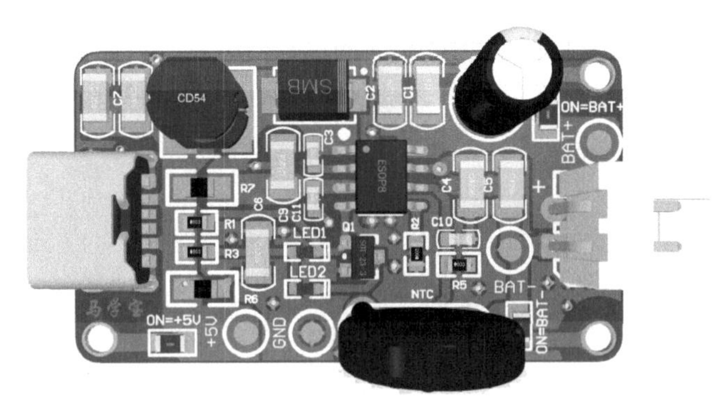

图 5-2-3　两串锂电池 5V 充电电路（支持 Type-C 充电）（续）

系统电源电路如图 5-2-4 所示。

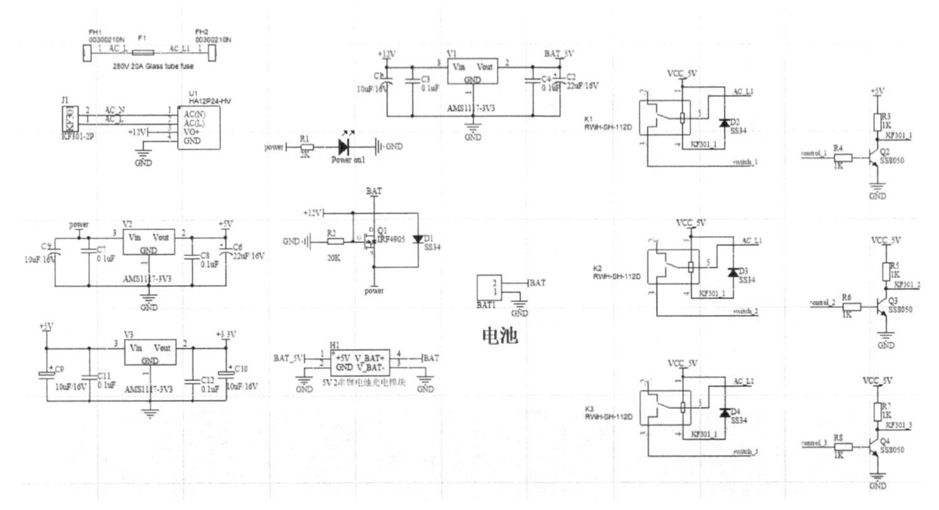

图 5-2-4　系统电源电路

传感器电路如图 5-2-5 所示。

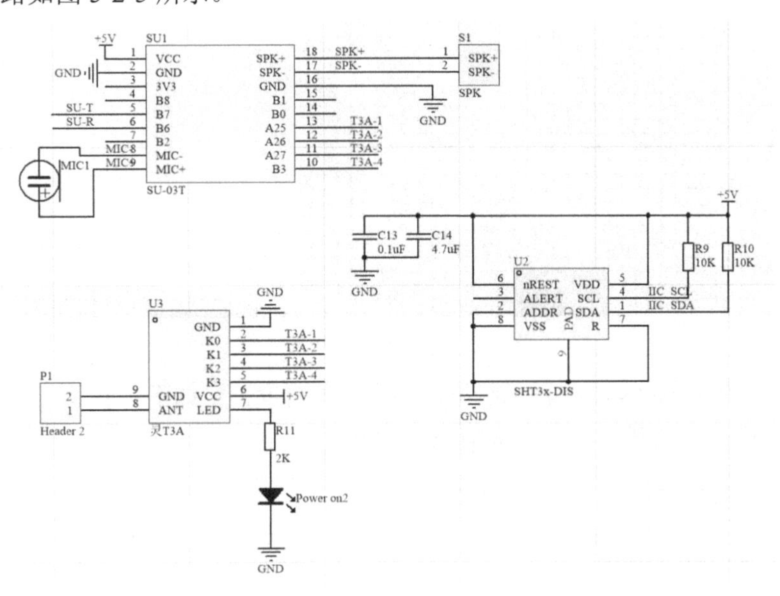

图 5-2-5　传感器电路

为了降低开发成本，这里直接使用 DWIN 的温控器方案，只需要将接近传感器替换成温湿度传感器，将 PIO4～PIO7 四个端口直接接入继电器，如图 5-2-6 所示。

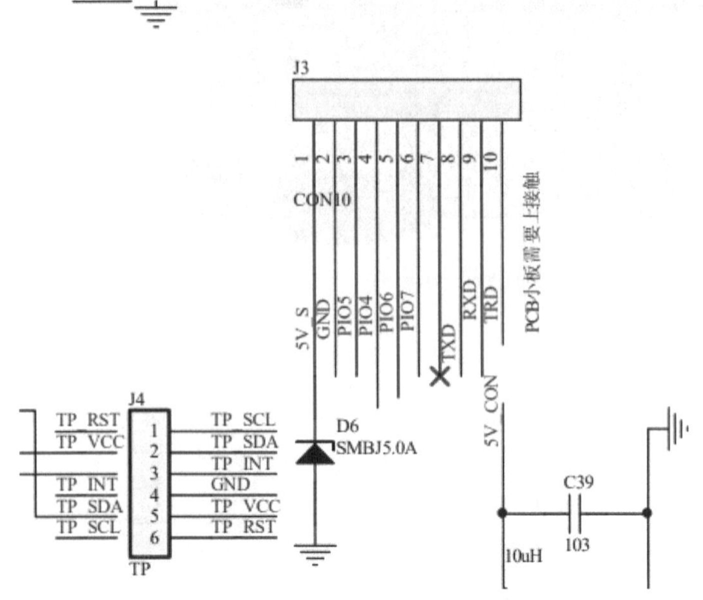

图 5-2-6　温湿度传感器

5.2.4　开发过程

电子桌牌开发界面如图 5-2-7 所示。

图 5-2-7　电子桌牌开发界面

C51 开发过程（DWIN 温控器已经给出的程序不再罗列）如下。

1．使用 IIC 指令加载温湿度传感器

```
unsigned char a=0;
      IIC_Start();
      delay_ms(5);
      IIC_Send_Byte(SHT3X_ADRESS_B<<1|write);
```

```
        while(IIC_Wait_Ack());
        BUF_Th=IIC_Read_Byte(1);
    BUF_Tl=IIC_Read_Byte(1);
    a=IIC_Read_Byte(1);
    BUF_Rh=IIC_Read_Byte(1);
    BUF_Rl=IIC_Read_Byte(1);
    IIC_Stop();
    delay_ms(5);}
```

BUF_Th、BUF_Tl、BUF_Rh、BUF_Rl 分别为温度与湿度数据的高低八位数据，做一次数据转换即可得到我们能用的参数。

```
T=((unsigned long)175*(BUF_Th*256+BUF_Tl))/65535-45; //摄氏度
RH=((unsigned long)100*(BUF_Rh*256+BUF_Rl))/65535;
```

2. 串口2

DWIN 温控器已经引出了串口2和PIO4～PIO7，这里使用串口2作为语音数据的收发端口。SU-03T 允许个人用户对串口数据格式进行设置，同时可以在特定条件下触发I/O口。为了与 DWIN 屏保持一致，语音模块的指令数据也配置成 5AA5 82/83 XXXX…的格式。

串口2的收发函数如下。

```
void UART2_SendStr(u8 *pstr,u8 strlen)%//通过液晶屏手动控制电气开关的通断
{
    if((NULL == pstr)||(0 == strlen))
    {
        return;
    }
    while(strlen--)
    {
        UART2_Sendbyte(*pstr);
        pstr++;
    }
}
void UART2_ISR_PC(void)    interrupt 4    %//使用语音控制时，将语音数据发送给液晶屏，
电气开关的通断由语音模块的I/O口直接实现
{
    u8 res=0;
    EA=0;
    if(RI0==1)
    {
        res=SBUF0;
        Uart2_Rx[uart2_rx_count]=res;
        uart2_rx_count++;
        RI0=0;
                        Uart2RxCt = 5;
                        Uart2_TTL_Status = 12;
    }
    if(TI0==1)
```

```
    {
        TI0=0;
        uart2_busy=0;
    }
    EA=1;
}
```

3．I/O 口

用于驱动继电器，控制指令来源于液晶屏触控与定时通断。

```
sbit LED1 = P1^1;
sbit LED2 = P1^3;
sbit LED3 = P1^2;
sbit LED4 = P1^4;
void io_init()
{
   P1MDOUT |= 0x1E;         //初始化P1.1、P1.2、P1.3、P1.4为输出
}

void I_O_scan(void)
{
  read_dgus_vp(AC_power1_ADDR,(u8*)&AC_power1,1);
   if ( (AC_power1==1)
        LED1 =1;
   else
   {
        LED1 =0;
        LED1_STOP =1;
   }

  read_dgus_vp(AC_power2_ADDR,(u8*)&AC_power2,1);
   if ( (AC_power2==1)
        LED2 =1;
   else
   {
        LED2 =0;
        LED2_STOP =1;
   }
  read_dgus_vp(AC_power3_ADDR,(u8*)&AC_power3,1);
   if ( (AC_power3==1)
        LED3 =1;
   else
   {
        LED3=0;
        LED3_STOP =1;
   }
```

```
read_dgus_vp(AC_power4_ADDR,(u8*)&AC_power4,1);
   if ( (AC_power4==1)
       LED4 =1;
   else
   {
       LED4 =0;
       LED4_STOP =1;
   }
}
```

4．DGUS显示温湿度数据

数据可以通过软件模拟IIC获得。

```
void Display_DATA(void)
{
  // read_dgus_vp(TEMP_DISPLAY,(u8*)&Temperature_old,1);
   if (Temperature_SHT3X!=Temperature_Old)
   {
     Temper_Display_Val=Temperature_SHT3X/10;
     Temper_Display_Val_Dec=Temperature_SHT3X%10;
     write_dgus_vp(TEMP_DISPLAY_ADDR,(u8*)&Temper_Display_Val,1);
     write_dgus_vp(TEMP_DISPLAY_DEC_ADDR,(u8*)&Temper_Display_Val_Dec,1);

     Temperature_Old=Temperature_SHT3X;
    }
  //read_dgus_vp(RE_DISPLAY_ADDR,(u8*)&RE_old,1);
   if ( RE_SHT3X!=RE_old)
   {
     RE_Display_Val=RE_SHT3X/10;
     RE_Display_Val_Dec=RE_SHT3X%10;
     write_dgus_vp(RE_DISPLAY_ADDR,(u8*)&RE_Display_Val,1);
     write_dgus_vp(RE_DISPLAY_DEC_ADDR,(u8*)&RE_Display_Val_Dec,1);

     RE_old=RE_SHT3X;
   }
}
```

5.3　基于DGUS智能屏的智能柜管理系统

5.3.1　前言

本方案为智能柜管理系统，DWIN屏作为主控制器，通过串口2直接输出指令控制串行总线舵机，串口4与辅助控制器连接，用于拓展传感器，如用于化学实验柜时，可以拓展用于检测温度、气体、火焰检测等的传感器。灯光系统用于智能柜内部照明，采用行程开关与光耦传感器共同控制，即在照明不良、柜门打开时，点亮照明灯光。智能柜管理系统如图5-3-1所示。

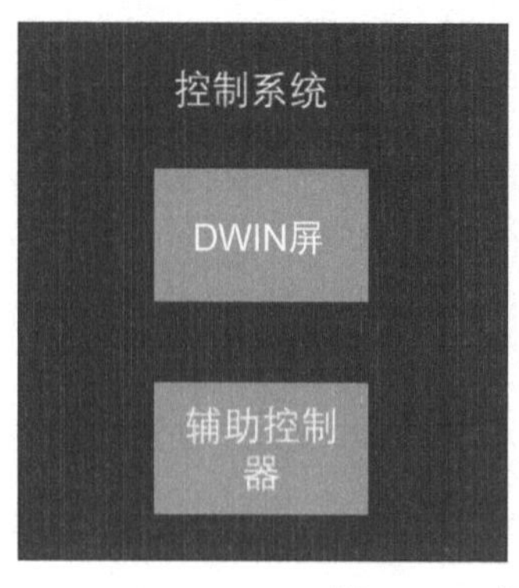

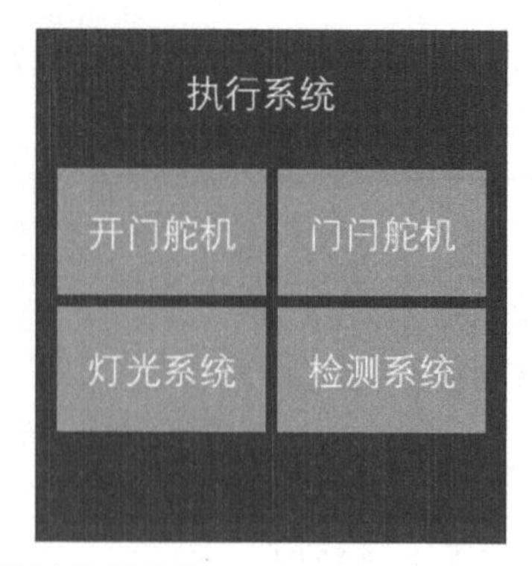

图 5-3-1　智能柜管理系统

5.3.2　产品特点

控制器组成如图 5-3-2 所示，产品特点如下。

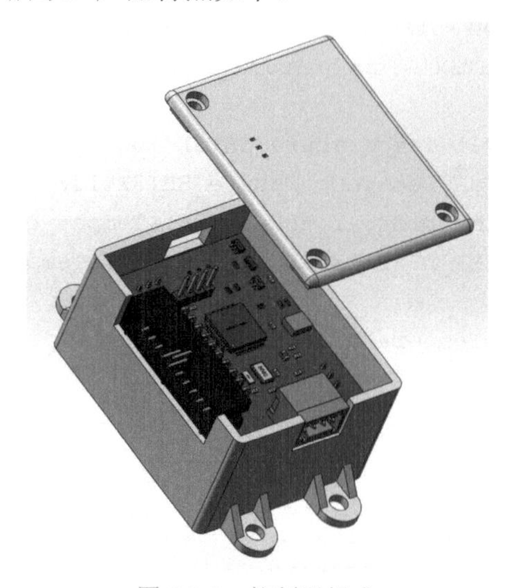

图 5-3-2　控制器组成

（1）液晶屏（操作面板）兼容性：在设计上采用了 T5L 标准屏作为主控，直接驱动串行总线舵机，传感器汇总到辅助控制器（如 STC 系列单片机），再将数据通过串口 4 发送给 DWIN 屏，在实际开发过程中，只需要根据使用的 DWIN 屏分辨率调整 DGUS 工程即可。

（2）舵机兼容性：采用飞特的 STS 系列串行总线舵机作为驱动，它们的协议是通用的。

（3）安全性：串行总线舵机具有电流、力矩、温度、电压保护功能，其使用安全性要高于常规的电机。

（4）可拓展性：串行总线舵机理论上一个串口支持同时控制 254 个舵机，即一个 DWIN 屏作为主控，可以带动 254 个舵机。

5.3.3　程序框架

程序框架如图 5-3-3 所示。

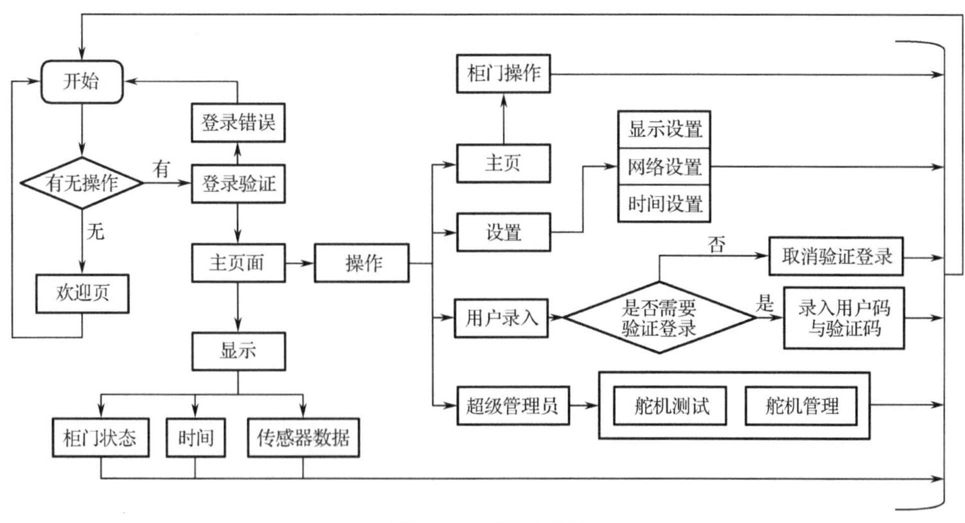

图 5-3-3　程序框架

5.3.4　电路原理图

智能柜管理系统电路原理图如图 5-3-4 所示。

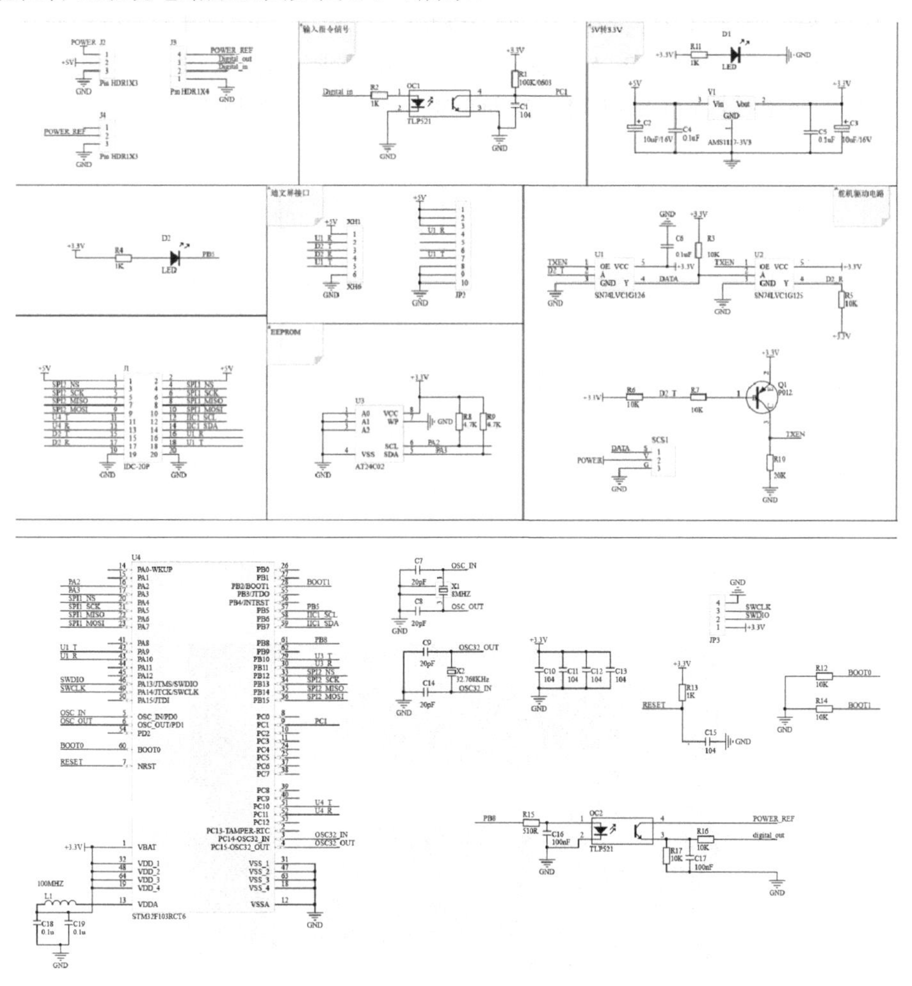

图 5-3-4　智能柜管理系统电路原理图

使用 STM32F103RCT6 作为辅助控制器，单片机的串口 1 与液晶屏的串口 4 相连接，液晶屏串口 2 直接驱动舵机，同时设计了一路输入和一路输出，用于紧急情况，如图 5-3-5 所示。

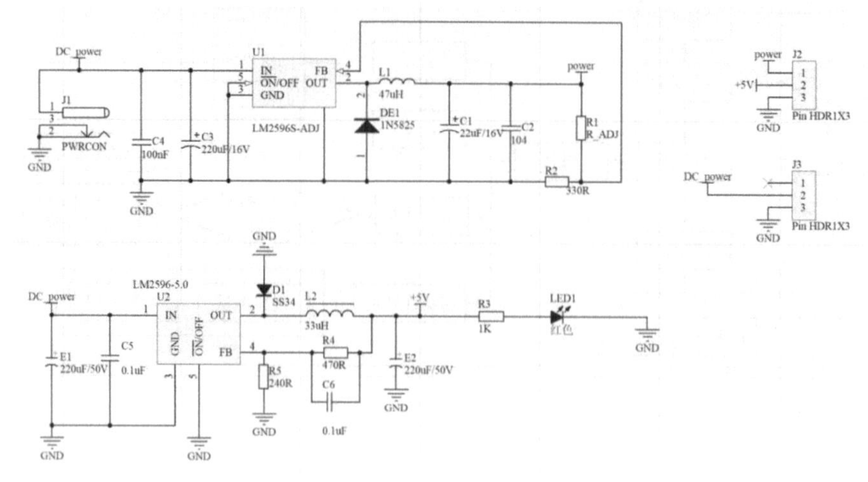

图 5-3-5 辅助控制器电路原理图

辅助控制器与传感器使用的电压多为 5V，而舵机的电压直接与舵机型号相关，如 SCS115 型的电压为 7～8V，因此本方案采用了 LM2596S-5.0 输出 5V 电压，LM2596S-ADJ 可调输出 7.5V 电压用于舵机，调节电阻 R_ADJ 的阻值即可输出不同的电压，电路原理图如图 5-3-6 所示。由于使用的降压芯片为 LM2596S，支持的最大输入电压为 40V。

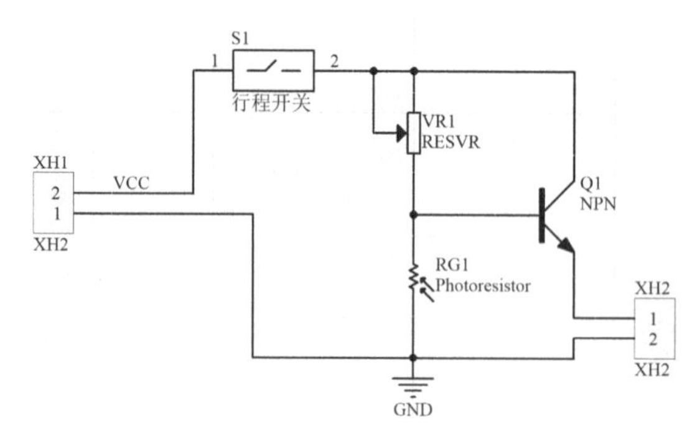

图 5-3-6 电路原理图

5.3.5 开发过程

智能柜管理系统开发界面如图 5-3-7 所示。

图 5-3-7 智能柜管理系统开发界面

C51 开发过程如下。

1．温湿度检测与刷新，时间更新

由辅助控制器驱动 AHT21，将温湿度数据写入 DWIN 屏。

```
/*****************温湿度更新*********************/
void dwin_Tempe_humi_update( void)
{
        uint8_t  Tempe_humi_date[20];     //发送给液晶屏的指令
        AHT20_Read_CTdata(CT_data);       //读取温度和湿度

        Tempe_humi_date[0]=0x5A;
        Tempe_humi_date[1]=0xA5;
        Tempe_humi_date[2]=0x07;
        Tempe_humi_date[3]=0x82;
        Tempe_humi_date[4]=(ADDR_TEMP_HUMI>>8)&0xff;
        Tempe_humi_date[5]=ADDR_TEMP_HUMI&0xff;
        Tempe_humi_date[6]=((CT_data[1] *200*10/1024/1024-500)>>8)&0xff;
        Tempe_humi_date[7]=((CT_data[1] *200*10/1024/1024-500))&0xff;//计算得
到温度值（放大了10倍，如果t1=245，表示现在温度为24.5℃）
        Tempe_humi_date[8]=((CT_data[0]*1000/1024/1024)>>8)&0xff;
        Tempe_humi_date[9]=((CT_data[0]*1000/1024/1024))&0xff;  //计算得到湿
度值（放大了10倍,如果c1=523，表示现在湿度为52.3%）
        Usart_SendString( USART_DWIN,Tempe_humi_date,10);

}

/*****************时间更新*********************/

uint8_t  DGUS_RTC_date[40];
void dwin_time_update( u32 time_value)
{
        struct rtc_time time;
        unsigned int days,hour_min_sec;
        unsigned int i;

        days = time_value / 86400;//一天有86400秒
        hour_min_sec = time_value % 86400;//一天有86400秒

        time.hour = hour_min_sec / 3600;//一小时有3600秒
        time.mintute =( hour_min_sec % 3600 ) / 60;//一分钟有60秒
        time.second =( hour_min_sec % 3600 ) % 60;

        //年份判断，从1970年开始
        for ( i=1970;days>=days_in_years(i);i++)
        {
                days-=days_in_years(i);
        }
        time.year=i;
```

```
        //判断月份
        if (leapyear(i))
              days_in_month[2]=29;
        else
              days_in_month[2]=28;
              for ( i=1;days>=days_in_month;i++)
        {
              days-=days_in_month;
        }
        time.month = i;
        //日期计算
        time.day = days + 1 ;

        time.week=RTC_Get_Week(time.year,time.month, time.day);

        DGUS_RTC_date[0]=0x5A;
        DGUS_RTC_date[1]=0xA5;
        DGUS_RTC_date[2]=0x18;
        DGUS_RTC_date[3]=0x82;
        DGUS_RTC_date[4]=(ADDR_RTC_TIME>>8)&0xff;
        DGUS_RTC_date[5]=ADDR_RTC_TIME&0xff;
        DGUS_RTC_date[6]=0x00;
        DGUS_RTC_date[7]=time.hour;//时
        DGUS_RTC_date[8]=0x00;
        DGUS_RTC_date[9]=time.mintute;//分
        DGUS_RTC_date[10]=00;
        DGUS_RTC_date[11]=time.second;//秒
        DGUS_RTC_date[12]=(time.year>>8)&0xff;//年
        DGUS_RTC_date[13]=time.year&0xff;//年
        DGUS_RTC_date[14]=00;
        DGUS_RTC_date[15]=time.month;//月
        DGUS_RTC_date[16]=00;
        DGUS_RTC_date[17]=time.day;//日

        DGUS_RTC_date[18]=ascii_8hex[2*weeks(time.week)+0];//(time.week>>8)
&0xff;//ascii_8hex[];//
        DGUS_RTC_date[19]=ascii_8hex[2*weeks(time.week)+1];//time.week&0xff;
//当前星期
        Usart_SendString( USART_DWIN,DGUS_RTC_date,26);
    }
    //星期运算
    uint16_t weeks(int weekday)
    {
    //        uint16_t asic_2_h;
        if(weekday>6)
              weekday-=7;
        return weekday;
    }
```

2. 舵机内存表宏定义（节选）

```
#define SCSCL_ID 5
#define SCSCL_BAUD_RATE 6
#define SCSCL_RETURN_DELAY_TIME 7
#define SCSCL_RETURN_LEVEL 8
#define SCSCL_MIN_ANGLE_LIMIT_L 9
#define SCSCL_MIN_ANGLE_LIMIT_H 10
#define SCSCL_MAX_ANGLE_LIMIT_L 11
#define SCSCL_MAX_ANGLE_LIMIT_H 12
#define SCSCL_LIMIT_TEMPERATURE 13
#define SCSCL_MAX_LIMIT_VOLTAGE 14
#define SCSCL_MIN_LIMIT_VOLTAGE 15
#define SCSCL_MAX_TORQUE_L 16
#define SCSCL_MAX_TORQUE_H 17
#define SCSCL_ALARM_LED 19
#define SCSCL_ALARM_SHUTDOWN 20
#define SCSCL_COMPLIANCE_P 21
#define SCSCL_COMPLIANCE_D 22
#define SCSCL_COMPLIANCE_I 23
#define SCSCL_PUNCH_L 24
#define SCSCL_PUNCH_H 25
#define SCSCL_CW_DEAD 26
#define SCSCL_CCW_DEAD 27
#define SCSCL_PROTECT_TORQUE 37
#define SCSCL_PROTECT_TIME 38
#define SCSCL_OVLOAD_TORQUE 39
#define SCSCL_TORQUE_ENABLE 40
#define SCSCL_GOAL_POSITION_L 42
#define SCSCL_GOAL_POSITION_H 43
#define SCSCL_GOAL_TIME_L 44
#define SCSCL_GOAL_TIME_H 45
#define SCSCL_GOAL_SPEED_L 46
#define SCSCL_GOAL_SPEED_H 47
#define SCSCL_LOCK 48
```

3. 舵机服务子程序

```
int writePos(uint8_t ID, uint16_t Position, uint16_t Time, uint16_t Speed, uint8_t Fun)
{
        uint8_t buf[6];
        flushSCS();//清空缓冲区

        u16_to_u8(buf+0, buf+1, Position);
        u16_to_u8(buf+2, buf+3, Time);
        u16_to_u8(buf+4, buf+5, Speed);
        writeBuf(ID, SCSCL_GOAL_POSITION_L, buf, 6, Fun);
        return Ack(ID);
```

```
    }

    //写位置指令
    //舵机ID，Position位置，运行时间Time，速度Speed
    int WritePos(uint8_t ID, uint16_t Position, uint16_t Time, uint16_t Speed)
    {
            return writePos(ID, Position, Time, Speed, INST_WRITE);
    }

    //异步写位置指令
    //舵机ID，Position位置，运行时间Time，速度Speed
    int RegWritePos(uint8_t ID, uint16_t Position, uint16_t Time, uint16_t Speed)
    {
            return writePos(ID, Position, Time, Speed, INST_REG_WRITE);
    }

    void RegWriteAction(void)
    {
            writeBuf(0xfe, 0, NULL, 0, INST_ACTION);
    }

    //写位置指令
    //舵机ID[]数组，IDN数组长度，Position位置，运行时间Time，速度Speed
    void SyncWritePos(uint8_t ID[], uint8_t IDN, uint16_t Position, uint16_t Time,
uint16_t Speed)
    {
            uint8_t buf[6];

            u16_to_u8(buf+0, buf+1, Position);
            u16_to_u8(buf+2, buf+3, 0);
            u16_to_u8(buf+4, buf+5, Speed);
            snycWrite(ID, IDN, SCSCL_GOAL_POSITION_L, buf, 6);
    }

    //读位置，超时返回-1
    int ReadPos(uint8_t ID)
    {
            return readWord(ID, SCSCL_PRESENT_POSITION_L);
    }

    //速度控制模式
    int WriteSpe(uint8_t ID, int16_t Speed)
    {
            if(Speed<0){
                    Speed = -Speed;
                    Speed |= (1<<10);
            }
            return writeWord(ID, SCSCL_GOAL_TIME_L, Speed);
```

```
}

//读负载，超时返回-1
int ReadLoad(uint8_t ID)
{
        return readWord(ID, SCSCL_PRESENT_LOAD_L);
}

//读电压，超时返回-1
int ReadVoltage(uint8_t ID)
{
        return readByte(ID, SCSCL_PRESENT_VOLTAGE);
}

//读温度，超时返回-1
int ReadTemper(uint8_t ID)
{
        return readByte(ID, SCSCL_PRESENT_TEMPERATURE);
}

//Ping指令，返回舵机ID，超时返回-1
int Ping(uint8_t ID)
{
        int Size;
        uint8_t bBuf[6];
        flushSCS();
        writeBuf(ID, 0, NULL, 0, INST_PING);
        Size = readSCS(bBuf, 6);
        if(Size==6){
                return bBuf[2];
        }else{
                return -1;
        }
}

void writeBuf(uint8_t ID, uint8_t MemAddr, uint8_t *nDat, uint8_t nLen, uint8_t
Fun)
{
        uint8_t i;
        uint8_t msgLen = 2;
        uint8_t bBuf[6];
        uint8_t CheckSum = 0;
        bBuf[0] = 0xff;
        bBuf[1] = 0xff;
        bBuf[2] = ID;
        bBuf[4] = Fun;
        if(nDat){
                msgLen += nLen + 1;
```

```
            bBuf[3] = msgLen;
            bBuf[5] = MemAddr;
            writeSCS(bBuf, 6);//MemAddr保存的是目标位置在舵机SRAM中的保存地址，
如果有目标参数（判断nDat==1），则会从这一位开始输出

        }else{
            bBuf[3] = msgLen;
            writeSCS(bBuf, 5);//如果没有目标参数（判断nDat==0）则不输出目标地址，
也就只有五位数
        }
        CheckSum = ID + msgLen + Fun + MemAddr;
        if(nDat){
            for(i=0; i<nLen; i++){
                CheckSum += nDat;
            }
            writeSCS(nDat, nLen);
        }
        CheckSum = ~CheckSum;
        writeSCS(&CheckSum, 1);
}

//普通写指令
//舵机ID，MemAddr内存表地址，写入数据，写入长度
int genWrite(uint8_t ID, uint8_t MemAddr, uint8_t *nDat, uint8_t nLen)
{
        flushSCS();
        writeBuf(ID, MemAddr, nDat, nLen, INST_WRITE);
        return Ack(ID);
}
//读指令
//舵机ID，MemAddr内存表地址，返回数据nData，数据长度nLen
int Read(uint8_t ID, uint8_t MemAddr, uint8_t *nData, uint8_t nLen)
{
        int Size;
        uint8_t bBuf[5];
        flushSCS();
        writeBuf(ID, MemAddr, &nLen, 1, INST_READ);
        if(readSCS(bBuf, 5)!=5){
            return 0;
        }
        Size = readSCS(nData, nLen);
        if(readSCS(bBuf, 1)){
            return Size;
        }
        return 0;
}
```